数学·统计学系列

分布式多智能体系统主动安全控制方法

Research on Cooperative Secure Control of Distributed Multi-agent Systems

王鑫 著

HITP
哈尔滨工业大学出版社
HARBIN INSTITUTE OF TECHNOLOGY PRESS

内容简介

本书以分布式多智能体系统为切入点，针对通讯网络中发生的不同类型信息-物理攻击情况，阐述了多智能体系统主动安全控制的基本内容和设计方法. 全书内容共分为7章：第1章阐述了分布式多智能体系统的背景意义与主动安全控制问题的研究现状；第2章介绍了本书相关的一些预备知识；第3~5章分别介绍了当网络层发生网络攻击时，针对多智能体系统基于信息交互的分布式状态反馈、输出反馈以及自适应学习技术的主动安全控制设计方法，提高多智能体系统的可靠性与安全性；第6章和第7章基于多智能体系统安全控制理论，分别介绍了交通信息物理系统中的网联车辆协同安全队列跟踪控制方法，以及带有DoS攻击、外部干扰和死区非线性的一类非仿射非线性网联车辆系统的协同安全队列控制方法.

本书可以作为高等院校自动控制、应用数学、人工智能等专业高年级本科生和研究生的教材使用，也适合多智能体系统协同控制等相关领域的科研人员、工程技术人员阅读参考.

图书在版编目(CIP)数据

分布式多智能体系统主动安全控制方法/王鑫著.
—哈尔滨：哈尔滨工业大学出版社，2023.8(2025.1 重印)
ISBN 978-7-5767-1042-7

Ⅰ.①分… Ⅱ.①王… Ⅲ.①智能系统-研究
Ⅳ.①TP18

中国国家版本馆CIP数据核字(2023)第174170号

FENBUSHI DUOZHINENGTI XITONG ZHUDONG ANQUAN KONGZHI FANGFA

策划编辑 刘培杰 张永芹
责任编辑 宋 淼
封面设计 孙茵艾
出版发行 哈尔滨工业大学出版社
社 址 哈尔滨市南岗区复华四道街10号 邮编150006
传 真 0451-86414749
网 址 http://hitpress.hit.edu.cn
印 刷 哈尔滨久利印刷有限公司
开 本 787 mm×1 092 mm 1/16 印张10.5 字数210千字
版 次 2023年8月第1版 2025年1月第2次印刷
书 号 ISBN 978-7-5767-1042-7
定 价 98.00元

前　言

多智能体系统是由相当多数量的简单智能体单元和一些简单的作用规则组成的复杂网络化系统, 主要由邻域规则及拓扑结构组成, 通过多个智能体之间相互协调来共同解决大型、复杂的现实问题.

多个智能体单元相互合作能够完成超出它们各自能力范围的任务, 使得多智能体系统的整体能力大于个体能力之和. 总体上说, 多智能体系统具有更广泛的任务领域，更高的效率，更好的系统性能、错误容忍、鲁棒性、分布式的感知与作用. 分布式多智能体系统以其独有的群体优势和潜在的应用价值吸引了来自数学、物理、控制、通信、计算机和人工智能等多个不同领域的研究者加入到网络系统的演化和协调控制的研究行列中. 这使得多智能体网络系统作为一门新兴的综合性交叉研究课题在近几十年得到了迅猛的发展, 并直接促进了计算机、人工智能、生物生态、通讯控制等诸多领域的研究进展.

本书的目标是介绍分布式多智能体系统主动安全控制方法的最新研究进展, 主要研究内容包括: 分布式多智能体系统在有向切换通讯网络下的主动安全容错控制方法; 模型参数未知的线性多智能体系统基于数据驱动的协同安全容错控制方法; 分布式多智能体系统基于输出反馈的协同安全控制方法; 交通信息物理系统中的网联车辆协同安全队列跟踪控制方法以及带有DoS攻击、外部干扰和死区非线性的一类非仿射非线性网联车辆系统的协同安全队列控制方法. 书中的主要结果除给出严格的理论证明外，还给出了实际例子和仿真，从直观的角度来说明所提出方法的有效性.本书适合多智能体系统协同控制相关领域的研究人员阅读, 也可作为高等院校相关专业的研究生教材.

感谢黑龙江大学数学科学学院给作者提供了一个优越的工作环境, 感谢东北大学杨光红教授、黑龙江大学张显教授、加拿大维多利亚大学施阳教授, 在与他们的合作交流后使得本专著得以顺利出版. 同时还要感谢黑龙江大学有关领导和同志的大力支持和帮助. 本书的撰写得到了柳恒、崔萌、何琳、马志娟等研究生的大力支持, 在此一并谢过. 感谢哈尔滨工业大学出版社张永芹主任及相关工作人员为本书的出版所付出的辛勤劳动. 本书涉及的研究工作得到了黑龙江省自然科学基金优秀青年基金项目（项目编号: YQ2021F014）、中国博士后科学基金资助项目（项目编号: 2022MD723783和2023T160202）、黑龙江省博士后资助项目（项目编号: LBH-Z22236）等的资助.

为了便于读者阅读书中提供的图片，本书提供二维码，读者可以自行扫描图片旁边的二维码查看、学习.

由于作者水平有限, 书中难免有不妥之处, 恳请各位同行专家和广大读者批评指正.

作者
2023年7月
于哈尔滨

符　号

如果没有特殊说明, 本书将使用下面的符号.

符号	含义
$\mathcal{G}$	图
$\mathcal{V}$	图的节点集
$\mathcal{E}$	图的边集
$\mathbb{N}$	整数域
$\mathbb{R}$	实数域
$\mathbb{R}^n$	n维实数列向量空间
$\mathbb{R}^{m\times n}$	实数域$\mathbb{R}$上所有$m\times n$阶矩阵的集合
$\boldsymbol{I}_p\in\mathbb{R}^{p\times p}$	p阶单位阵
$\mathbf{1}_p\in\mathbb{R}^p$	元素均为1的p维列向量
$\mathbf{0}_{p\times p}\in\mathbb{R}^{p\times p}$	p阶0矩阵
$\mathbf{0}_p\in\mathbb{R}^p$	元素均为0的p维列向量
$\boldsymbol{A}=[a_{ij}]$	(i,j)位置元素为a_{ij} 的矩阵$\boldsymbol{A}$
$\boldsymbol{A}^{\mathrm{T}}$	矩阵$\boldsymbol{A}$的转置矩阵
$\boldsymbol{A}^{-1}$	矩阵$\boldsymbol{A}$的逆矩阵
$\mathrm{diag}(\boldsymbol{A}_1,\cdots,\boldsymbol{A}_n)$	以$\boldsymbol{A}_1,\cdots,\boldsymbol{A}_n$为对角块的对角块矩阵
$\lambda_{\min}(\cdot)$	实对称矩阵的最小特征值
$\lambda_{\max}(\cdot)$	实对称矩阵的最大特征值
$\lvert\cdot\rvert$	实数的绝对值或者复数的模
$\lVert\cdot\rVert$	矩阵或向量的2范数
$\lVert\cdot\rVert_\infty$	矩阵或向量的无穷范数
$\otimes$	Kronecker积
Vec	拉直运算
$He(\boldsymbol{W})$	$He(\boldsymbol{W})=\boldsymbol{W}^{\mathrm{T}}+\boldsymbol{W}$, $\boldsymbol{W}$为任意方阵
$\square$	结束符

目　　录

符号 …… I
第1章　绪　　论 …… 1
　1.1　背景介绍 …… 1
　1.2　本书的内容安排 …… 3
第2章　预　备　知　识 …… 5
　2.1　代数图论基础知识 …… 5
　2.2　切换拓扑与拓扑驻留时间 …… 6
　2.3　网络拒绝服务攻击模型 …… 7
　2.4　相关定义和引理 …… 8
第3章　时变通讯网络下多智能体系统主动安全容错控制 …… 11
　3.1　多智能体系统模型与问题描述 …… 11
　3.2　控制目标 …… 14
　3.3　主要结果 …… 14
　　3.3.1　分布式参考模型观测器设计 …… 14
　　3.3.2　分散式容错跟踪控制器设计 …… 17
　　3.3.3　具有间歇通讯时变网络下的主动安全容错控制设计 …… 21
　3.4　算例仿真 …… 25
　3.5　本章小结 …… 31
第4章　模型参数未知的多智能体系统自适应学习安全容错控制 …… 32
　4.1　有向拓扑下模型未知多智能体系统的协同安全容错控制 …… 32
　　4.1.1　多智能体系统模型与问题描述 …… 32
　　4.1.2　控制目标 …… 34

4.1.3 协同安全容错控制算法设计 …… 34
4.1.4 基于自适应学习策略的控制增益迭代算法 …… 39
4.1.5 算例仿真 …… 42
4.2 DoS攻击下模型未知多智能体系统的协同安全最优容错控制 …… 50
4.2.1 多智能体系统模型与问题描述 …… 50
4.2.2 控制目标 …… 51
4.2.3 协同安全容错控制算法设计 …… 52
4.2.4 基于自适应学习策略的控制增益迭代算法 …… 57
4.2.5 算例仿真 …… 59
4.3 本章小结 …… 64
第5章 分布式多智能体系统的输出反馈协同安全控制 …… 65
5.1 切换拓扑下多智能体系统的H_∞输出一致性控制 …… 65
5.1.1 多智能体系统模型与问题描述 …… 66
5.1.2 控制目标 …… 66
5.1.3 基于分布式观测器的鲁棒H_∞输出一致性控制设计 …… 67
5.1.4 算例仿真 …… 71
5.2 网络间歇性通讯下多智能体系统输出反馈安全跟踪控制 …… 77
5.2.1 多智能体系统模型与问题描述 …… 77
5.2.2 控制目标 …… 81
5.2.3 基于观测器的输出反馈协同安全跟踪控制设计 …… 81
5.2.4 算例仿真 …… 89
5.3 本章小结 …… 94
第6章 交通信息物理系统中网联车辆自适应协同安全队列控制 …… 95
6.1 网联车辆系统学模型与问题描述 …… 95
6.2 控制目标 …… 99
6.3 自适应协同安全队列跟踪控制器设计 …… 99
6.4 算例仿真 …… 105
6.5 本章小节 …… 109

第7章 DoS攻击下非线性异构网联车辆系统嵌入式协同安全队列控制 … 110
7.1 网联车辆系统模型与问题描述 … 110
7.2 控制目标 … 111
7.3 嵌入式协同安全队列控制方案设计 … 111
7.3.1 参考信号生成器设计 … 112
7.3.2 自适应队列跟踪控制器设计 … 117
7.4 算例仿真 … 122
7.5 本章小节 … 129
参考资料 … 130

第1章　绪　　论

1.1　背景介绍

在科技高速发展的今天, 以互联网和移动通信为纽带, 人类群体、大数据、物联网已经实现了广泛和深度的互联, 群体智能在万物互联的信息环境中日益发挥着越来越重要的作用. 中华人民共和国国务院在2017 年印发并实施的《新一代人工智能发展规划》中明确提出群体智能的研究方向, 群体智能对于推动新一代人工智能发展意义重大. 特别是在“互联网+”等国家重大战略布局中, 将基于分布式多智能体系统的群体智能理论和协同控制方法研究作为提升我国科技发展水平, 实现制造强国目标的重要研究方向. 同时, 应用互联网技术针对多智能体系统的群体智能理论和分布式协同方法也是新一代人工智能的核心研究领域之一，对人工智能的其他研究领域有着基础性和支撑性的作用. 例如, 工业生产数字化车间的复杂生产线上, 多台具有不同功能、操作简单的机器人通过网络通信中的信息交互和彼此之间的相互配合, 能够共同处理复杂的合作任务, 这是多智能体系统协同控制典型的应用场景之一. 在分布式多智能体系统中, 每个智能体单元都具有成本低且功能简单适用的特点, 同时它们组成的多智能体网络利用协同交互功能具有更好的灵活性和鲁棒性, 并被广泛的应用于军事对抗、卫星协同组网、智能电网以及智能交通等领域 [1–5].

由于通信和传感的范围是有限的, 使得每个多智能体子系统只能得到部分邻近子系统的信息, 多智能体系统的分布式控制律只能根据网络共享得到的局部信息来设计 [6]. 同时, 多智能体系统实现资源共享的通讯网络层极大可能会受到不同程度的网络攻击或出现不同类型的网络故障, 而各物理子系统往往会出现传感器、执行器部分失效、偏移等运行故障, 这些都会引起系统性能的降低甚至影响系统的稳定性 [9–11]. 因此, 在进行多智能体系统协同控制算法设计时, 必须充分考虑通讯网络特征及物理子系统自身故障的负面影响 [12–15]. 在全局信息匮乏的情况下, 如果单个子系统可以设计具有网络拓扑结构的观测器通过信息共享对于全局协同目标的完成情况能够实时的了解, 那么网络多智能体系统对于复杂的工作环境和控制任务必然具有更高的适应性和灵活性. 在此基础上, 观测器之间通信传输错误以及物理子系统单元运行故障的负面影响可以通过观测器采集信息来进行诊断和自适应容错算法消除补偿故障影响, 这无疑会在较大程度上改善系统性能，增加可靠性[16]. 因此, 针对网络通信及智能子系统体运行故障设计具有自适应调节功能的协同控制器可以增加多智能体系统协同控制器的可靠性, 并大大减小效率下降等通信错误对系统性能的负面影响, 因而具有十分重要的理论意义和应用前景.

近些年来, 网络化多智能体系统协同控制问题越来越受人们的重视, 成为一个十分重要而且活跃的研究领域. 由于多智能体系统的复杂性和多样性, 各个子系统的动态特性可能相差较大, 例如在含有分布式发电机和储能系统的智能微电网的功率平衡问题中, 通过反馈线性化可以得到异构的二阶和三阶系统模型. 同时, 多智能体网络中的物理子系统由于经常长时间、大功率、高负荷地连续工作, 不可避免地会发生不同程度的老化、失效甚至是故障[17–19]. 另外, 外部环境因素对智能体之间通信网络的限制往往会导致在信息传输中出现子系统感知信息不匹配及网络通信故障等问题. 在文献 [20] 中, 利用智能体局部相关的输出信息, 通过设计滑模观测器研究了多智能体系统的故障估计问题. 针对执行器部分失效的多智能体系统, 文献 [21]通过设计观测器对执行器的失效率进行估计. 文献 [22]设计了一种小波神经网络, 用来逼近多智能体系统的加性执行器故障. 在文献 [23] 中, 作者通过设计一种可调参数的新型分布式观测器, 研究了线性多智能体系统的故障估计问题. 文献 [24]通过设计分布式容错控制算法, 解决了具有领导者的多智能体系统的故障估计以及领导跟随一致性问题. 为了降低估计成本, 文献 [25]研究了多智能体系统的降阶故障估计观测器的设计问题. 此外, 针对多智能体系统的安全可靠控制问题, 文献 [26–28] 利用被动容错方法, 给出了可靠一致控制器的设计方案. 在此基础上, 文献[28–29] 研究了带有子系统执行器故障的线性多智能体协同容错控制问题, 利用分布式自适应技术, 通过在线调节协同控制器参数补偿子系统故障对网络同步的影响. 对于非线性多智能体系统, 文献 [30–33]研究了固定拓扑条件下的自适应协同容错控制问题, 利用子系统结构特点, 给出了可靠协同控制方案. 上述结果都是假设多智能体通讯网络具有固定的拓扑结构, 在很大程度上限制了已有方法的实际应用性. 文献[34–35] 解决了切换对称网络拓扑条件下多智能体系统的可靠协同控制问题. 针对通讯网络出现的间歇性通讯故障, 文献 [36–39]利用切换系统的稳定性分析方法, 提出了协同跟踪控制器设计方案. 近些年来, 针对多智能体网络遭受拒绝服务攻击的情况, 文献 [40–42] 设计了具有抵御攻击的弹性控制器. 文献 [43] 设计了具有可靠性和安全性的控制方法. 文献 [44]提出了一套安全的分布式方法用于抵御子系统故障以及通讯网络的通讯故障对系统的影响. 而且多智能体子系统之间的网络通讯也常常会遭受攻击者发起恶意网络攻击的情况. 从系统设计角度, 由于网络故障（攻击）会将智能体网络中局部的负面影响快速放大到全局, 导致全局控制目标的丧失, 因此, 在不可靠网络通讯环境中, 针对分布式多智能体系统, 设计具有自适应机制才协同自主安全控制算法, 进一步提高多智能体系统的可靠性与安全性已成为当前群集智能系统协同控制领域的研究热点. 以上是本书研究的出发点之一.

此外, 交通信息物理系统中的网联车辆系统是一类典型的多智能体系统, 它由多个互联自动驾驶汽车和一个领航车辆组成的车队, 通过车辆通讯网络交换数据信息, 从而实现协同队列跟踪自动驾驶的目标[45–48]. 事实上, 网联车辆队列控制系统可以描述为由两辆或两辆以上的车辆以期望的巡航速度和巡航距离组成的串联系统. 在网联车辆的实际应用环境中, 复杂的通讯网络结构可能会因为恶意网络攻击而被破坏, 因此, 受到攻击的跟随者车辆会向邻近的跟随者车辆发送错误信息, 进一步破坏队列协同跟踪目标[49]. 基于网络通讯的智能交通系统的主要威胁和攻击与以下主要安全服务有关: 可用性(例如: 拒绝服务(DoS) 和无线电干扰), 标识和真实性(例如: 重播和欺骗), 机密性和隐私性(例如: 窃听), 完整性和数据信任(例如: 消息更改), 不可抵赖性和责任(例如: 虫洞). 欺骗攻击和DoS攻击是实车系统中两种典型的攻击, 其中DoS攻击是最常见的攻击类型之一. 这类攻击往往通过启动大量虚假的服务请求, 导致正常通信连接的瘫痪, 可能导致性能下降甚至追尾碰撞等严重后果. 近年来, 人们研究了多种安全控制策略来降低网络攻击带来的威胁. 例如, 文献[50–51]引入了一些网络恢复机制来恢复被DoS 攻击破坏的V2V通讯网络. 文献 [52]研究了具有DoS攻击的多车辆系统的协作安全队列控制问题, 并将DoS攻击的后果视为在规定的平均驻留时间下的切换丢包. 文献 [53] 提出了一种基于采样数据的具有切换拓扑和通信时滞的车队控制方案. 文献[54–55] 针对具有复特征值的拓扑结构下的分布式队列控制进行了稳定性分析和控制器设计研究. 值得注意的是, 这种复杂的网络结构可能由于外部恶意攻击、环境约束、链路或信道故障等原因而被破坏, 从而对车辆跟踪稳定性造成显著影响[56–57]. 因此, 需要指出的是, 关于不可靠通讯网络下网联车联协同的协同安全队列控制的若干问题尚不清楚. 例如DoS攻击、时变拓扑等, 这是本书研究的主要动机.

1.2 本书的内容安排

全书共分为7章, 第1章是绪论, 本书余下的部分内容概述如下:

第2章是预备知识, 介绍了图论的基本概念、切换拓扑与拓扑驻留时间的相关概念, 以及一些相关定义和引理.

第3章研究了分布式多智能体系统在有向切换通讯网络下的主动安全容错控制问题, 通过利用子系统之间的信息交换,设计分布式参考模型观测器, 从而克服非对称拓扑结构矩阵与跟随智能体系统控制增益设计无法直接解耦的难点. 设计参考观测器估计的领导者的状态信息, 结合模型参考自适应控制技术, 给出了分散式容错控制器设计方法, 保证跟随智能体在发生执行器故障的情况下仍然可以渐进跟踪领导者的状态轨迹. 进一步, 考虑多智能体子系统执行器故障和网络传输故障同时发生的情况, 提出了一种带有切换机制的主动安全容错控制器设计方法, 保证多智能体系统的全局跟踪性能.

第4章研究了模型参数未知的线性多智能体系统基于数据驱动的协同安全容错控制方法. 首先, 针对固定拓扑条件下具有未知系统参数的多智能体系统, 通过定义一种多智能体系统合作二次性能指标, 设计了由反馈增益和执行器故障因子估计值组成的分布式容错控制器结构, 同时给出了最优控制最小化性能指标的充分必要条件, 并利用自适应迭代学习方法, 求解出模型参数未知的多智能体系统的最优安全控制器的增益矩阵. 其次, 研究通讯网络发生DoS攻击下的线性多智能体系统自适应安全容错控制方法. 假设多智能体的通讯网络为时变非对称拓扑结构,同时遭受DoS攻击, 利用智能体单元局部信息提出了新的弹性最优协同容错控制策略, 并优化多智能体系统的合作二次性能指标. 利用局部系统状态和输入信息的自学习迭代算法来求解代数Riccati方程, 进而计算子系统的反馈控制器增益, 进一步证明了全局跟踪误差系统在出现执行器故障和网络攻击时仍然渐进稳定.

第5章研究了分布式多智能体系统基于输出反馈的协同安全控制问题. 首先, 考虑在网络通信拓扑任意切换的条件下, 解决了具有模型不确定性和外部干扰的多智能体系统的鲁棒H_∞输出一致性控制问题, 通过对每个子系统设计基于分布式观测器的控制协议确保了多智能体系统实现H_∞一致性控制的控制目标. 特别是上述方法可以应用于无向网络通信拓扑任意切换的环境中, 不受拓扑驻留时间限制. 其次, 考虑多智能体系统的通讯网络出现通信故障或遭受DoS攻击, 从而导致切换通信拓扑发生间歇性通讯故障. 设计了一种基于输出反馈的协同安全跟踪控制方案, 其中为每个子系统构造一个局部状态观测器以估计子系统状态, 同时设计一个分布式安全跟踪控制器实现协同跟踪的控制目标. 最后, 应用拓扑切换理论和Lyapunov稳定性定理给出协同安全跟踪控制器设计的充分条件.

第6章研究了交通信息物理系统中的网联车辆协同安全队列跟踪控制方法. 针对切换通讯网络下的网联车辆系统, 考虑网络通讯层发生执行器攻击、传感器攻击和DoS攻击时, 为了避免车辆碰撞, 利用相邻车辆状态信息设计了一种新颖的协同安全队列跟踪控制算法. 在跟随车辆系统控制器结构中引入具有参数更新率的切换弹性转换机制, 该机制能够补偿传感器和执行器攻击的影响. 实现了网联车辆系统协同队列跟踪目标, 进而建立了闭环跟踪误差系统的鲁棒稳定性分析.

第7章进一步研究了带有DoS攻击、外部干扰和死区非线性的一类非仿射非线性网联车辆系统的协同安全队列控制方法. 通过构造信号参考生成器和分散跟踪控制器, 提出了一种嵌入式协调安全控制方案. 此外, 利用隐函数定理将多车系统的非仿射形式转化为相应的仿射形式. 然后, 利用无向网络通信拓扑和相邻车辆的状态信息, 为每辆车设计了具有相应参数更新律的自适应模糊控制器. 通过稳定性分析保证了所有闭环信号保持有界, 并且在发生DoS攻击和未知死区输入的情况下, 网联车辆系统依然实现队列跟踪的目标.

第2章 预 备 知 识

本章主要介绍一些代数图论的基础知识, 以及关于多智能体系统通讯网络切换拓扑以及拓扑驻留时间的一些相关理论和假设. 最后介绍了本书用到的相关定义及引理. 本章所介绍的内容为后续内容的理论分析提供了基础.

2.1 代数图论基础知识

设$\mathcal{G}=\{\mathcal{V},\mathcal{E}\}$表示含有$N$个节点的网络拓扑图, $\mathcal{V}=\{v_1,v_2,\cdots,v_N\}$ 为节点集, $\mathcal{E}=\{e_1,e_2,\cdots\}\subset\mathcal{V}\times\mathcal{V}$为边集, $e_k=(v_i,v_j)$, 若$(v_i,v_j)\in\mathcal{E}$, 则表示节点v_j能够获取节点v_i的信息, 并称v_j为v_i的子节点, v_i为v_j的父节点. 从节点v_i到节点v_j的路径是指图$\mathcal{G}$中存在一序列边形如$(v_i,v_{i1}),(v_{i1},v_{i2}),\cdots,(v_{ik},v_j)$. 路径与它涉及的节点顺序有关, 自然数$k+1$定义为路径的长度. 若图$\mathcal{G}$中任意两个节点都有路径连接, 则称图$\mathcal{G}$ 是连通的. 在图$\mathcal{G}$中, 假设没有自环, 即$(v_i,v_i)\notin\mathcal{E}$. 若对任意的边$(v_i,v_j)\in\mathcal{E}\Longleftrightarrow(v_j,v_i)\in\mathcal{E}$, 则图$\mathcal{G}$ 为无向图,如图2.1(a) 所示. 若至少存在一条边$(v_i,v_j)\in\mathcal{E}$, 而$(v_j,v_i)\notin\mathcal{E}$, 则图$\mathcal{G}$为有向图, 如图2.1(b)所示. 对加权图$\mathcal{G}$, 其邻接矩阵$\boldsymbol{A}_G=[a_{ij}]\in\mathbb{R}^{N\times N}$中的元素定义为

$$\begin{cases} a_{ij}>0,(v_j,v_i)\in\mathcal{E}, \\ a_{ij}=0,(v_j,v_i)\notin\mathcal{E}. \end{cases}$$

定义$\boldsymbol{L}$ 表示与图$\mathcal{G}$相关联的Laplacian矩阵(Laplacian matrix)如下:

$$\boldsymbol{L}=\begin{bmatrix} 0 & \boldsymbol{0}_{1\times N} \\ \boldsymbol{L}_1 & \boldsymbol{L}_2 \end{bmatrix},$$

这里$\boldsymbol{L}_1=[a_{11},a_{12},\cdots,a_{1N}]^{\mathrm{T}}\in\mathbb{R}^{N\times 1}$ 和$\boldsymbol{L}_2=[\boldsymbol{L}_{2ij}]_{N\times N}\in\mathbb{R}^{N\times N}$, $\boldsymbol{L}_1$ 和$\boldsymbol{L}_2$为常数矩阵. Laplacian矩阵$\boldsymbol{L}_2$定义为$\boldsymbol{L}_2=\boldsymbol{D}-\boldsymbol{A}_G$. 如果有向图含有包含所有节点的有向树, 那么称该有向图包含有向生成树. 若图$\mathcal{G}$ 是无向图, 则$\boldsymbol{L}$为对称半正定矩阵.有向图$\mathcal{G}$ 的Laplacian矩阵$\boldsymbol{L}$ 仅有一个零特征值当且仅当$\mathcal{G}$具有有向生成树. 如果有向图$\mathcal{G}$是强连通的, 那么存在对称矩阵$\boldsymbol{L}$是半正定的.

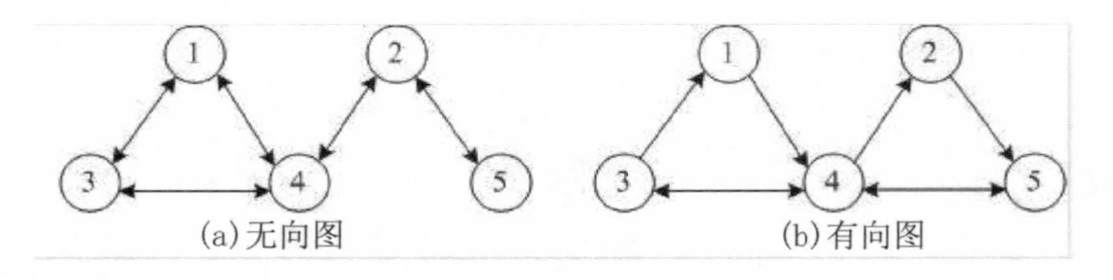

图 2.1

2.2 切换拓扑与拓扑驻留时间

在本书中我们主要考虑分布式多智能体系统之间的通讯网络拓扑为时变的情况. 令图$\bar{\mathcal{G}}(t)$表示$N+1$个智能体系统构成的时变通信拓扑有向图, 我们假定通信拓扑仅仅在离散时间处出现变动, 具体来说, 令$t_1, t_2, \cdots$为网络拓扑的切换时间点. 定义$\{\bar{\mathcal{G}}_p : p \in \mathcal{P}\}$表示所有可能通信拓扑所构成的集合, 其中$\mathcal{P} = \{1, 2, \cdots, M\}$为指标集. 考虑一组无穷的非空、相邻并且一致有界的时间区间$[t_s, t_{s+1})$, $s \in \mathbb{N}$, 其中$t_1 = 0$,$\tau_2 \geqslant t_{s+1} - t_s \geqslant \tau_1$, 两个常量$\tau_1 > 0$,$\tau_2 > 0$. 因为通讯网络拓扑在时间间隔$[t_s, t_{s+1})(s \in \mathbb{N})$上保持不变, 所以我们称$\tau_1$为拓扑驻留时间. 定义

$$\sigma(t) : [0, +\infty) \to \mathcal{P}$$

表示一个连续时间的分段常量切换函数,用于描述通讯网络拓扑在相邻连续时间间隔之间的切换. 那么, 通信拓扑图$\bar{\mathcal{G}}(t)$在时间t上也可记为$\bar{\mathcal{G}}_{\sigma(t)}$. 相应地, 令$\mathcal{G}_{\sigma(t)}$表示$N$个跟随智能体组成的通信拓扑, $\{\mathcal{G}_p : p \in \mathcal{P}\}$表示$N$个跟随智能体网络所有可能通信拓扑所构成的集合, $\boldsymbol{L}_{\sigma(t)}$和$\boldsymbol{A}_{\sigma(t)} = [a_{ij}(t)] \in \mathbb{R}^{N \times N}$表示其对应的时变的Laplacian矩阵和邻接矩阵. 定义矩阵$\boldsymbol{G}_{\sigma(t)} = \mathrm{diag}(g_1(t), g_2(t), \cdots, g_N(t))$, 其中$g_i(t)$为非负权值, 且$g_i(t) > 0$当且仅当跟随智能体$i$在时间$t$时能直接接收到领航者的信息, 否则$g_i(t) = 0$.为了方便讨论,记$\boldsymbol{H}_{\sigma(t)} = \boldsymbol{L} + \boldsymbol{G}_{\sigma(t)}$. 切换拓扑图如图2.2所示.

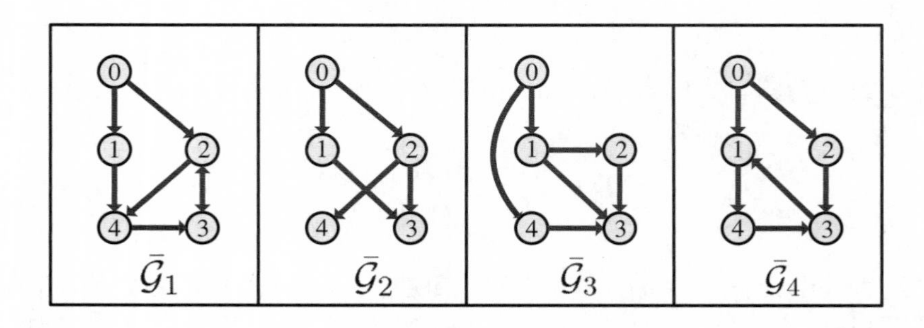

图 2.2 包含5个节点的多智能体系统时变网络通信拓扑图

定义 2.2.1 [16] 对于时间间隔(T_1,T_2), 如果存在两个实数$N_0\geqslant 0$和$\tau_a>0$ 得

$$N_\sigma(T_1,T_2)\leqslant N_0+\frac{\mathcal{T}(T_1,T_2)}{\tau_a},$$

则称τ_a为拓扑平均驻留时间. $N_\sigma(T_1,T_2)$和$\mathcal{T}(T_1,T_2)$分别为间隔(T_1,T_2) 上的拓扑切换次数和总运行时间长度.

2.3 网络拒绝服务攻击模型

在分布式多智能体系统中, 由于智能体单元发送和接收信息及信息传输过程中经常会受到干扰、通讯故障以及恶意网络攻击影响而产生错误的数据传输, 因此这些都会严重地影响多智能体网络的协同目标的实现. 特别是拒绝服务（Denial-of-Service, DoS）攻击,它是一类典型的网络攻击, 攻击者通过阻断信息交互对多智能体的网络通讯数据的可信性和可用性造成影响, 例如: DoS攻击通过向服务器发送大量无用请求阻塞通信频道，导致合法用户的需求无法得到及时响应.

记$\mathcal{H}^I$表示所有不连通时间序列的集合, 即发生DoS攻击的时间序列集合

$$\mathcal{H}^I=\bigcup_{m\in\mathbb{N}_+}\mathcal{T}_m\bigcap[t_0,T), \tag{2.3.1}$$

其中$\mathcal{T}_m=[T_m,T_m^1)$. 此外, 对$m\in\mathbb{N}_+$, 定义如下的通信时间序列集合为

$$\begin{aligned}\bar{\mathcal{T}}_0&=\bigcup_{n=0,1,2,\cdots,n^0-1}[T_0^n,T_0^{n+1}),\\ \bar{\mathcal{T}}_m&=\bigcup_{n=1,2,\cdots,n^m-1}[T_m^n,T_m^{n+1}),\end{aligned} \tag{2.3.2}$$

令$T_m^{n^m}=T_{m+1}^0=T_{m+1}$, $T_m^1,T_m^2,\cdots,T_m^{n^m}$ 表示拓扑切换时刻. 因此, 整段时间区间$[t_0,T)$上的通信持续时间由$\mathcal{H}^C:=\bigcup_{m\in\mathbb{N}_+}\bar{\mathcal{T}}_0\bigcup\bar{\mathcal{T}}_m=[t_0,T)/\mathcal{H}^I$给出. DoS攻击的时间序列如图2.3 所示.

假设 2.3.1 (DoS持续时间): 对于任何$t>0$, 将$\mathcal{T}_a(t_0,t)$表示为在时间区间$[t_0,t)$ 上DoS 攻击的持续时间, 并且存在$\mathcal{T}_0\geqslant 0$和$\varsigma_a>1$, 使得

$$\mathcal{T}_a(t_0,t)\leqslant\mathcal{T}_0+\frac{t-t_0}{\varsigma_a}. \tag{2.3.3}$$

假设 2.3.2 (DoS频率): 对于任何$t>0$, 令$E_a(t_0,t)$ 表示在$[t_0,t)$ 上发生的DoS 攻击次数, 并且存在$\omega>0$, 使得

$$E_a(t_0,t)\leqslant\omega(t-t_0). \tag{2.3.4}$$

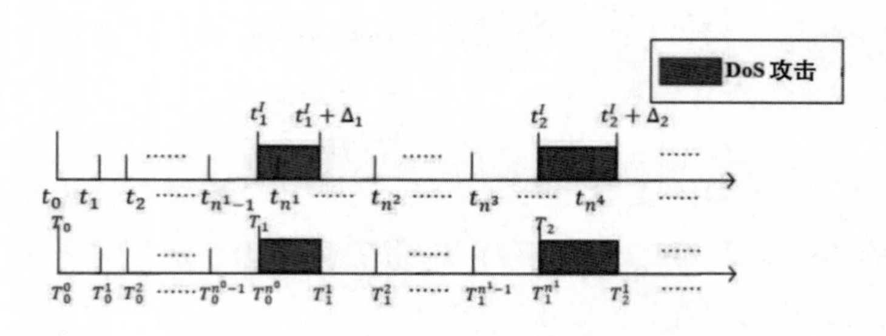

图 2.3 DoS攻击时间序列

注记 2.3.1 DoS攻击的持续时间和攻击频率通过假设2.3.1和假设2.3.2进行限制. 条件$\omega > 0$和$\varsigma_a > 1$保证DoS的发生速率不能无限快或者始终保持DoS攻击状态. 如果没有这些限制条件,那么会导致DoS攻击间距覆盖整个区间$[t_0, t]$, 从而使系统控制失效.

2.4 相关定义和引理

下面的一些引理将在后文中用到.

定义 2.4.1 [62] 考虑系统

$$\dot{\boldsymbol{x}} = \boldsymbol{f}\left(\boldsymbol{x}, t\right), \boldsymbol{x}\left(t_0\right) = \boldsymbol{x}_0, \tag{2.4.1}$$

其中, $\boldsymbol{x} \in \mathbb{R}^p, t \geqslant 0$, $\boldsymbol{x}\left(t_0\right)$ 是系统的平衡点. 如果对$\forall \varepsilon > 0$, $\exists \delta\left(\varepsilon, t_0\right) > 0$, 有$\|\boldsymbol{x}\left(t_0\right)\| < \delta\left(\varepsilon, t_0\right) \Rightarrow \forall t \geqslant t_0$, $\|\boldsymbol{x}\left(t\right)\| < \varepsilon$, 那么称系统在平衡点$\boldsymbol{x}\left(t_0\right)$是稳定的.

定义 2.4.2 [62] 考虑系统(2.4.1), 如果系统在平衡点处是稳定的, 且$\exists \delta\left(\varepsilon, t_0\right) > 0$, 有$\|\boldsymbol{x}\left(t_0\right)\| < \delta\left(\varepsilon, t_0\right) \Rightarrow \lim\limits_{t \to \infty} \|\boldsymbol{x}\left(t\right)\| = 0$, 那么称系统在平衡点处是渐进稳定的.

定义 2.4.3 [62] 考虑系统(2.4.1), 如果定义2.4.2中的$\delta\left(\varepsilon, t_0\right)$是整个位置空间, 那么称系统在平衡点$\boldsymbol{x}\left(t_0\right)$ 处是全局渐进稳定的.

定义 2.4.4 [62] 对于系统(2.4.1), 设$\Omega \subseteq \mathbb{R}^n$是包含原点的定义域, 若对于$\forall t \geqslant 0$ 以及$\forall x_0 \in \Omega$, 存在连续可微函数$V : \mathbb{R}^+ \times \mathbb{R}^n \to \mathbb{R}^+$, 使得

$$\alpha_1(x) \leqslant V(t, x) \leqslant \alpha_2(x), \dot{V} = \frac{\partial V}{\partial t} + \frac{\partial V}{\partial t} f(t, x) \leqslant -\alpha V + \beta,$$

成立,其中$\alpha > 0$, $\beta > 0$, $\alpha_1(\cdot)$和$\alpha_1(\cdot)$为$\mathcal{K}_\infty$类函数,则有

$$V(t) = V(0)e^{-\alpha t} + \frac{\beta}{\alpha},$$

即系统(2.4.1)的解$x = x(t_0; x_0, t_0)$ 是半全局（局部）一致最终有界的.

定义 2.4.5 [19] 流形S的一个邻域$\mathcal{N}(S)$是其内部包含流形的嵌入空间中的开集.

定义 2.4.6 [19] 给定一个仿射流形S, 包含在一个邻域$\mathcal{N} \supset S$中, 如果存在一个二次函数$\mathcal{V}(\cdot) : \mathcal{N} \to \mathbb{R}$使得

$$\begin{aligned} \mathcal{V}(\boldsymbol{x}) = \boldsymbol{x}^{\mathrm{T}} \boldsymbol{P} \boldsymbol{x} \geqslant \mathbf{0}, \\ \dot{\mathcal{V}}(\boldsymbol{x}) \leqslant \mathbf{0}, \end{aligned} \tag{2.4.2}$$

其中$\boldsymbol{x} \subset \mathcal{N}$, 那么$S$是Lyapunov一致稳定的. 另外, 若存在一个$\boldsymbol{Q} \geqslant \mathbf{0}$, 使得$\dot{\mathcal{V}} \leqslant -\boldsymbol{x}^{\mathrm{T}} \boldsymbol{Q} \boldsymbol{x} \leqslant \mathbf{0}$, 则稳定性是一致渐进稳定的.

引理 2.4.1 [1-2, 6] 设 $\boldsymbol{L} \in \mathbb{R}^{N \times N}$为图 $\mathcal{G}$ 的N阶Laplacian矩阵, 则以下结论成立:

(1) 0是矩阵 $\boldsymbol{L}$ 的一个特征值, $\mathbf{1}_N = [1, 1, \cdots, 1]^{\mathrm{T}} \in \mathbb{R}^N$为矩阵 $\boldsymbol{L}$ 对应于特征值0的右特征向量.

(2) 若 $\mathcal{G}$ 是无向连通图, 则矩阵 $\boldsymbol{L}$ 有一个零特征值, 且其余所有特征值都是正实数; 若有向图 $\mathcal{G}$ 包含有向生成树, 则矩阵 $\boldsymbol{L}$ 只有一个零特征值, 且其余所有特征值均在右半开复平面.

(3) $\mathcal{G}$ 是无向连通图的充分必要条件是 $\lambda_2(\boldsymbol{L}) > 0$, 其中 $\lambda_2(\boldsymbol{L})$ 表示图 $\mathcal{G}$ 的代数连通度, 定义为

$$\lambda_2(\boldsymbol{L}) = \min_{\boldsymbol{x} \neq \mathbf{0}, 1^{\mathrm{T}} \boldsymbol{x} = \mathbf{0}} \frac{\boldsymbol{x}^{\mathrm{T}} \boldsymbol{L} \boldsymbol{x}}{\boldsymbol{x}^{\mathrm{T}} \boldsymbol{x}}.$$

(4) 若有向图 $\mathcal{G}$ 是强连通的, 则存在一个正的列向量 $\boldsymbol{w}$ 满足 $\boldsymbol{w}^{\mathrm{T}} \boldsymbol{L} = 0$.

(5) 若有向图 $\mathcal{G}$ 包含有向生成树, 则存在一个对角矩阵 $\boldsymbol{\Gamma} = \mathrm{diag}(\gamma_1, \gamma_2, \cdots, \gamma_N)$ 使得 $\boldsymbol{\Gamma L} + \boldsymbol{L}^{\mathrm{T}} \boldsymbol{\Gamma} = \boldsymbol{\Phi} > \mathbf{0}$成立, 其中 $\boldsymbol{\gamma} = [\gamma_1, \gamma_2, \cdots, \gamma_N]^{\mathrm{T}} = (\boldsymbol{L}^{\mathrm{T}})^{-1} \mathbf{1}_N$.

引理 2.4.2 [18] (Young不等式)对于任意的向量$\boldsymbol{x},\boldsymbol{y}\in\mathbb{R}^n$, 下面的不等式成立

$$\parallel \boldsymbol{x}^{\mathrm{T}}\boldsymbol{y} \parallel \leqslant \frac{\varepsilon^p}{p}\parallel \boldsymbol{x} \parallel^p + \frac{1}{q\varepsilon^q}\parallel \boldsymbol{y} \parallel^q,$$

其中$\varepsilon>0, p>1, q>1$, 并且$\frac{1}{p}+\frac{1}{q}=1$.

引理 2.4.3 [63–64] (Schur补引理) 对给定的对称矩阵$\boldsymbol{S}=\begin{bmatrix}\boldsymbol{S}_{11} & \boldsymbol{S}_{12}\\ \boldsymbol{S}_{12}^{\mathrm{T}} & \boldsymbol{S}_{22}\end{bmatrix}$,
其中$\boldsymbol{S}_{11}$是$r\times r$维的. 以下三个条件是等价的:

(1) $\boldsymbol{S}<0$.

(2) $\boldsymbol{S}_{11}<0, \boldsymbol{S}_{22}-\boldsymbol{S}_{12}^{\mathrm{T}}\boldsymbol{S}_{11}^{-1}\boldsymbol{S}_{12}<0$.

(3) $\boldsymbol{S}_{22}<0, \boldsymbol{S}_{11}-\boldsymbol{S}_{12}\boldsymbol{S}_{22}^{-1}\boldsymbol{S}_{12}^{\mathrm{T}}<0$.

第3章　时变通讯网络下多智能体系统主动安全容错控制

本章针对时变通讯网络下带有执行器故障的线性多智能体系统,在有向切换拓扑网络条件下给出了一种新的基于分布式参考模型观测器的主动安全容错控制器设计方法. 为了克服非对称拓扑结构矩阵与子系统控制增益矩阵设计无法直接解耦的难点, 本章通过设计分布式参考模型观测器, 提出了两步法的安全容错控制设计方案: 第一步, 利用跟随智能体的邻域信息去构造参考观测器, 估计出领航者的运行状态; 第二步, 基于模型参考自适应方法,设计跟随者的容错跟踪控制器. 利用两步设计仍然可以渐进跟踪领航者的状态轨迹. 进一步, 考虑网络中出现间歇传输故障以及跟随智能体系统发生执行器故障的情况, 提出了改进的主动安全容错控制器设计方法, 保证多智能体系统的全局跟踪性能. 算例仿真验证了本章所提方法的有效性.

3.1　多智能体系统模型与问题描述

考虑一个由$N+1$个智能体单元构成的网络系统, 领航智能体(标号为0)的动态系统数学模型描述如下:

$$\dot{\boldsymbol{x}}_0(t) = \boldsymbol{A}\boldsymbol{x}_0(t) + \boldsymbol{B}\boldsymbol{r}_0(t),$$

其中$\boldsymbol{x}_0(t) \in \mathbb{R}^n$和$\boldsymbol{r}_0(t) \in \mathbb{R}^m$ 分别代表领航者的状态向量和参考输入信号, 我们假定领航智能体的状态能够被网络中的一部分跟随智能体获知, 并且领航者的参考输入信号有界满足$\|\boldsymbol{r}_0(t)\| \leqslant r^*$. 多智能体网络中其余$N$个跟随者的动态系统数学模型描述如下:

$$\dot{\boldsymbol{x}}_i(t) = \boldsymbol{A}\boldsymbol{x}_i(t) + \boldsymbol{B}\boldsymbol{u}_i(t), \quad i = 1, 2, \cdots, N.$$

其中$\boldsymbol{x}_i(t) \in \mathbb{R}^n$为第$i$个跟随智能体的状态变量, $\boldsymbol{u}_i(t) \in \mathbb{R}^m$ 为控制输入变量. $\boldsymbol{A}$和$\boldsymbol{B}$是已知的具有适当维数的常数矩阵.

假设 3.1.1　$(\boldsymbol{A}, \boldsymbol{B})$是可稳定的, 并且所有智能体的系统状态都是可测的.

在本章中, 假设多智能体系统的通讯网络为切换有向拓扑. 令图$\bar{\mathcal{G}}(t)$表示$N+1$个智能体系统构成的时变通讯拓扑有向图, $t_1, t_2, \cdots$为拓扑的切换时刻, $\sigma(t):[0,+\infty)\rightarrow\mathcal{P}$表示拓扑的切换信号, 并且假定通讯网络拓扑在时间区间$[t_h, t_{h+1})(h\in\mathbb{N})$上保持不变. 定义$\mathbb{G}=\{\bar{\mathcal{G}}_p: p\in\mathcal{P}\}$为所有可能通信拓扑构成的集合, 其中$\mathcal{P}=\{1,2,\cdots,M\}$为指标集. 切换拓扑及其对应的时变的Laplacian 矩阵和邻接矩阵的具体形式由第2章给出.

假设 3.1.2 多智能体系统的通讯网络在每一个时间区间$[t_h, t_{h+1})(h\in\mathbb{N})$上保持不变, 有向图$\mathcal{G}_p(p\in\mathcal{P})$包含一个有向生成树, 且领航智能体为有向生成树的根节点.

根据假设3.1.2可知, 矩阵$\boldsymbol{H}_p$ $(p\in\mathcal{P})$是非奇异的M-矩阵. 因而, 利用引理2.4.1可知, 存在矩阵$\boldsymbol{\Gamma}^p=\mathrm{diag}(\gamma_1^p,\gamma_2^p,\cdots,\gamma_N^p)$ 满足

$$\boldsymbol{\Gamma}^p\boldsymbol{H}_p+\boldsymbol{H}_p^p\boldsymbol{\Gamma}^p=\boldsymbol{\Phi}^p>\mathbf{0}. \tag{3.1.1}$$

注记 3.1.1 在有向通讯网络的情况下, 假设3.1.2仅需要网络拓扑时包含一个有向生成树, 而不需要通讯网络具有对称结构, 此外, 假设3.1.2保证了领航者与跟随者之间跟随智能体子系统之间传输信息的及时性, 能够确保及时补偿子系统故障同时跟踪动态领航者的轨迹.

在本章的讨论中, 我们假设只有跟随智能体发生执行器故障, 故障类型包括部分失效和偏移故障. 对于跟随智能体系统 i $(i=1,2,\cdots,N)$,其执行器的多模型故障模式定义如下:

$$u_{i,k}^{hF}(t)=\rho_{i,k}^h u_{i,k}(t)+\bar{u}_{i,k}^h(t);\ t\geqslant t_{i,k}^h;\ k=1,2,\cdots,m;\ h=1,2,\cdots,H. \tag{3.1.2}$$

其中 $u_{i,k}^{hF}(t)$ 表示第k 个执行器在第h 个故障模式下的执行器故障信号, $\rho_{i,k}^h$是一个未知常数, 指标h和H分别代表第h个故障模式和总的故障模式. 对于每种故障模式h, $\bar{u}_{i,k}^h(t)$ 代表第k 个执行器未知时变有界的偏移故障或卡死故障, $t_{i,k}^h$ 代表未知的故障发生时间. $\underline{\rho}_{i,k}^h$ 和$\overline{\rho}_{i,k}^h$ 分别表示$\rho_{i,k}^h$ 的下界和上界. 根据实际情况, 可以看出$0\leqslant\underline{\rho}_{i,k}^h\leqslant\rho_{i,k}^h\leqslant\overline{\rho}_{i,k}^h\leqslant 1$.

注记 3.1.2 不难看出当$\rho_{i,j}^h$ 和$\bar{u}_{i,j}^h(t)$ 选择不同的常数或者函数时, 故障模型(3.1.2) 可以代表不同的故障类型. 为了便于表述清楚, 表3.1 说明了各种故障的情况.

定义

$$\boldsymbol{u}_i^{hF}(t)=[u_{i,1}^{hF}(t),u_{i,2}^{hF}(t),\cdots,u_{i,m}^{hF}(t)]^{\mathrm{T}}=\rho_i^h\boldsymbol{u}_i(t)+\bar{\boldsymbol{u}}_i^h(t), \tag{3.1.3}$$

表 3.1 故障模型

故障类型	$\underline{\rho}_{i,jk}^h$	$\overline{\rho}_{i,j}^h$	$\bar{u}_{i,j}^h(t)$
正常状态	1	1	0
部分失效故障	>0	<1	0
偏移故障	1	1	$\neq 0$
中断故障	0	0	0
卡死故障	0	0	$\neq 0$

其中

$$\rho_i^h = \mathrm{diag}(\rho_{i,1}^h, \rho_{i,2}^h, \cdots, \rho_{i,m}^h),\ \boldsymbol{\rho}_{i,k}^h \in [\underline{\rho}_{i,k}^h, \overline{\rho}_{i,k}^h],\ i = 1, 2, \cdots, N,$$

$$\bar{\boldsymbol{u}}_i^h(t) = [\bar{u}_{i,1}^h(t), \bar{u}_{i,2}^h(t), \cdots, \bar{u}_{i,m}^h(t)]^{\mathrm{T}},\ k = 1, 2, \cdots, m,\ h = 1, 2, \cdots, H.$$

进而, 定义如下算子集合:

$$\Delta_{\rho_i^h} = \{\rho_i^h \mid \rho_i^h = \mathrm{diag}\{\rho_{i,1}^h, \rho_{i,2}^h, \cdots, \rho_{i,m}^h\},\ \rho_{i,k}^h \in [\underline{\rho}_{i,k}^h, \overline{\rho}_{i,k}^h]\}.$$

为了描述方便, 在下面的章节中对于跟随智能体i发生的所有可能故障模式H, 我们采用一致的执行器故障模型如下:

$$\boldsymbol{u}_i^F(t) = \rho_i \boldsymbol{u}_i(t) + \bar{\boldsymbol{u}}_i(t), \tag{3.1.4}$$

其中

$$\rho_i \in \Delta_{\rho^h}, \bar{\boldsymbol{u}}_i(t) = [\bar{u}_{i,1}(t), \bar{u}_{i,2}(t), \cdots, \bar{u}_{i,m}(t)]^{\mathrm{T}}, h = 1, 2, \cdots, H.$$

注记 3.1.3 因为所有跟随智能体的动力学模型是相同的, 不失一般性, 假设不同的跟随者执行器发生第 h 类故障参数集合可以统一表示为Δ_{ρ^h}, 其中 $\Delta_{\rho^h} = \bigcup\limits_{i=1,\cdots,N} \Delta_{\rho_i^h}$.

假设 3.1.3 对于第i个跟随智能体系统, 未知故障函数$\bar{\boldsymbol{u}}_i(t)$为分段连续有界函数, 即存在未知正数$\bar{u}_s$使得$\|\bar{\boldsymbol{u}}_i(t)\| \leqslant \bar{u}_s$ 成立.

引理 3.1.1 [65,66] 对于跟随智能体系统中的故障因子对角阵$\boldsymbol{\rho}_i$，存在相应的常数$\mu_i > 0$ 满足下面的不等式

$$\boldsymbol{\zeta}^{\mathrm{T}} \boldsymbol{P} \boldsymbol{B} \boldsymbol{\rho}_i \boldsymbol{B}^{\mathrm{T}} \boldsymbol{P} \boldsymbol{\zeta} \geqslant \mu_i \|\boldsymbol{\zeta}^{\mathrm{T}} \boldsymbol{P} \boldsymbol{B}\|^2. \tag{3.1.5}$$

3.2 控制目标

在本章中考虑通讯网络为有向切换拓的情况, 通过利用跟随智能体的自身信息和可获取的邻域信息, 设计协同安全容错控制算法, 保证跟随智能体的状态在带有执行器故障影响下仍然可以渐进地跟踪领航者的运动轨迹.

注记 3.2.1 与已有结果 [12–15] 相比, 本章研究有向拓扑结构下的多智能体系统协同容错控制问题, 因为非对称的拓扑结构导致控制器增益设计与拓扑矩阵无法直接解耦, 使得上述方法无法完成本章的控制目标, 这也是本章的设计难点. 因此, 需要在新的框架下寻找协同跟踪控制的设计方法, 同时实现容错与网络趋同的控制目标.

3.3 主要结果

在切换非对称网络拓扑结构下, 本章提出一种基于分布式参考模型观测器的合作安全容错跟踪控制算法. 设计过程主要分两部分: 首先, 利用跟随智能体的自身信息和相邻节点的状态信息, 设计分布式参考模型观测器, 使得虚拟模型的状态可以渐进跟踪领航者的轨迹. 其次, 利用参考模型状态设计分散式自适应安全容错控制器, 保证误差系统渐进收敛到原点.

3.3.1 分布式参考模型观测器设计

针对第i个跟随智能体系统, 利用局部信息设计分布式参考模型观测器来估计领航智能体的运动状态, 具体形式为:

$$
\begin{aligned}
\dot{\hat{\boldsymbol{x}}}_i(t) &= \boldsymbol{A}\hat{\boldsymbol{x}}_i(t) + \boldsymbol{B}\boldsymbol{v}_i(t), \\
\boldsymbol{v}_i(t) &= c_0\boldsymbol{K}_1\boldsymbol{e}_i^{\sigma(t)}(t) + \boldsymbol{K}_{2,i}(t), \quad i = 1, 2, \cdots, N,
\end{aligned} \tag{3.3.1}
$$

其中c_0为设计的耦合强度,满足

$$
c_0 > \frac{\tilde{c}\max\limits_{p\in\mathcal{P}}\big(\max\limits_{k=1,\cdots,N}(\gamma_k^s)\big)}{\min\limits_{p\in\mathcal{P}}(\lambda_{\min}(\boldsymbol{\Phi}^p))}, \tag{3.3.2}
$$

γ_i^p和$\boldsymbol{\Phi}^p(p\in\mathcal{P})$在式(3.1.1)中已给出,$\tilde{c}$是设计的控制参数. $\boldsymbol{K}_1\in\mathbb{R}^{m\times n}$为反馈控制增益. $\boldsymbol{e}_i^{\sigma(t)}(t)\in\mathbb{R}^n$表示第$i$个跟随智能体系统的估计状态邻域误差, 定义为

$$
\boldsymbol{e}_i^{\sigma(t)}(t) = \sum_{j\in\mathcal{N}_i(t)} a_{ij}(t)(\hat{\boldsymbol{x}}_i(t) - \hat{\boldsymbol{x}}_j(t)) + g_i(t)(\hat{\boldsymbol{x}}_i(t) - \boldsymbol{x}_0(t)).
$$

同时,设计附加信号$\boldsymbol{K}_{2,i}(t)$的形式为

$$\boldsymbol{K}_{2,i}(t)=\begin{cases}\dfrac{\boldsymbol{K}_1\boldsymbol{e}_i^{\sigma(t)}(t)a_0\|\boldsymbol{K}_1\boldsymbol{e}_i^{\sigma(t)}(t)\|\bar{\omega}}{\|\boldsymbol{K}_1\boldsymbol{e}_i^{\sigma(t)}(t)\|^2b_0}, & \text{如果 } \boldsymbol{K}_1\boldsymbol{e}_i^{\sigma(t)}(t)\neq 0,\\ 0, & \text{其他}.\end{cases} \tag{3.3.3}$$

定义跟随智能体的观测器跟踪误差为

$$\boldsymbol{\delta}(t)=[\boldsymbol{\delta}_1^{\mathrm{T}}(t),\boldsymbol{\delta}_2^{\mathrm{T}}(t),\cdots,\boldsymbol{\delta}_N^{\mathrm{T}}(t)]^{\mathrm{T}},$$

其中$\boldsymbol{\delta}_i(t)=\hat{\boldsymbol{x}}_i(t)-\boldsymbol{x}_0(t)$. 于是, 可以得到观测器跟踪误差的动力学方程为

$$\dot{\boldsymbol{\delta}}(t)=(\boldsymbol{I}_N\otimes\boldsymbol{A}+c_0\mathcal{H}_{\sigma(t)}\otimes\boldsymbol{B}\boldsymbol{K}_1)\boldsymbol{\delta}(t)+(\boldsymbol{I}_N\otimes\boldsymbol{B})(\boldsymbol{K}_2(t)-\boldsymbol{1}_N\otimes\boldsymbol{r}_0(t)), \tag{3.3.4}$$

其中

$$\boldsymbol{K}_2(t)=[\boldsymbol{K}_{2,1}^{\mathrm{T}}(t),\boldsymbol{K}_{2,2}^{\mathrm{T}}(t),\cdots,\boldsymbol{K}_{2,N}^{\mathrm{T}}(t)]^{\mathrm{T}}.$$

接下来定义如下形式的分段Lyapunov函数:

$$V(t)=V_{\sigma(t)}(t)=\boldsymbol{\delta}^{\mathrm{T}}(t)(\boldsymbol{H}_{\sigma(t)}^{\mathrm{T}}\otimes\boldsymbol{I}_n)(\boldsymbol{\Gamma}^{\sigma(t)}\otimes\boldsymbol{P})(\boldsymbol{H}_{\sigma(t)}\otimes\boldsymbol{I}_n)\boldsymbol{\delta}(t),$$

引入记号

$$\begin{aligned}&\underline{\gamma}^p=\min_{k=1,\cdots,N}(\gamma_k^p),\quad \bar{\gamma}^p=\max_{k=1,\cdots,N}(\gamma_k^p),\\&\tilde{\theta}=\min_{p\in\mathcal{P}}(\theta_p),\quad \theta_p=\lambda_{\min}(\boldsymbol{H}_{\sigma(t)}^{\mathrm{T}}\boldsymbol{\Gamma}^s\boldsymbol{H}_p),\\&\tilde{q}=\max_{p\in\mathcal{P}}(q_p),\quad q_p=\lambda_{\max}(\boldsymbol{H}_{\sigma(t)}^{\mathrm{T}}\boldsymbol{\Gamma}^s\boldsymbol{L}_{2p}).\end{aligned}$$

不难看出, 对于所有$p\in\mathcal{P}$, 下面的不等式都成立;

$$p_0\|\boldsymbol{\delta}(t)\|^2\leqslant p_p\boldsymbol{\delta}^{\mathrm{T}}(t)(\boldsymbol{I}_N\otimes\boldsymbol{P})\boldsymbol{\delta}(t)\leqslant V(t)\leqslant q_p\boldsymbol{\delta}^{\mathrm{T}}(t)(\boldsymbol{I}_N\otimes\boldsymbol{P})\boldsymbol{\delta}(t)\leqslant q_0\|\boldsymbol{\delta}(t)\|^2, \tag{3.3.5}$$

其中$p_0=\lambda_{\min}(\boldsymbol{P})\tilde{p}$,$q_0=\lambda_{\max}(\boldsymbol{P})\tilde{q}$.

定理 3.3.1 考虑闭环参考跟踪误差系统(3.3.4)满足假设3.1.1,3.1.2, 假定存在常数$\alpha_m>0$,$\tilde{c}>0$和正定矩阵$\boldsymbol{W}$使得下面的线性矩阵不等式 (LMI) 成立

$$\boldsymbol{A}\boldsymbol{W}+\boldsymbol{W}\boldsymbol{A}^{\mathrm{T}}-\tilde{c}\boldsymbol{B}\boldsymbol{B}^{\mathrm{T}}+\alpha_m\boldsymbol{W}<0 \tag{3.3.6}$$

若网络拓扑平均驻留时间满足

$$\tau_a\geqslant\tau_a^*=\frac{\ln\kappa}{\alpha_m}, \tag{3.3.7}$$

其中$\kappa>\dfrac{\tilde{q}}{\tilde{p}}$, 则闭环系统中观测器跟踪误差$\boldsymbol{\delta}(t)$渐进收敛到原点.

证明 考虑当$t \in [t_h, t_{h+1})$时，根据假设3.1.2可知，通讯网络为固定有向图且包含一个生成树. 不失一般性，我们假定此时$\bar{\mathcal{G}}_{\sigma(t)} = \bar{\mathcal{G}}_p$，且$\boldsymbol{H}_p$和$\boldsymbol{\Gamma}^p$均为时不变矩阵. 沿着误差系统(3.3.4)，对$V(t)$求导可以得到

$$\begin{aligned}\dot{V}(t) =& \boldsymbol{\delta}^{\mathrm{T}}(t)(\boldsymbol{H}_p^{\mathrm{T}} \otimes \boldsymbol{I}_n)(\boldsymbol{\Gamma}^p \otimes (\boldsymbol{PA} + \boldsymbol{A}^{\mathrm{T}}\boldsymbol{P}) \\ &+ c_0((\boldsymbol{\Gamma}^p \boldsymbol{H}_p + \boldsymbol{H}_p^{\mathrm{T}}\boldsymbol{\Gamma}^p) \otimes \boldsymbol{PBK}_1))(\boldsymbol{H}_p \otimes \boldsymbol{I}_n)\boldsymbol{\delta}(t) \\ &+ 2\boldsymbol{\delta}^{\mathrm{T}}(t)(\boldsymbol{H}_p^{\mathrm{T}} \otimes \boldsymbol{I}_n)(\boldsymbol{\Gamma}^p \otimes \boldsymbol{P})(\boldsymbol{H}_p \otimes \boldsymbol{B})(\boldsymbol{K}_2(t) - \boldsymbol{1}_N \otimes \boldsymbol{r}_0(t)) \\ =& \boldsymbol{e}^{p\mathrm{T}}(t)(\boldsymbol{\Gamma}^p \otimes (\boldsymbol{PA} + \boldsymbol{A}^{\mathrm{T}}\boldsymbol{P}) + c_0((\boldsymbol{\Gamma}^p \boldsymbol{H}_p + \boldsymbol{H}_p^{\mathrm{T}}\boldsymbol{\Gamma}^p) \otimes \boldsymbol{PBK}_1))\boldsymbol{e}^p(t) \\ &+ 2\boldsymbol{e}^{p\mathrm{T}}(t)(\boldsymbol{\Gamma}^p \boldsymbol{H}_p \otimes \boldsymbol{PB})(\boldsymbol{K}_2(t) - \boldsymbol{1}_N \otimes \boldsymbol{r}_0(t)),\end{aligned}$$

根据式(3.1.1)和(3.3.2)，以及$\boldsymbol{K}_1 = -\boldsymbol{B}^{\mathrm{T}}\boldsymbol{P}$，我们可以推出

$$\begin{aligned}\dot{V}_p(t) =& \boldsymbol{e}^{p\mathrm{T}}(t)(\boldsymbol{\Gamma}^p \otimes (\boldsymbol{PA} + \boldsymbol{A}^{\mathrm{T}}\boldsymbol{P}) - c_0(\boldsymbol{\Phi}^p \otimes \boldsymbol{PBB}^{\mathrm{T}}\boldsymbol{P}))\boldsymbol{e}^p(t) \\ &+ 2\boldsymbol{e}^{p\mathrm{T}}(t)(\boldsymbol{\Gamma}^s \boldsymbol{H}_p \otimes \boldsymbol{PB})(\boldsymbol{K}_2(t) - \boldsymbol{1}_N \otimes \boldsymbol{r}_0(t)) \\ \leqslant& \boldsymbol{e}^{p\mathrm{T}}(t)(\boldsymbol{\Gamma}^p \otimes (\boldsymbol{PA} + \boldsymbol{A}^{\mathrm{T}}\boldsymbol{P}) - \tilde{c}(\boldsymbol{\Gamma}^p \otimes \boldsymbol{PBB}^{\mathrm{T}}\boldsymbol{P}))\boldsymbol{e}^p(t) \\ &+ \sum_{i=1}^{N} \tilde{c}\gamma_i^s \boldsymbol{e}_i^{p\mathrm{T}}(t)\boldsymbol{PBB}^{\mathrm{T}}\boldsymbol{P}\boldsymbol{e}_i^p(t) - \sum_{i=1}^{N} c_0\lambda_{\min}(\boldsymbol{\Phi}^p)\boldsymbol{e}_i^{p\mathrm{T}}(t)\boldsymbol{PBB}^{\mathrm{T}}\boldsymbol{P}\boldsymbol{e}_i^p(t) \\ &+ 2\boldsymbol{e}^{p\mathrm{T}}(t)(\boldsymbol{\Gamma}^p \boldsymbol{H}_p \otimes \boldsymbol{PB})(\boldsymbol{K}_2(t) - \boldsymbol{1}_N \otimes \boldsymbol{r}_0(t)) \\ \leqslant& \boldsymbol{e}^{p\mathrm{T}}(t)(\boldsymbol{\Gamma}^p \otimes (\boldsymbol{PA} + \boldsymbol{A}^{\mathrm{T}}\boldsymbol{P}) - \tilde{c}(\boldsymbol{\Gamma}^p \otimes \boldsymbol{PBB}^{\mathrm{T}}\boldsymbol{P}))\boldsymbol{e}^p(t) \\ &+ 2\sum_{i=1}^{N} \gamma_i^s \boldsymbol{e}_i^{p\mathrm{T}}(t)\boldsymbol{PB}\sum_{j=0}^{N} a_{ij}^p(\boldsymbol{K}_{2,i}(t) - \boldsymbol{K}_{2,j}(t)) \\ &- 2\boldsymbol{e}^{p\mathrm{T}}(t)(\boldsymbol{\Gamma}^p \boldsymbol{H}_p \otimes \boldsymbol{PB})(\boldsymbol{1}_N \otimes \boldsymbol{r}_0(t)),\end{aligned} \tag{3.3.8}$$

令

$$\boldsymbol{L}_{1\sigma(t)} = \left[l_{11}^{\sigma(t)}, l_{12}^{\sigma(t)}, \cdots, l_{1N}^{\sigma(t)}\right]^{\mathrm{T}} = \left[-g_{1\sigma(t)}, -g_{2\sigma(t)}, \cdots, -g_{N\sigma(t)}\right]^{\mathrm{T}}.$$

进而可知

$$\begin{aligned}\sum_{i=1}^{N} \gamma_i^s \boldsymbol{e}_i^{p\mathrm{T}}(t)\boldsymbol{PB}\sum_{j=0}^{N} a_{kj}^p \boldsymbol{K}_{2,j}(t) \leqslant& \sum_{i=1}^{N} \gamma_i^p \sum_{j=0}^{N} a_{kj}^p \|\boldsymbol{e}_i^{p\mathrm{T}}(t)\boldsymbol{PB}\| \cdot \|\boldsymbol{K}_{2,j}(t)\| \\ \leqslant& \frac{a_0}{b_0}\sum_{i=1}^{N}\sum_{j=0}^{N} a_{kj}^p \gamma_i^p \bar{\omega}\|\boldsymbol{B}^{\mathrm{T}}\boldsymbol{P}\boldsymbol{e}_i^p(t)\|.\end{aligned}$$

利用式(3.3.3)，结合有向网络拓扑结构性质，可以推出

$$-2\boldsymbol{e}^{p\mathrm{T}}(t)(\boldsymbol{\Gamma}^p \boldsymbol{H}_p \otimes \boldsymbol{PB})(\boldsymbol{1}_N \otimes \boldsymbol{r}_0(t)) \leqslant \sum_{i=1}^{N} \gamma_i^s r^* l_{1i}^p \|\boldsymbol{B}^{\mathrm{T}}\boldsymbol{P}\boldsymbol{e}_i^p(t)\|, \tag{3.3.9}$$

以及

$$
\begin{aligned}
&\sum_{i=1}^{N}\gamma_i^p\boldsymbol{e}_i^{p\mathrm{T}}(t)\boldsymbol{PB}\sum_{j=0}^{N}a_{ij}^p(\boldsymbol{K}_{2,i}(t)-\boldsymbol{K}_{2,j}(t))\\
=&-\frac{a_0}{b_0}\sum_{i=1}^{N}\gamma_i^p\left(\frac{(l_{ii}^p+g_{ip})\boldsymbol{e}_i^{p\mathrm{T}}(t)\boldsymbol{PBB}^\mathrm{T}\boldsymbol{Pe}_i^p(t)\|\boldsymbol{B}^\mathrm{T}\boldsymbol{Pe}_i^p(t)\|\bar{\omega}}{\|\boldsymbol{B}^\mathrm{T}\boldsymbol{Pe}_i^p(t)\|^2}\right)\\
&+\frac{a_0}{b_0}\sum_{i=1}^{N}\gamma_i^p\left(\frac{\sum\limits_{j=1,j\neq i}^{N}a_{ji}^s\boldsymbol{e}_k^{p\mathrm{T}}(t)\boldsymbol{PBB}^\mathrm{T}\boldsymbol{Pe}_j^p(t)\|\boldsymbol{B}^\mathrm{T}\boldsymbol{Pe}_j^p(t)\|\bar{\omega}}{\|\boldsymbol{B}^\mathrm{T}\boldsymbol{Pe}_j^p(t)\|^2}\right)\\
\leqslant&-\frac{a_0}{b_0}\sum_{i=1}^{N}\gamma_i^p\bar{\omega}l_{1i}^p\|\boldsymbol{B}^\mathrm{T}\boldsymbol{Pe}_i^p(t)\|,
\end{aligned}
\tag{3.3.10}
$$

将式(3.3.9)与式(3.3.10)带入式(3.3.8) 中, 易得

$$\dot{V}_p(t)\leqslant\boldsymbol{e}^{p\mathrm{T}}(t)(\boldsymbol{\Gamma}^p\otimes(\boldsymbol{PA}+\boldsymbol{A}^\mathrm{T}\boldsymbol{P}-\tilde{c}\boldsymbol{PBB}^\mathrm{T}\boldsymbol{P}))\boldsymbol{e}^p(t).$$

应用Schur补引理, 结合式(3.3.6)可知, 对于所有$p\in\mathcal{P}$, Lyapunov函数$V(t)$在每一个时间区间$[t_h,t_{h+1})$上始终满足

$$\dot{V}_p(t)\leqslant-\alpha_m V_p(t).\tag{3.3.11}$$

此外, 对于不同的$p_1,p_2\in\mathcal{P}$, 选取参数$\kappa>\dfrac{q_0}{p_0}$, 进而可以得到$V_{p_1}(t)\leqslant\kappa V_{p_2}(t)$. 再结合不等式(3.3.11), 可以推出

$$V(t)\leqslant\boldsymbol{e}^{-\alpha_m(t-t_0)+N_\sigma(t_0,t)\ln\kappa}V(t_0).$$

最后,把式(3.3.5)以及式(3.3.7)带入上面的不等式中, 可得

$$\|\boldsymbol{\delta}(t)\|^2\leqslant\tilde{\kappa}\boldsymbol{e}^{-\tilde{\alpha}(t-t_0)}\|\boldsymbol{\delta}(t_0)\|^2,$$

其中$\tilde{\kappa}=\dfrac{q_0N_0\ln\kappa}{p_0}$, $\tilde{\alpha}=\alpha_m-\dfrac{\ln\kappa}{\tau_a}$. 由此可以看出, 当$t\to\infty$时, 参考跟踪误差$\boldsymbol{\delta}(t)$渐进收敛到0, 即$\lim\limits_{t\to\infty}\|\hat{\boldsymbol{x}}_i(t)-\boldsymbol{x}_0(t)\|=0$. □

3.3.2 分散式容错跟踪控制器设计

在上一节的基础上, 本节提出一种分散式自适应安全容错控制方法来保证跟随智能体的状态能够跟踪参考模型观测器的估计状态.

对于跟随智能体i, $i=1,2,\cdots,N$, 设计具有如下结构的分散式自适应安全容错控制器:

$$\boldsymbol{u}_i(t)=\hat{\beta}_{1,i}(t)\boldsymbol{F}_1\tilde{\boldsymbol{x}}_i(t)+\boldsymbol{F}_{2,i}(t),\tag{3.3.12}$$

其中$\tilde{\boldsymbol{x}}_i(t) = \boldsymbol{x}_i(t) - \hat{\boldsymbol{x}}_i(t)$表示参考跟踪误差, $\boldsymbol{F}_1 = -\boldsymbol{B}^{\mathrm{T}}\boldsymbol{P}_1$和正定对称矩阵$\boldsymbol{P}_1$ 满足如下矩阵不等式:

$$\boldsymbol{P}_1\boldsymbol{A} + \boldsymbol{A}^{\mathrm{T}}\boldsymbol{P}_1 - 2\boldsymbol{P}_1\boldsymbol{B}\boldsymbol{B}^{\mathrm{T}}\boldsymbol{P}_1 + \boldsymbol{Q} < 0, \tag{3.3.13}$$

其中$\hat{\beta}_{1,i}(t)$是未知参数$\beta_{1,i} = \dfrac{1}{\mu_i}$的估计值. 非线性控制函数$\boldsymbol{F}_{2,i}(t)$设计为

$$\boldsymbol{F}_{2,i}(t) = -\frac{\hat{\beta}^2_{2,i}(t)\boldsymbol{B}^{\mathrm{T}}\boldsymbol{P}_1\tilde{\boldsymbol{x}}_i(t)}{\|\boldsymbol{B}^{\mathrm{T}}\boldsymbol{P}_1\tilde{\boldsymbol{x}}_i(t)\|\hat{\beta}_{2,i}(t) + \sigma_i(t)}, \tag{3.3.14}$$

$\hat{\beta}_{2,i}(t)$是未知参数$\beta_{2,i}$的估计值, 这里$\beta_{2,i}$满足$\|\bar{\boldsymbol{u}}_i(t)\| + \|\boldsymbol{v}_i(t)\| \leqslant \mu_i\beta_{2,i}$, $\sigma_i(t) \in \mathbb{R}^+$是一致连续函数,并且满足

$$\lim_{t\to\infty}\int_{t_0}^{t}\sigma_i(\tau)\mathrm{d}\tau \leqslant \bar{\sigma}_{\mathrm{i}} < \infty.$$

这里$\bar{\sigma}_i$是正常数, 初始时刻$t_0 \geqslant 0$. 进一步, 参数估计$\hat{\beta}_{1,i}(t)$与$\hat{\beta}_{2,i}(t)$的自适应律分别设计为:

$$\begin{aligned}\dot{\hat{\beta}}_{1,i}(t) = &-\gamma_{1,i}\sigma_i(t)\hat{\beta}_{1,i}(t) + 2\gamma_{1,i}\|\boldsymbol{B}^{\mathrm{T}}\boldsymbol{P}\tilde{\boldsymbol{x}}_i(t)\|^2,\\ \dot{\hat{\beta}}_{2,i}(t) = &-\gamma_{2,i}\sigma_i(t)\hat{\beta}_{2,i}(t) + \gamma_{2,i}\|\boldsymbol{B}^{\mathrm{T}}\boldsymbol{P}\tilde{\boldsymbol{x}}_i(t)\|,\end{aligned} \tag{3.3.15}$$

其中$\gamma_{1,i}$与$\gamma_{2,i}$均为大于零的设计参数. 进而, 第i个跟随智能体的参考跟踪误差$\tilde{\boldsymbol{x}}_i(t)$的闭环动力学方程可以被改写成:

$$\dot{\tilde{\boldsymbol{x}}}_i(t) = \boldsymbol{A}\tilde{\boldsymbol{x}}_i(t) + \boldsymbol{B}\rho_i\hat{\beta}_{1,i}(t)\boldsymbol{F}_1\tilde{\boldsymbol{x}}_i(t) + \boldsymbol{B}(\rho_i\boldsymbol{F}_{2,i}(t) + \bar{\boldsymbol{u}}_i(t) - \boldsymbol{v}_i(t)). \tag{3.3.16}$$

令$\tilde{\beta}_{1,i}(t) = \hat{\beta}_{1,i}(t) - \beta_{1,i}(t)$ 和$\tilde{\beta}_{2,i}(t) = \hat{\beta}_{2,i}(t) - \beta_{2,i}(t)$, 则参数估计误差的动力学方程可以表示为:

$$\begin{aligned}\dot{\tilde{\beta}}_{1,i}(t) = &-\gamma_{1,i}\sigma_i(t)\tilde{\beta}_{1,i}(t) + 2\gamma_{1,i}\|\boldsymbol{B}^{\mathrm{T}}\boldsymbol{P}\tilde{\boldsymbol{x}}_i(t)\|^2 - \gamma_{1,i}\sigma_i(t)\beta_{1,i}(t),\\ \dot{\tilde{\beta}}_{2,i}(t) = &-\gamma_{2,i}\sigma_i(t)\tilde{\beta}_{2,i}(t) + \gamma_{2,i}\|\boldsymbol{B}^{\mathrm{T}}\boldsymbol{P}\tilde{\boldsymbol{x}}_i(t)\| - \gamma_{2,i}\sigma_i(t)\beta_{2,i}(t).\end{aligned} \tag{3.3.17}$$

定义$\bar{\boldsymbol{x}}_i(t) = [\tilde{\boldsymbol{x}}_i^{\mathrm{T}}(t), \tilde{\beta}_{1,i}(t), \tilde{\beta}_{2,i}(t)]^{\mathrm{T}}$ 表示闭环误差系统(3.3.16)和估计误差系统(3.3.17)的状态解, 进而可以得到如下定理.

定理 3.3.2 考虑闭环参考跟踪误差系统(3.3.16)和估计误差系统(3.3.17), 则闭环误差系统的状态解$\bar{\boldsymbol{x}}_i(t)$是一致有界的, 并且满足

$$\lim_{t\to\infty}\|\boldsymbol{x}_i(t) - \hat{\boldsymbol{x}}_i(t)\| = 0,\ i = 1, 2, \cdots, N.$$

证明 对于闭环容错控制系统(3.3.16), 选择如下的Lyapunov-Krasovskii函数:

$$\bar{V}_i(t) = \tilde{\boldsymbol{x}}_i^{\mathrm{T}}(t)\boldsymbol{P}_1\tilde{\boldsymbol{x}}_i(t) + \frac{1}{2}\mu_i(\gamma_{1,i}^{-1}\tilde{\beta}_{1,i}^2 + \gamma_{2,i}^{-1}\tilde{\beta}_{2,i}^2).$$

相应地, 根据引理3.1.1和式(3.3.17), 并且对$\bar{V}_i(t)$沿着闭环系统(3.3.16)的轨迹对时间t求导得

$$\begin{aligned}\dot{\bar{V}}_i(t) =& \tilde{\boldsymbol{x}}_i^{\mathrm{T}}(t)(\boldsymbol{P}_1\boldsymbol{A} + \boldsymbol{A}^{\mathrm{T}}\boldsymbol{P}_1)\tilde{\boldsymbol{x}}_i(t) + 2\hat{\beta}_{1,i}(t)\tilde{\boldsymbol{x}}_i^{\mathrm{T}}(t)\boldsymbol{P}_1\boldsymbol{B}\rho_i\boldsymbol{B}^{\mathrm{T}}\boldsymbol{P}_1\tilde{\boldsymbol{x}}_i(t)\\ &+ 2\tilde{\boldsymbol{x}}_i^{\mathrm{T}}(t)\boldsymbol{P}_1\boldsymbol{B}(\rho_i\boldsymbol{F}_{2,i}(t) + \bar{\boldsymbol{u}}_i(t) - \boldsymbol{v}_i(t))\\ &+ \mu_i(\gamma_{1,i}^{-1}\tilde{\beta}_{1,i}\dot{\hat{\beta}}_{1,i} + \gamma_{2,i}^{-1}\tilde{\beta}_{2,i}\dot{\hat{\beta}}_{2,i})\\ \leqslant& \tilde{\boldsymbol{x}}_i^{\mathrm{T}}(t)(\boldsymbol{P}_1\boldsymbol{A} + \boldsymbol{A}^{\mathrm{T}}\boldsymbol{P}_1)\tilde{\boldsymbol{x}}_i(t) + 2\mu_i\hat{\beta}_{1,i}(t)\|\boldsymbol{B}^{\mathrm{T}}\boldsymbol{P}_1\tilde{\boldsymbol{x}}_i(t)\|^2\\ &+ 2\tilde{\boldsymbol{x}}_i^{\mathrm{T}}(t)\boldsymbol{P}_1\boldsymbol{B}(\rho_i\boldsymbol{F}_{2,i}(t) + \bar{\boldsymbol{u}}_i(t) - \boldsymbol{v}_i(t))\\ &+ \mu_i\tilde{\beta}_{1,i}(-\sigma_i(t)\tilde{\beta}_{1,i}(t) + 2\|\boldsymbol{B}^{\mathrm{T}}\boldsymbol{P}\tilde{\boldsymbol{x}}_i(t)\|^2 - \sigma_i(t)\beta_{1,i}(t))\\ &+ \mu_i\tilde{\beta}_{2,i}(-\sigma_i(t)\tilde{\beta}_{2,i}(t) + 2\|\boldsymbol{B}^{\mathrm{T}}\boldsymbol{P}\tilde{\boldsymbol{x}}_i(t)\| - \sigma_i(t)\beta_{2,i}(t)).\end{aligned} \tag{3.3.18}$$

注意到

$$\begin{aligned}&2\tilde{\boldsymbol{x}}_i^{\mathrm{T}}(t)\boldsymbol{P}_1\boldsymbol{B}(\rho_i\boldsymbol{F}_{2,i}(t) + \bar{\boldsymbol{u}}_i(t) - \boldsymbol{v}_i(t))\\ \leqslant& -\frac{2\hat{\beta}_{2,i}^2(t)\tilde{\boldsymbol{x}}_i^{\mathrm{T}}(t)\boldsymbol{P}_1\boldsymbol{B}\rho_i\boldsymbol{B}^{\mathrm{T}}\boldsymbol{P}_1\tilde{\boldsymbol{x}}_i(t)}{\|\boldsymbol{B}^{\mathrm{T}}\boldsymbol{P}_1\tilde{\boldsymbol{x}}_i(t)\|\hat{\beta}_{2,i}(t) + \sigma_i(t)} + 2\|\boldsymbol{B}^{\mathrm{T}}\boldsymbol{P}_1\tilde{\boldsymbol{x}}_i(t)\|(\|\bar{\boldsymbol{u}}_i(t)\| + \|\boldsymbol{v}_i(t)\|)\\ \leqslant& -\frac{2\hat{\beta}_{2,i}^2(t)\mu_i\|\boldsymbol{B}^{\mathrm{T}}\boldsymbol{P}_1\tilde{\boldsymbol{x}}_i(t)\|^2}{\|\boldsymbol{B}^{\mathrm{T}}\boldsymbol{P}_1\tilde{\boldsymbol{x}}_i(t)\|\hat{\beta}_{2,i}(t) + \sigma_i(t)} + 2\mu_i\beta_{2,i}\|\boldsymbol{B}^{\mathrm{T}}\boldsymbol{P}_1\tilde{\boldsymbol{x}}_i(t)\|.\end{aligned} \tag{3.3.19}$$

把式(3.3.19)带入式(3.3.18) 中, 整理得

$$\begin{aligned}\dot{\bar{V}}_i(t) \leqslant& \tilde{\boldsymbol{x}}_i^{\mathrm{T}}(t)(\boldsymbol{P}_1\boldsymbol{A} + \boldsymbol{A}^{\mathrm{T}}\boldsymbol{P}_1)\tilde{\boldsymbol{x}}_i(t) + \frac{2\hat{\beta}_{2,i}^2(t)\mu_i\|\boldsymbol{B}^{\mathrm{T}}\boldsymbol{P}_1\tilde{\boldsymbol{x}}_i(t)\|\sigma_i}{\|\boldsymbol{B}^{\mathrm{T}}\boldsymbol{P}_1\tilde{\boldsymbol{x}}_i(t)\|\hat{\beta}_{2,i}(t) + \sigma_i}\\ &- \mu_i\sigma_i(\tilde{\beta}_{1,i}^2 + \tilde{\beta}_{1,i}\beta_{1,i} + \tilde{\beta}_{2,i}^2 + \tilde{\beta}_{2,i}\beta_{2,i})\\ \leqslant& -\tilde{\boldsymbol{x}}_i^{\mathrm{T}}(t)\boldsymbol{Q}\tilde{\boldsymbol{x}}_i(t) + 2\mu_i\sigma_i + \mu_i\sigma_i(\frac{\beta_{1,i}^2}{4} + \frac{\beta_{2,i}^2}{4})\\ \leqslant& \lambda_{\min}(\boldsymbol{Q})\|\tilde{\boldsymbol{x}}_i(t)\|^2 + \sigma_i\kappa_i,\end{aligned}$$

其中

$$\kappa_i = \mu_i(2 + \frac{\beta_{1,i}^2}{4} + \frac{\beta_{2,i}^2}{4}).$$

进一步,根据$\bar{V}_i(t)$的定义可知, 存在正数$\eta_i > 0$ 满足

$$0 \leqslant \eta_i\|\bar{\boldsymbol{x}}_i(t)\| \leqslant V(\bar{\boldsymbol{x}}_i(t)).$$

进而有

$$0 \leqslant \eta_i \|\bar{\boldsymbol{x}}_i(t)\| \leqslant V(\bar{\boldsymbol{x}}_i(t)) \leqslant V(\bar{\boldsymbol{x}}_i(t_0)) + \int_{t_0}^{t} \dot{V}(\bar{\boldsymbol{x}}_i(\tau))\mathrm{d}\tau$$
$$\leqslant V(\bar{\boldsymbol{x}}_i(t_0)) + \sum_{i=1}^{N} \kappa_i \bar{\sigma}_i$$

成立, 从上式中不难看出闭环参考跟踪误差系统(3.3.16)和估计误差系统(3.3.17) 是一致有界的, 并且

$$\lim_{t\to\infty} \int_{t_0}^{t} \lambda_{\min}(\boldsymbol{Q}) \|\tilde{\boldsymbol{x}}_i(\tau)\|^2 \mathrm{d}\tau \leqslant V(\bar{\boldsymbol{x}}_i(t_0)) + \kappa_i \bar{\sigma}_i, \tag{3.3.20}$$

即$\bar{\boldsymbol{x}}_i$是一致有界的, 再根据闭环参考跟踪误差系统(3.3.16)和估计误差系统(3.3.17)的有界性可知, $\tilde{\boldsymbol{x}}_i(t)$是一致连续的. 因此, $\lambda_{\min}(\boldsymbol{Q})\|\tilde{\boldsymbol{x}}_i(t)\|^2$ 也是一致连续的. 应用Barbalat引理并结合式(3.3.20)可得$\lim\limits_{t\to\infty} \lambda_{\min}(\boldsymbol{Q})\|\tilde{\boldsymbol{x}}_i(t)\|^2 = 0$, 这意味着

$$\lim_{t\to\infty} \|\boldsymbol{x}_i(t) - \hat{\boldsymbol{x}}_i(t)\| = 0.$$

□

根据定理3.3.1和定理3.3.2, 接下来提出分布式合作安全容错控制算法的设计过程.

算法 3.3.1　合作安全容错控制算法的设计过程

步骤1. 选取参数$\tilde{c} > 0$和$\alpha_m > 0$, 求解(3.3.6), 得到矩阵$\boldsymbol{W} > 0$和观测器增益矩阵$\boldsymbol{K}_1 = \boldsymbol{B}^{\mathrm{T}}\boldsymbol{W}^{-1}$.

步骤2. 选取参数a_0和b_0, 根据式(3.3.1)和式(3.3.3) , 可以得到第i个子系统的参考模型观测器, 进而可以获得参考估计状态$\hat{\boldsymbol{x}}_i(t)$.

步骤3. 求解(3.3.13),得到矩阵$\boldsymbol{P}_1 > 0$和控制器增益矩阵$\boldsymbol{F}_1 = -\boldsymbol{B}^{\mathrm{T}}\boldsymbol{P}_1$.

步骤4. 选取参数$\gamma_{1,i}$和$\gamma_{2,i}$, 根据自适应律(3.3.15), 可以得到$\hat{\beta}_{1,i}(t)$ 和$\hat{\beta}_{2,i}(t)$.

步骤5. 利用参考观测状态$\hat{\boldsymbol{x}}_i(t)$和自身状态$\boldsymbol{x}_i(t)$, 通过控制律式(3.3.12)和式(3.3.14), 可以得到第i个跟随智能体的安全容错控制输入信号$\boldsymbol{u}_i(t)$.

注记 3.3.1　针对切换有向通讯网络下的多智能体合作容错控制问题, 由于非对称拓扑结构矩阵与控制器增益矩阵无法直接解耦, 从而导致不能直接得到自适应容错控制器的设计条件, 因此不能直接应用已有的协同容错控制方法[7-15]去完成一致跟踪目标. 在本章中, 首先设计分布参考模型观测器估计每一个子系统的参考状态, 其次设计分散式的自适应容错控制器在线补

偿跟随智能体子系统故障, 从而给出了合作安全容错控制算法的设计条件. 同时, 利用拓扑平均驻留时间方法, 证明了所提算法在有向切换通讯网络下仍然有效.

3.3.3 具有间歇通讯时变网络下的主动安全容错控制设计

从智能体子系统到其邻居的通信通道可能在大多数实际环境中, 由于收到网络DoS攻击或通信故障的影响，智能体之间的信号传输过程可能是间歇性的. 因此, 有必要假设系统将以一些不连续的时间间隔接受来自邻居的相对信号. 通过分析 [16]中时间间隔的定义, 我们知道在$t \in \Omega_H$的连接网络中发生故障. 除此之外，每个节点通常在$t \in \Omega_N$时收到邻域信息, 其中

$$
\begin{aligned}
\Omega_C &= \bigcup_{m \in \mathbb{N}_+} [\mathbf{t}_m^1, \mathbf{t}_{m+1}) \bigcup [\mathbf{t}_0, \mathbf{t}_1), \\
\Omega_N &= \bigcup_{m \in \mathbb{N}_+} [\mathbf{t}_m, \mathbf{t}_m^1).
\end{aligned}
\tag{3.3.21}
$$

并且每个区间$[\mathbf{t}_m, \mathbf{t}_{m+1})$包含以下不重叠的子区间: $[\mathbf{t}_m^0, \mathbf{t}_m^1), \cdots, [\mathbf{t}_m^{l_m-1}, \mathbf{t}_m^{l_m})$. 更多地, 我们还知道$\mathbf{t}_{m-1}^{l_{m-1}} = \mathbf{t}_m = \mathbf{t}_m^0$. 这里表述的间歇性网络通讯时间序列如图3.1所示.

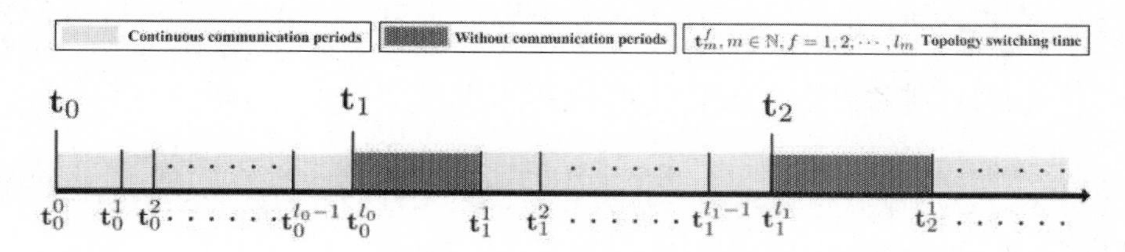

图 3.1 间歇性网络通讯时间序列示意图

注记 3.3.2 受 [16]的间歇通信模型的启发, 定义相似的约束时间间隔(3.3.21). 实际上, 当$t \in \Omega_H$是发生间歇性通讯的时间间隔时，$t \in \Omega_N$中的时间间隔恰巧相反. 请注意, 在时间间隔$[\mathbf{t}_m, \mathbf{t}_{m+1})$中, 发生拓扑切换的次数为$l_m$. 同时, 当$m = 1$时$l_{m-1}$是非负整数且满足$l_{m-1} \geqslant 0$; 其他情况时则$l_{m-1} \geqslant 1$.

在本节中, 考虑多智能体子系统执行器故障和网络传输故障同时发生的情况, 因为智能体之间无法连续传输信息, 所以使得协同容错控制器设计问题变得更加困难. 此部分的控制目标可以描述为通过利用跟随智能体i的邻域信息, 设计分布式协同容错控制算法$\boldsymbol{u}_i(t)$, 使得所有闭环信号是有界的, 同时保证状态的跟踪误差$\boldsymbol{x}_i(t) - \boldsymbol{x}_0(t)$收敛到原点的一个较小的邻域内.

针对第i个跟随智能体系统, 设计分布式参考模型观测器形式如下:

$$\dot{\hat{\boldsymbol{x}}}_i(t)=\begin{cases}\boldsymbol{A}\hat{\boldsymbol{x}}_i(t)+\boldsymbol{B}\boldsymbol{v}_i(t), & t\in\Omega_C,\\ \boldsymbol{A}\hat{\boldsymbol{x}}_i(t), & t\in\Omega_I,\end{cases} \tag{3.3.22}$$

其中$\boldsymbol{v}_i(t)$ 由式(3.3.1)给出. 进而可以得到观测器跟踪误差$\boldsymbol{\delta}_i(t)=\hat{\boldsymbol{x}}_i(t)-\boldsymbol{x}_0(t)$的动力学方程为:

$$\dot{\boldsymbol{\delta}}_i(t)=\begin{cases}(\boldsymbol{I}_N\otimes\boldsymbol{A}+c_0\boldsymbol{L}_{\sigma(t)}\otimes\boldsymbol{B}\boldsymbol{K}_1)\boldsymbol{\delta}(t)+(\boldsymbol{I}_N\otimes\boldsymbol{B})(\boldsymbol{K}_2(t)\\ \quad-\boldsymbol{1}_N\otimes\boldsymbol{u}_0(t)), & t\in\Omega_C,\\ (\boldsymbol{I}_N\otimes\boldsymbol{A})\boldsymbol{\delta}(t)-(\boldsymbol{I}_N\otimes\boldsymbol{B}\boldsymbol{u}_0(t)), & t\in\Omega_I.\end{cases} \tag{3.3.23}$$

定理 3.3.3 考虑闭环参考跟踪误差系统(3.3.23)满足假设3.1.1和3.1.2, 假定存在常数$\alpha_m>0$, $\tilde{c}>0$, $\xi_1>\xi_m>0$, 与正定矩阵$\boldsymbol{W}$使得不等式(3.3.6)和下面的线性矩阵不等式成立

$$\boldsymbol{A}\boldsymbol{W}+\boldsymbol{W}\boldsymbol{A}^{\mathrm{T}}-\xi_m\boldsymbol{W}<0, \tag{3.3.24}$$

同时拓扑平均驻留时间满足

$$\sum_{p\in\mathcal{P}}(\alpha_p-\frac{\ln\mu_p}{\tau_{ap}})T^p(\mathbf{t}_0,\mathbf{t}_1)-\ln\frac{b_0}{a_0}>0, \tag{3.3.25}$$

$$\sum_{p\in\mathcal{P}}(\alpha_p-\frac{\ln\mu_p}{\tau_{ap}})T^p(\mathbf{t}_h^1,\mathbf{t}_{h+1})-\ln\frac{b_0}{a_0}>\xi_1(\mathbf{t}_h^1-\mathbf{t}_h), \tag{3.3.26}$$

其中$h\in\mathbb{N}_+$. 则多智能体系统的闭环参考跟踪误差$\boldsymbol{\delta}(t)$一致最终有界, 即

$$\lim_{t\to\infty}\|\boldsymbol{\delta}(t)\|\leqslant\bar{\delta}, \tag{3.3.27}$$

其中$\bar{\delta}\in\mathbb{R}_+$. 进而参考观测器增益为$\boldsymbol{K}_1=-\boldsymbol{B}^{\mathrm{T}}\boldsymbol{W}^{-1}$.

证明 针对闭环误差系统(3.3.23), 选择分段Lyapunov函数如下;

$$\tilde{V}_{\sigma(t)}(t)=\begin{cases}\boldsymbol{\delta}(t)^{\mathrm{T}}(t)(\mathcal{H}_{\sigma(t)}^{\mathrm{T}}\boldsymbol{\Gamma}^{\sigma(t)}\mathcal{H}_{\sigma(t)}\otimes\boldsymbol{P})\boldsymbol{\delta}(t)(t), & \text{if } t\in\Omega_C,\\ \boldsymbol{\delta}(t)^{\mathrm{T}}(t)(I_N\otimes\boldsymbol{P})\boldsymbol{\delta}(t)(t), & \text{if } t\in\Omega_I.\end{cases} \tag{3.3.28}$$

根据定理3.3.1的证明可知, 当$t\in[\mathbf{t}_q^{\ell},\mathbf{t}_q^{\ell+1})$ $(\ell=1,2,\cdots,l_q-1)$时, 不等式(3.3.11) 和$V_{p_1}(t)\leqslant\kappa V_{p_2}(t)$ 仍然成立. 则当$t\in[\mathbf{t}_q^1,\mathbf{t}_q^{l_q})$时, 可以得到

$$\begin{aligned}\tilde{V}_{\sigma(\mathbf{t}_q^{l_q-1})}(\mathbf{t}_q^{l_q-})&\leqslant\exp\left\{-\eta_{\sigma(\mathbf{t}_\hbar^{l_\hbar-1})}(\mathbf{t}_\hbar^{l_\hbar}-\mathbf{t}_\hbar^{l_\hbar-1})\right\}V_{\sigma(\mathbf{t}_\hbar^{l_\hbar-1})}(\mathbf{t}_\hbar^{l_\hbar-1})\\&\leqslant\cdots\\&\leqslant\prod_{\ell=1}^{l_q-1}\mu_\ell\exp\bigg\{-\alpha_{\sigma(\mathbf{t}_q^{l_q-1})}\mathbf{t}_q^{l_q}+\alpha_{\sigma(t_q^1)}\mathbf{t}_q^1\\&\quad+\sum_{\ell=1}^{l_q-1}(\alpha_{\sigma(\mathbf{t}_q^{\ell})}-\alpha_{\sigma(\mathbf{t}_q^{\ell-1})})\mathbf{t}_q^{\ell}\bigg\}V_{\sigma(\mathbf{t}_q^1)}(\mathbf{t}_q^1),\quad q\in\mathbb{N}_+.\end{aligned} \tag{3.3.29}$$

利用不等式(3.3.24) 和(3.3.28), 可以计算$\tilde{V}_\sigma(t)$在时间区间$t \in [\mathbf{t}_q, \mathbf{t}_q^1)$上的导数满足:

$$\dot{V}_{\sigma(t)}(t) \leqslant \xi_m \tilde{\boldsymbol{x}}^{\mathrm{T}}(I_N \otimes \boldsymbol{P})\tilde{\boldsymbol{x}} - 2\tilde{\boldsymbol{x}}^{\mathrm{T}}(I_N \otimes \boldsymbol{PB})(\mathbf{1}_N \otimes \boldsymbol{u}_0(t)). \tag{3.3.30}$$

对于给定常数$z^* > 0$, 选择$\xi_1 \geqslant (\xi_m + \frac{2\|Bu^*\|}{z^*})$. 则当$\|\tilde{x}\| > z^*$时, 得

$$\tilde{V}_{\sigma(\mathbf{t}_q)}(\mathbf{t}_q^{1-}) \leqslant \frac{1}{a_0}\exp\{\xi_1(\mathbf{t}_q^1 - \mathbf{t}_q)\}\tilde{V}_{\sigma(\mathbf{t}_{q-1}^{l_q-1})}(\mathbf{t}_{q-1}^{l_q-}),$$

进而有

$$\begin{aligned}\tilde{V}_{\sigma(\mathbf{t}_{q+1})}(\mathbf{t}_{q+1}) \leqslant & V_{\sigma(\mathbf{t}_q^{l_q-1})}(\mathbf{t}_q^{l_q^-}) \\ & \leqslant \exp\Big\{\ln\frac{b_0}{a_0} + \xi_1(\mathbf{t}_q^1 - \mathbf{t}_q) + \sum_{\ell=1}^{l_q-1}\ln\mu_\ell \\ & \quad - \sum_{\ell=1}^{l_q-1}\alpha_{\sigma(\mathbf{t}_q^\ell)}(\mathbf{t}_q^{\ell+1} - \mathbf{t}_q^\ell)\Big\}V_{\sigma(\mathbf{t}_q)}(\mathbf{t}_q).\end{aligned} \tag{3.3.31}$$

此外, 当$t \in [\mathbf{t}_0, \mathbf{t}_1)$时, 多智能体系统的通讯网络为切换拓扑结构, 利用定理3.3.1的证明, 易见

$$\begin{aligned}V_{\sigma(\mathbf{t}_0^{l_0-1})}(\mathbf{t}_1^-) \leqslant \prod_{\ell=0}^{l_0-1}\mu_\ell \exp\Big\{ & -\alpha_{\sigma(\mathbf{t}_0^{l_0-1})}\mathbf{t}_1 + \alpha_{\sigma(\mathbf{t}_0)}\mathbf{t}_0 \\ & + \sum_{\ell=0}^{l_0-1}(\alpha_{\sigma(\mathbf{t}_0^{\ell+1})} - \alpha_{\sigma(\mathbf{t}_0^\ell)})\mathbf{t}_0^{\ell+1}\Big\}V_{\sigma(\mathbf{t}_0)}(\mathbf{t}_0)\end{aligned} \tag{3.3.32}$$

结合式(3.3.31)和式(3.3.32), 利用拓扑平均驻留时间的定义, 可以计算得到

$$\begin{aligned}V_{\sigma(\mathbf{t}_{\bar{q}+1})}(\mathbf{t}_{\bar{q}+1}) \leqslant & e^{(\sum\limits_{p\in\mathcal{P}} N_0^p \ln\mu_p)} \cdot \exp\Big\{\sum_{h=1}^{\bar{q}}(\xi_1(\mathbf{t}_h^1 - \mathbf{t}_h) + \ln\frac{b_0}{a_0} \\ & - \sum_{p\in\mathcal{P}}(\alpha_p - \frac{\ln\mu_p}{\tau_{ap}})T^p(\mathbf{t}_h^1, \mathbf{t}_{h+1})) + \ln\frac{b_0}{a_0} \\ & - \sum_{p\in\mathcal{P}}(\alpha_p - \frac{\ln\mu_p}{\tau_{ap}})T^p(\mathbf{t}_0, \mathbf{t}_1)\Big\}V_{\sigma(\mathbf{t}_0)}(\mathbf{t}_0).\end{aligned} \tag{3.3.33}$$

令

$$\nu = \exp\{\sum_{p\in\mathcal{P}} N_0^p \ln\mu_p\},$$

$$\Pi = -(\sum_{h=1}^{\bar{q}}(\xi_1(\mathbf{t}_h^1 - \mathbf{t}_h) + \ln\frac{b_0}{a_0} - \sum_{p\in\mathcal{P}}(\alpha_p - \frac{\ln\mu_p}{\tau_{ap}})T^p(\mathbf{t}_h^1, \mathbf{t}_{h+1}))$$

$$+\ln\frac{b_0}{a_0}-\sum_{p\in\mathcal{P}}(\alpha_p-\frac{\ln\mu_p}{\tau_{ap}})T^p(\mathbf{t}_0,\mathbf{t}_1)).$$

从式(3.3.25) 和式(3.3.26), 可得:

$$V_{\sigma(\mathbf{t}_{\bar{q}+1})}(\mathbf{t}_{\bar{q}+1})\leqslant\nu e^{-\Pi}V_{\sigma(\mathbf{t}_0)}(\mathbf{t}_0),$$

其中$\Pi>0$.

最后, 对于任意时刻t, 一定存在大于零的常数$\mathbf{t}_\hbar$满足$t\in[\mathbf{t}_\hbar,\mathbf{t}_{\hbar+1})$. 进而计算得到

$$V_{\sigma(\mathbf{t}_\hbar)}(t)\leqslant\nu_0 e^{-\Pi_0(\mathbf{t}-\mathbf{t}_0)}V_{\sigma(\mathbf{t}_0)}(\mathbf{t}_0).$$

由式(3.3.5), 可以得到

$$0\leqslant a_0\|\boldsymbol{\delta}(t)\|^2\leqslant\nu_0 e^{-\Pi_0(\mathbf{t}-\mathbf{t}_0)}V_{\sigma(t_0)}(t_0).$$

进而可以推出

$$\|\boldsymbol{\delta}(t)\|^2\leqslant\frac{b_0\nu_0}{a_0}e^{-\Pi_0(t-t_0)}\|\boldsymbol{\delta}(t_0)\|^2, \tag{3.3.34}$$

其中ν_0 和Π_0 是正的常数. 由此可以看出当$t\to\infty$时，闭环系统的所有信号都是一致有界的. 令$T_f=\frac{1}{\Pi_0}\ln(\frac{b_0\nu_0\|\tilde{\boldsymbol{x}}(t_0)\|^2}{a_0 z^*})$. 再利用式(3.3.34), 参考估计误差信号$\boldsymbol{\delta}(t)$一定会在有限时间区间$[\mathbf{t}_0,\mathbf{t}_0+T_f]$内进入有界闭区域$\mathcal{D}=\{\tilde{\boldsymbol{x}}(t)|\|\tilde{\boldsymbol{x}}(t)\|<z^*\}$内. □

接下来, 通过下面的定理可以说明多智能体系统在执行器故障和网络传输故障同时发生的情况下, 本章设计的主动安全容错控制算法可以保证全局跟踪误差一致最终有界.

定理 3.3.4 假设多智能体系统(3.1)满足条件3.1.1,3.1.2, 当多智能体子系统执行器故障和网络传输故障同时发生时, 设计了分布式参考观测器(3.3.22)和分散式容错控制器(3.3.12) 以及参数估计自适应律(3.3.15), 可以保证多智能体系统的闭环全局跟踪误差信号一致最终有界.

证明 该定理的证明过程与定理3.3.2类似, 此处省略. □

注记 3.3.3 在本章的研究中我们只考虑跟随智能体发生执行器部分失效故障和偏移故障的情形, 对于发生中断或者卡死执行器故障的情形,通过借助执行器冗余备份的条件, 可以应用前文提出的容错控制器设计方法, 对子系统的执行器中断或者卡死故障进行补偿. 在这里就不详细叙述了.

3.4 算例仿真

在本节中,我们将用一个算例仿真来说明本章所提设计方法的有效性. 考虑由1个领航者和4个跟随者组成的多智能体网络系统的协同容错控制问题. 每个智能体单元采用F-18飞行器的线性化数学模型 [9], 通讯网络如图3.2所示.

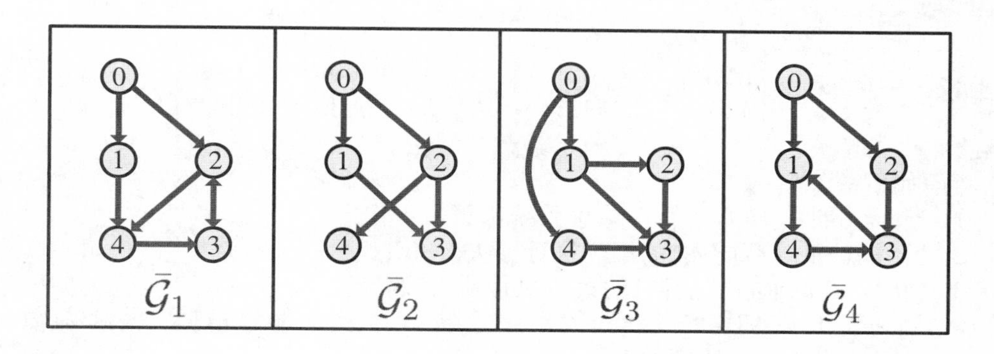

图 3.2 切换通讯拓扑

F-18飞行器系统模型的相应参数如下

$$\begin{bmatrix} \dot{x}_{i1}(t) \\ \dot{x}_{i2}(t) \end{bmatrix} = \begin{bmatrix} -1.175 & 0.9871 \\ -8.458 & -0.8776 \end{bmatrix} \begin{bmatrix} x_{i1}(t) \\ x_{i2}(t) \end{bmatrix} + \begin{bmatrix} -0.194 & -0.03593 \\ -19.29 & -3.803 \end{bmatrix} \begin{bmatrix} u_{i1}(t) \\ u_{i2}(t) \end{bmatrix}$$

其中状态$x_{i1}(t)$和$x_{i2}(t)$分别表示攻击角和俯仰角速率, 输入信号$u_{i1}(t)$ 和$u_{i2}(t)$分别表示升降舵位置和对称俯仰推力速度. 假定多智能体网络拓扑的切换信号如图3.3所示. 假定领航智能体的输入信号选取为

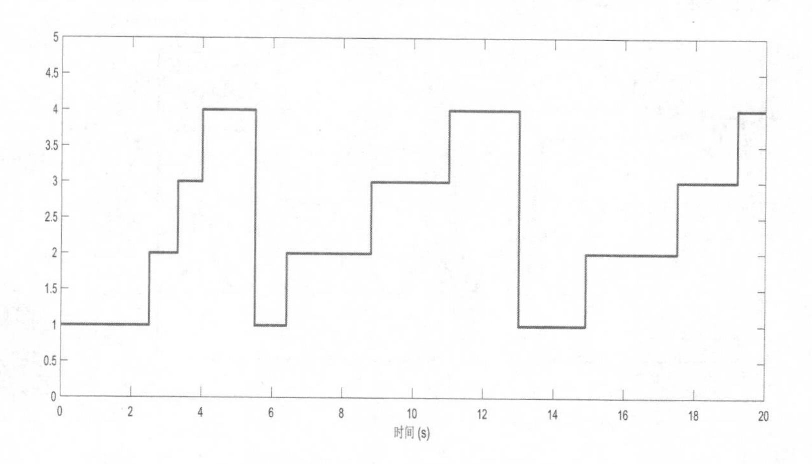

图 3.3 拓扑切换信号$\sigma(t)$

$$\boldsymbol{v}_0(t)=\begin{cases}[-5,6]^{\mathrm{T}}, & 0\,\mathrm{s}<\mathrm{t}<9\,\mathrm{s},\\ [1.5,-4.8\sin(0.8t)]^{\mathrm{T}}, & 9\,\mathrm{s}\leqslant\mathrm{t}\leqslant 20\,\mathrm{s}\end{cases}$$

选取参数$c_0=5$, $\alpha_m=2.5$, 求解线性矩阵不等式(3.3.6) 与(3.3.13),得

$$\boldsymbol{W}=\begin{bmatrix}0.0534 & -0.1934\\ -0.1934 & 24.3015\end{bmatrix},\quad \boldsymbol{K}_1=\begin{bmatrix}6.6958 & 0.8471\\ 1.2754 & 0.1666\end{bmatrix},$$

$$\boldsymbol{P}_1=\begin{bmatrix}1.2587 & 0.0102\\ 0.0102 & 0.0532\end{bmatrix},\quad \boldsymbol{F}_1=\begin{bmatrix}-0.4406 & -1.0281\\ -0.0839 & -0.2027\end{bmatrix}.$$

考虑如下故障模态

(1) 当$t<6$ s时, 所有的智能体子系统都正常工作.

(2) 当$t=6$ s时, 智能体2的第一执行器失效80%.

(3) 当$t=13.6$ s时, 智能体1的第二执行器失效45%.

(4) 当$t=15.5$ s时, 智能体3的第二个执行器发生偏移故障, 偏移函数为$\bar{u}_{3,2}(t)=5+2\sin(0.25t)$.

在仿真中, 相关的参数和初始值给定为$a_0=2$, $b_0=1$, $\bar{\omega}=5$, $\gamma_{1,i}=0.1$, $\gamma_{2,i}=10$, $x_0(0)=[0,-0.5]^{\mathrm{T}}$, $\boldsymbol{x}_1(0)=\hat{\boldsymbol{x}}_1(0)=[-3,-6.8]^{\mathrm{T}}$, $\boldsymbol{x}_2(0)=\hat{\boldsymbol{x}}_2(0)=[0,-4.5]^{\mathrm{T}}$, $\boldsymbol{x}_3(0)=\hat{\boldsymbol{x}}_3(0)=[1,2]^{\mathrm{T}}$, $\boldsymbol{x}_4(0)=\hat{\boldsymbol{x}}_4(0)=[-1,-2.8]^{\mathrm{T}}$. 根据通讯网络拓扑图,我们可以计算出$\tilde{\theta}=0.4589$, $\tilde{q}=15.2682$, 进而可以求得拓扑平均驻留时间为$\tau_a^*=1.4019$ s. 仿真结果如图3.4至图3.13所示. 其中, 图3.4至图3.11分别描绘了领航者的状态轨迹和每个跟随智能体系统的参考估计曲线和状态响应曲线.可以看出使用本章所提方法得到的跟随智能体单元的状态可以渐进跟踪到领航者的状态轨迹. 图3.12和图3.13分别给出了跟随智能体系统控制器参数的估计曲线, 不难看出这些估计曲线都是有界的. 仿真结果表明, 本章的设计方法可以保证线性多智能体系统即使在有子系统执行器故障影响下仍然能够完成协同渐进跟踪的控制目标.

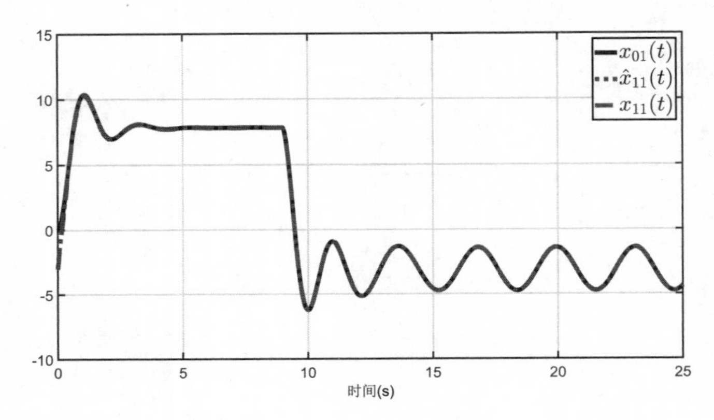

图 3.4 第1个智能体系统状态$x_{11}(t)$的响应曲线与估计$\hat{x}_{11}(t)$的响应曲线

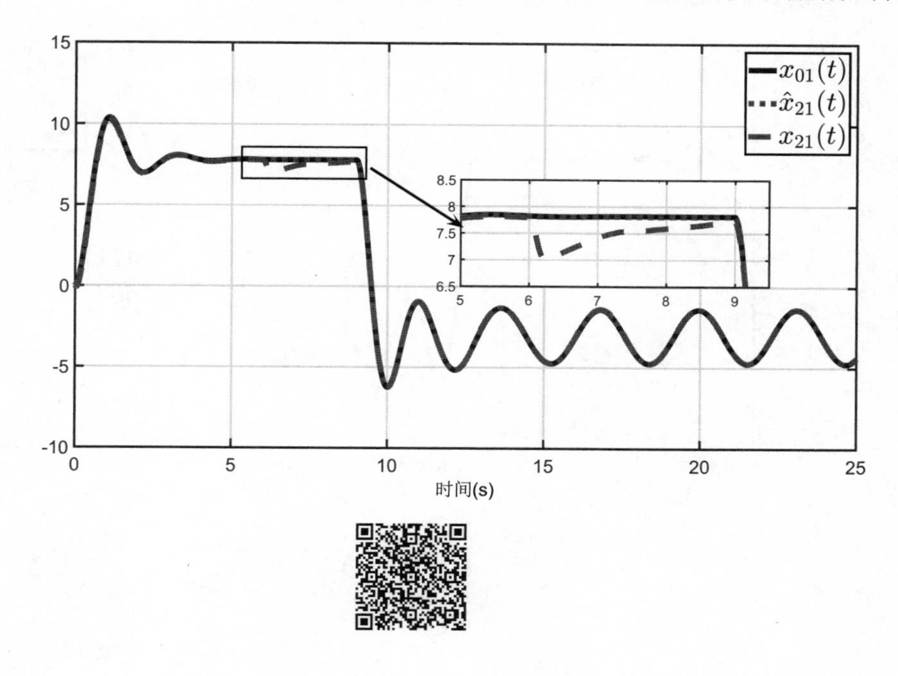

图 3.5 第2个智能体系统状态$x_{21}(t)$的响应曲线与估计$\hat{x}_{21}(t)$的响应曲线

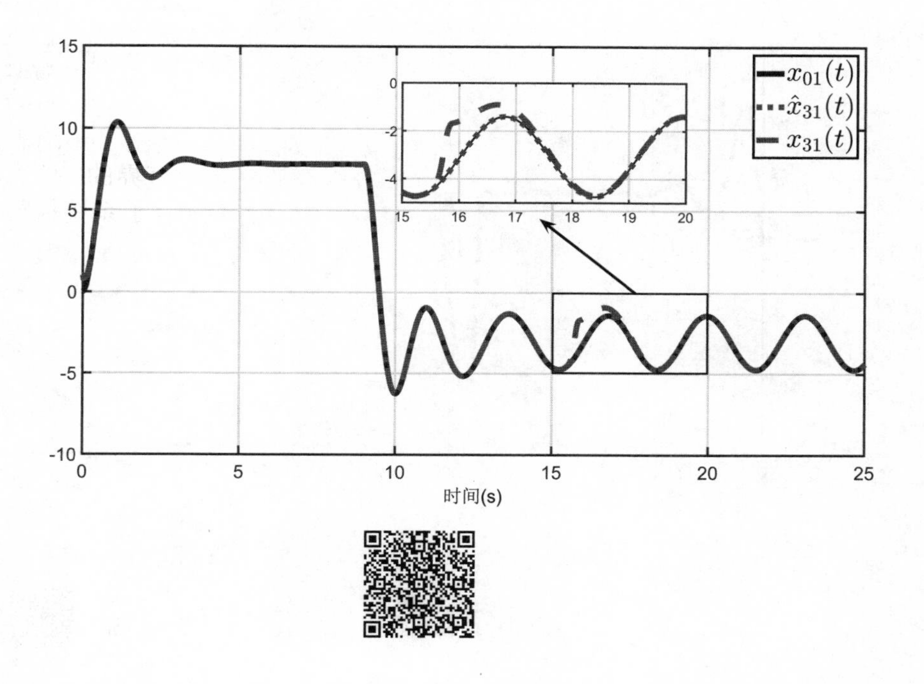

图 3.6 第3个智能体系统状态$x_{31}(t)$的响应估计曲线与$\hat{x}_{31}(t)$的响应曲线

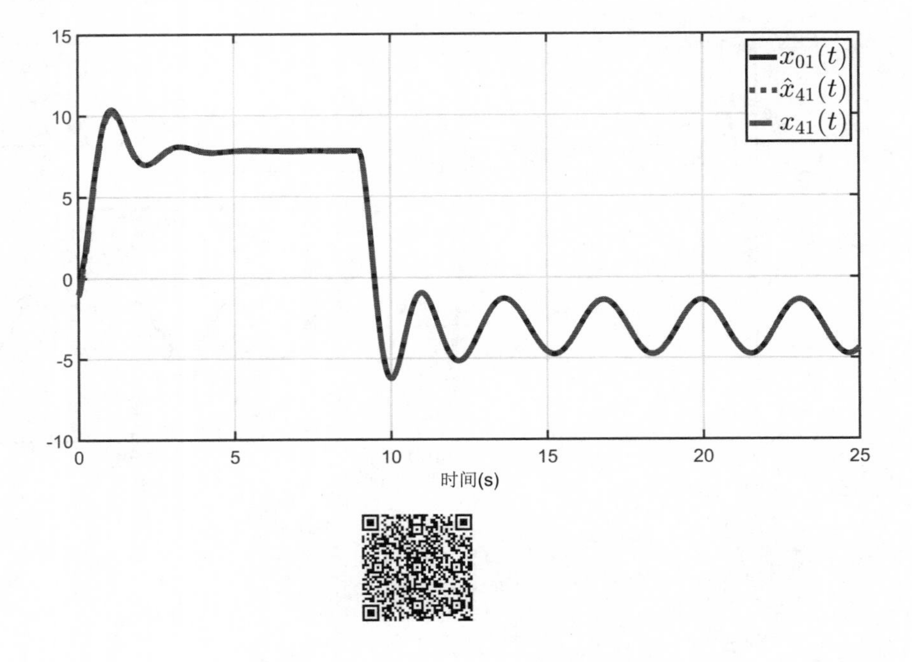

图 3.7 第4个智能体系统状态$x_{41}(t)$的响应曲线与估计$\hat{x}_{41}(t)$的响应曲线

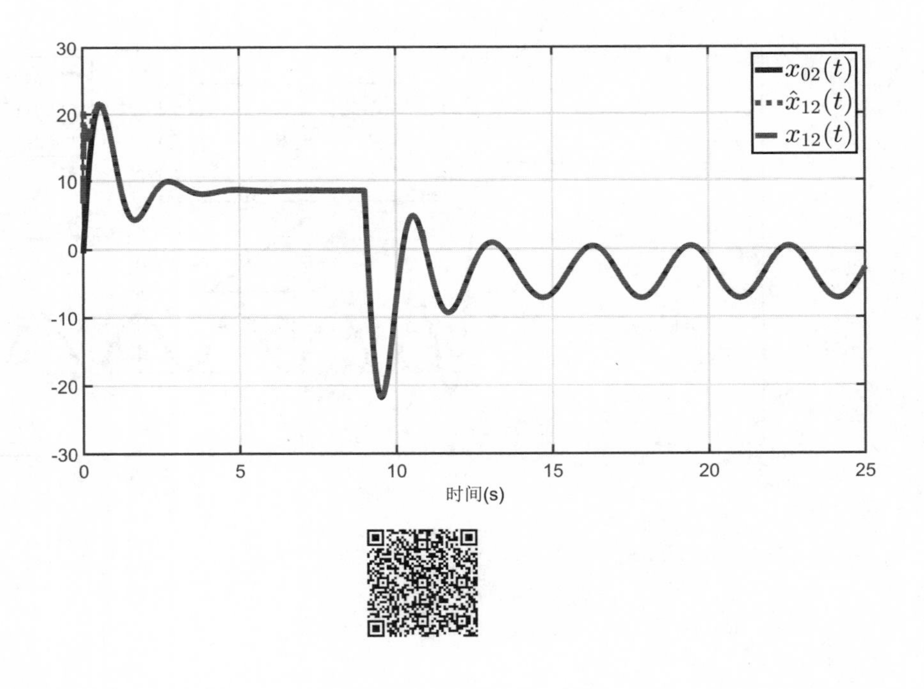

图 3.8 第1个智能体系统状态$x_{12}(t)$的响应曲线与估计$\hat{x}_{12}(t)$的响应曲线

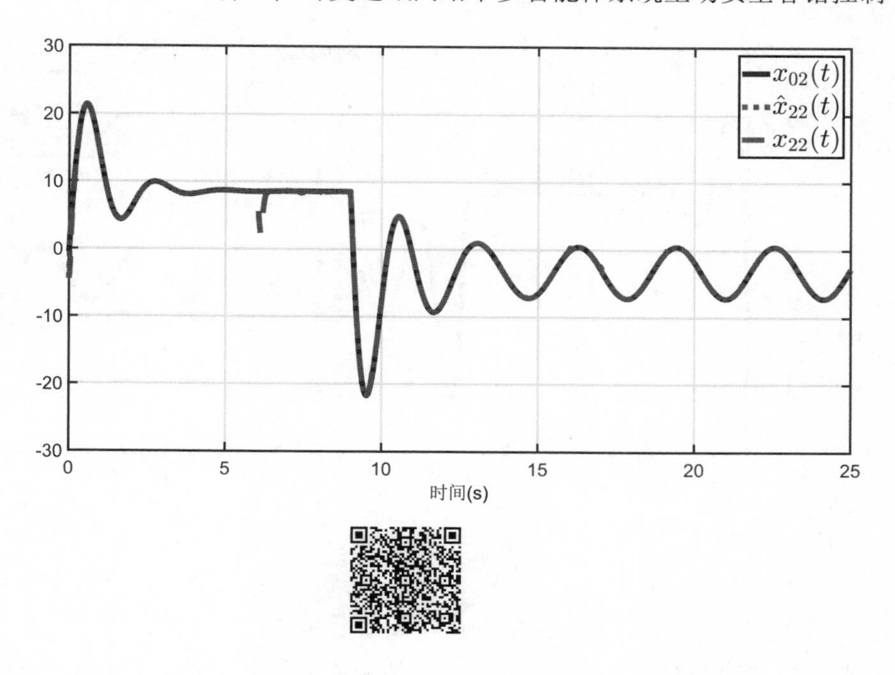

图 3.9 第2个智能体系统状态$x_{22}(t)$的响应曲线与估计$\hat{x}_{22}(t)$的响应曲线

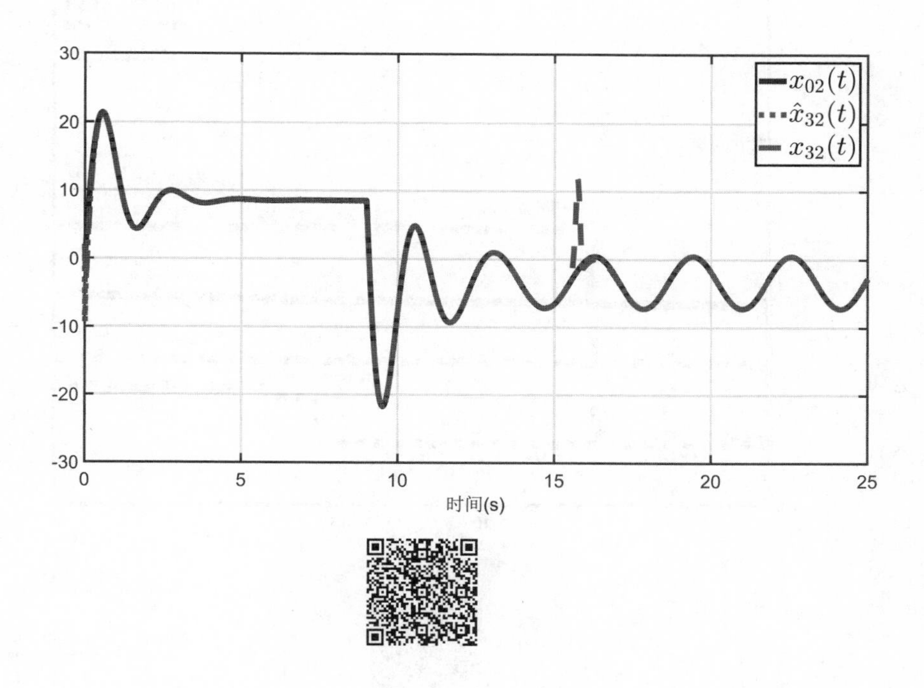

图 3.10 第3个智能体系统状态$x_{32}(t)$的响应曲线与估计$\hat{x}_{32}(t)$的响应曲线

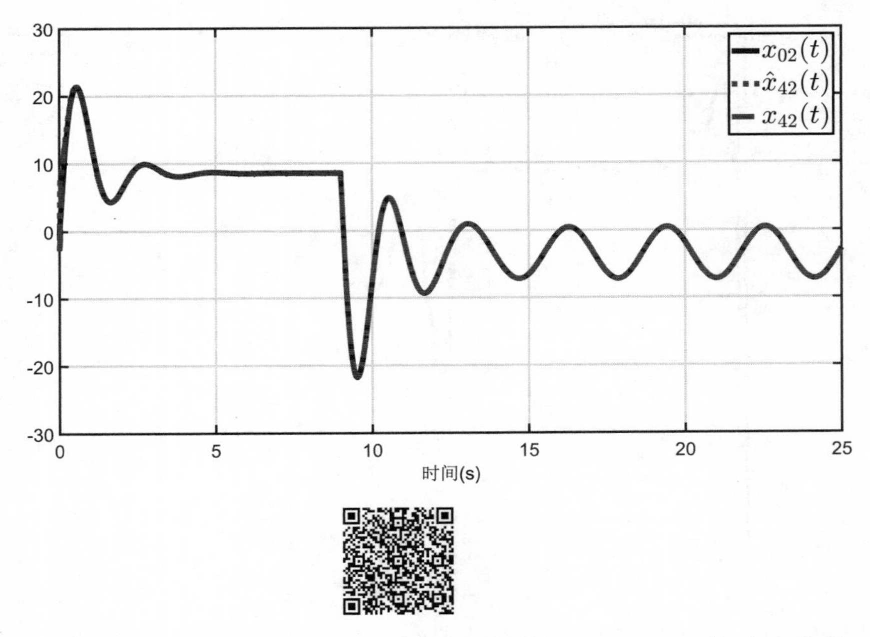

图 3.11 第4个智能体系统状态$x_{42}(t)$的响应曲线与估计$\hat{x}_{42}(t)$的响应曲线

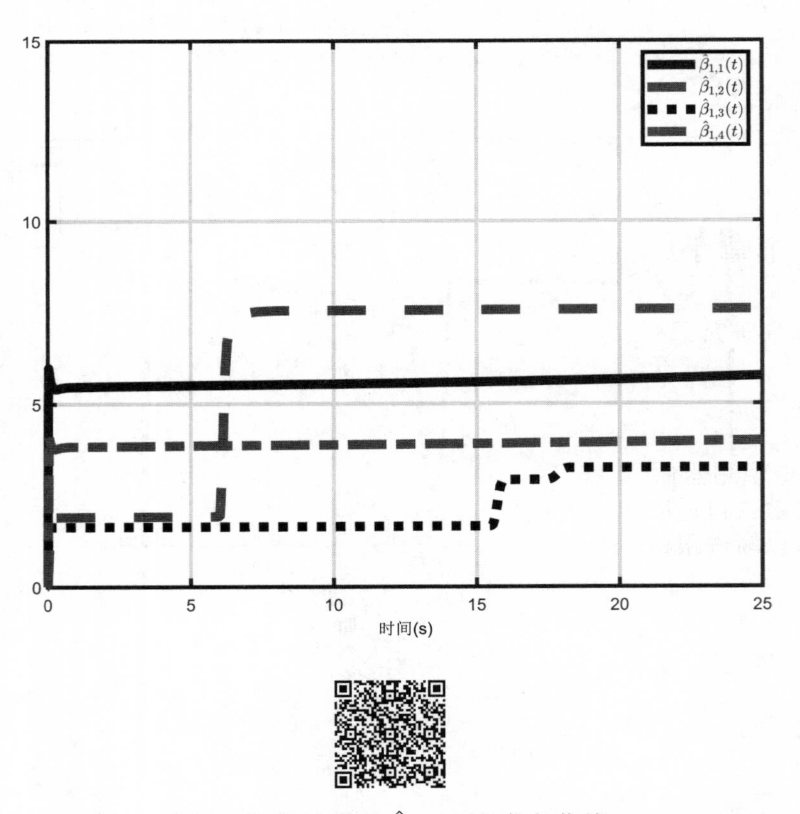

图 3.12 估计参数$\hat{\beta}_{1,i}(t)$的响应曲线

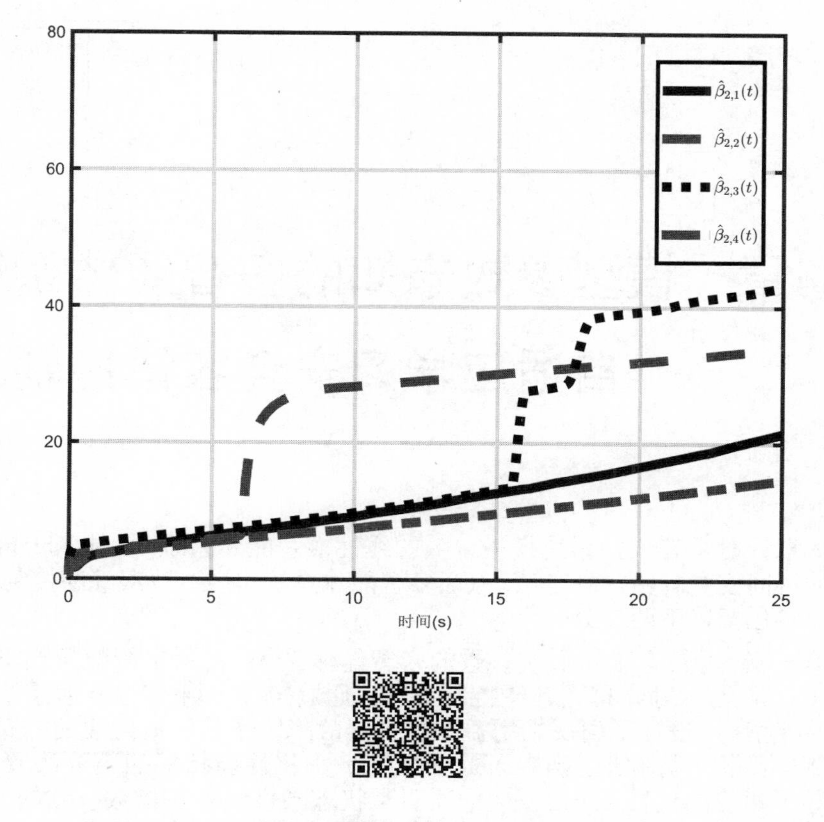

图 3.13 估计参数$\hat{\beta}_{2,i}(t)$的响应曲线

3.5 本章小结

本章研究了有向切换通讯网络下的线性多智能体系统的合作容错控制问题. 为了克服非对称拓扑结构矩阵与子系统控制增益矩阵设计无法直接解耦的难点, 首先提出了基于分布式参考模型观测器的合作容错控制算法. 其次, 利用跟随智能体的自身信息和相邻节点的状态信息, 设计参考模型观测器, 使得观测器估计状态可以渐进跟踪领航者的轨迹. 再次, 利用参考状态设计分散式自适应容错控制器, 保证跟随智能体在发生执行器故障的情况下仍然可以渐进跟踪领航者的状态轨迹. 最后，通过一个算例仿真进一步表明本章所提方法的有效性.

第4章　模型参数未知的多智能体系统自适应学习安全容错控制

本章针对具有未知系统模型参数的线性多智能体系统, 设计基于自适应学习的协同安全容错控制方法, 保证多智能体系统实现一致跟踪的控制目标. 主要内容包括以下两部分:

第一, 针对具有未知系统参数的多智能体系统, 在固定拓扑条件下设计了基于自适应学习分布式容错控制方法. 通过定义一种多智能体系统合作二次性能指标, 设计了由反馈增益和执行器故障因子估计值组成的分布式容错控制器结构. 特别地, 确定了最优控制最小化性能指标的充分必要条件, 并推导了相应的代数Riccati方程, 证明了状态同步误差是指数收敛的. 受文献 [25] 的启发, 为确定参数未知系统动力学下多智能体系统的最优控制器增益, 我们提供了一种求解代数Riccati 方程的状态、输入和耦合信息的迭代技术.

第二, 研究通讯网络发生DoS攻击下的线性多智能体系统自适应安全容错控制方法. 假设多智能体的通讯网络为时变非对称拓扑结构,同时遭受DoS攻击, 利用智能体单元局部信息提出了新的弹性最优协同容错控制策略, 并优化多智能体系统的合作二次性能指标. 进一步证明了全局跟踪误差系统在出现执行器故障和网络攻击时仍然渐进稳定. 在此基础上, 考虑在多智能体子系统模型参数未知, 同时系统发生执行器故障的情况下, 提出了一种利用局部系统状态和输入信息的自学习迭代算法来求解代数Riccati 方程, 进而计算子系统的反馈控制器增益, 实现弹性协同容错跟踪控制目标.

4.1　有向拓扑下模型未知多智能体系统的协同安全容错控制

4.1.1　多智能体系统模型与问题描述

考虑具有领导—跟随结构的线性多智能体系统, 系统动力学模型可以表

示为:

$$\begin{aligned}\dot{\boldsymbol{x}}_0(t) &= \boldsymbol{A}\boldsymbol{x}_0(t),\\ \dot{\boldsymbol{x}}_i(t) &= \boldsymbol{A}\boldsymbol{x}_i(t)+\boldsymbol{B}\boldsymbol{u}_i(t), \quad i=1,\cdots,N,\end{aligned} \tag{4.1.1}$$

其中$\boldsymbol{x}_0(t)\in\mathbb{R}^n$表示领导者的状态, $\boldsymbol{x}_i(t)\in\mathbb{R}^n$ 表示跟随者i的状态, 跟随者i的控制输入记为$\boldsymbol{u}_i(t)\in\mathbb{R}^q$. $\boldsymbol{A}$和$\boldsymbol{B}$为适当维数的矩阵, 且$(\boldsymbol{A},\boldsymbol{B})$是可稳定的.

假设多智能体系统中部分跟随子系统发生执行器部分失效故障, 执行器故障模型可以表示成如下形式:

$$u_{i,h}^F=(1-\Gamma_{i,h}(t))u_{ih}, \quad 0\leqslant\Gamma_{i,h}(t)<1,$$

其中$i=1,2,\cdots,N$表示第i个智能体, $h=1,2,\cdots,q$表示第h个执行器, u_{ih}表示执行器的输入信号, $u_{i,h}^F$表示执行器的输出信号, $\Gamma_{i,h}(t)$为未知的分段连续有界制动失效因子. 注意当$\Gamma_{i,h}(t)=0$ 时, 执行器无故障, 即第i个智能体的第h个执行器健康或正常; 当$0<\Gamma_{i,h}(t)<1$ 时, 第h个执行器发生失效故障.

令

$$\begin{aligned}\boldsymbol{u}_i^F &= [u_{i,1}^F(t),u_{i,2}^F(t),\cdots,u_{i,q}^F(t)]^{\mathrm{T}},\\ \boldsymbol{\Gamma}_i(t) &= \mathrm{diag}\{\Gamma_{i,1}(t),\Gamma_{i,2}(t),\cdots,\Gamma_{i,q}(t)\}.\end{aligned}$$

因此, 执行器故障模型的统一形式为:

$$\boldsymbol{u}_i^F=(\boldsymbol{I}_q-\Gamma_i(t))\boldsymbol{u}_i(t). \tag{4.1.2}$$

由式(4.1.2)可知, 带有执行器故障的多智能体系统(4.1.1)中第i个跟随智能体子系统的动力学方程可以写成如下形式:

$$\dot{\boldsymbol{x}}_i(t)=\boldsymbol{A}\boldsymbol{x}_i(t)+\boldsymbol{B}(\boldsymbol{I}_q-\boldsymbol{\Gamma}_i(t))\boldsymbol{u}_i(t), \quad \boldsymbol{0}_q\leqslant\boldsymbol{\Gamma}_i(t)<\boldsymbol{I}_q. \tag{4.1.3}$$

进而, 定义:

$$\begin{aligned}\boldsymbol{x}(t) &= [\boldsymbol{x}_1^{\mathrm{T}}(t),\boldsymbol{x}_2^{\mathrm{T}}(t),\cdots,\boldsymbol{x}_N^{\mathrm{T}}(t)]^{\mathrm{T}},\\ \boldsymbol{u}(t) &= [\boldsymbol{u}_1^{\mathrm{T}}(t),\boldsymbol{u}_2^{\mathrm{T}}(t),\cdots,\boldsymbol{u}_N^{\mathrm{T}}(t)]^{\mathrm{T}}.\end{aligned}$$

则式(4.1.3)可以用全局形式表示:

$$\dot{\boldsymbol{x}}(t)=(\boldsymbol{I}_N\otimes\boldsymbol{A})\boldsymbol{x}(t)+(\boldsymbol{I}_N\otimes\boldsymbol{B})(\boldsymbol{I}_{Nq}-\mathrm{diag}\{\boldsymbol{\Gamma}_1(t),\boldsymbol{\Gamma}_2(t),\cdots,\boldsymbol{\Gamma}_N(t)\})\boldsymbol{u}(t).$$

假设 4.1.1　在有向图$\mathcal{G}$中包含一棵以一个领导者为根节点的有向生成树。

针对多智能体系统(4.1.1), 定义其全局性能指标函数:

$$J=\int_0^{\infty}\chi(\boldsymbol{\psi},\boldsymbol{U})\mathrm{dt}. \tag{4.1.4}$$

其中$\chi(\boldsymbol{\psi},\boldsymbol{U})=\frac{1}{2}(\boldsymbol{\psi}^{\mathrm{T}}\hat{\boldsymbol{Q}}\boldsymbol{\psi}+\boldsymbol{U}^{\mathrm{T}}\boldsymbol{\zeta}\boldsymbol{U})$是目标函数. $\hat{\boldsymbol{Q}}=\hat{\boldsymbol{Q}}^{\mathrm{T}}\geqslant\boldsymbol{0}$ 和$\boldsymbol{\zeta}=\boldsymbol{\zeta}^{\mathrm{T}}>\boldsymbol{0}$是权重矩阵.

令

$$\hat{\boldsymbol{Q}} = (\boldsymbol{G}\boldsymbol{L}_1 + \boldsymbol{L}_1^{\mathrm{T}}\boldsymbol{G})\bar{\boldsymbol{Q}},$$

$$\begin{aligned}\boldsymbol{\zeta} =& (\boldsymbol{I}_{Nq} - \mathrm{diag}\{\boldsymbol{\Gamma}_1(t), \cdots, \boldsymbol{\Gamma}_N(t)\})(\boldsymbol{L}_1^{\mathrm{T}}\boldsymbol{G}(\boldsymbol{G}\boldsymbol{L}_1 + \boldsymbol{L}_1^{\mathrm{T}}\boldsymbol{G})\boldsymbol{G}\boldsymbol{L}_1 \otimes \boldsymbol{R})\cdot \\ & (\boldsymbol{I}_{Nq} - \mathrm{diag}\{\boldsymbol{\Gamma}_1(t), \cdots, \boldsymbol{\Gamma}_N(t)\}).\end{aligned}$$

这里的$\boldsymbol{\psi}$下面会给出. 由于$\boldsymbol{L}_1$是多智能体系统通讯拓扑的Laplacian矩阵, 根据假设(4.1.1), 有$\boldsymbol{L}_1$是非奇异M-矩阵, 利用引理2.4.1, 可知存在对角阵$\boldsymbol{G} = \mathrm{diag}(g_1, g_2, \cdots, g_N)$满足$\boldsymbol{G}\boldsymbol{L}_1 + \boldsymbol{L}_1^T\boldsymbol{G} > 0$.

4.1.2 控制目标

本节的控制目标是针对带有执行器故障的模型参数未知线性多智能体系统(4.1.1), 其中系统矩阵$\boldsymbol{A}$和$\boldsymbol{B}$参数未知, 在有向固定拓扑条件下设计协同安全容错控制算法, 并优化全局合作性能指标(4.1.4), 使所有跟随智能体的状态$\boldsymbol{x}_i(t)$ 与领导者的状态$\boldsymbol{x}_0(t)$ 同步, 即

$$\lim_{t\to\infty} \| \boldsymbol{x}_i(t) - \boldsymbol{x}_0(t) \| = 0, \ i = 1, 2, \cdots, N.$$

注记 4.1.1　当系统矩阵未知且发生故障时, 难以通过求解代数Riccati方程来求解反馈控制增益. 因此, 需要设计一种新的线性二次合作性能指标, 得到具有执行器故障和反馈控制增益的协同安全容错控制器结构. 值得一提的是, 这里的反馈控制增益将在不求解代数Riccati方程的情况下通过自学习迭代算法得到.

4.1.3 协同安全容错控制算法设计

定义第i个智能体子系统的邻接误差为:

$$\boldsymbol{e}_i = g_i \sum_{j=0}^{N} a_{ij}(\boldsymbol{x}_i - \boldsymbol{x}_j),$$

设$\boldsymbol{e} = [\boldsymbol{e}_1^{\mathrm{T}} \cdots \boldsymbol{e}_N^{\mathrm{T}}]^{\mathrm{T}}$, 有

$$\boldsymbol{e} = (\boldsymbol{G}\boldsymbol{L}_1 \otimes \boldsymbol{I}_p)(\boldsymbol{X} - \boldsymbol{I}_N \otimes \boldsymbol{x}_0). \tag{4.1.5}$$

其中$\boldsymbol{X} = [\boldsymbol{x}_1^{\mathrm{T}}, \cdots, \boldsymbol{x}_N^{\mathrm{T}}]^{\mathrm{T}}$. 由于$\boldsymbol{L}_1$是非奇异矩阵, 对所有$i = 1, \cdots, N$, 由式(4.1.5) 可知, $\lim\limits_{t\to\infty} \|\boldsymbol{e}\| = 0$ 当且仅当$\lim\limits_{t\to\infty} \|\boldsymbol{x}_i(t) - \boldsymbol{x}_0(t)\| = 0$.下面对式(4.1.5)求导:

$$\dot{\boldsymbol{e}} = (\boldsymbol{I}_N \otimes \boldsymbol{A})\boldsymbol{e} + (\boldsymbol{G}\boldsymbol{L}_1 \otimes \boldsymbol{B})(\boldsymbol{I}_{qN} - \mathrm{diag}\{\boldsymbol{\Gamma}_1(t) \cdots \boldsymbol{\Gamma}_N(t)\})\boldsymbol{U}, \tag{4.1.6}$$

其中$\boldsymbol{U}=[\boldsymbol{u}_1^{\mathrm{T}}\cdots\boldsymbol{u}_N^{\mathrm{T}}]^{\mathrm{T}}$. 注意到, 只有当式(4.1.6)中的跟踪误差渐进稳定时, 才能实现领导跟随一致跟踪性能.下面的定理中有相关证明. 然后给出第i个智能体系统控制器.

$$\boldsymbol{u}_i=(\boldsymbol{I}_q-\boldsymbol{\Gamma}_j(t))^{-1}(g_i\sum_{j=0}^{N}a_{ij})^{-1}(g_i\sum_{j=1}^{N}(\boldsymbol{I}_q-\boldsymbol{\Gamma}_i(t))\boldsymbol{u}_j-\boldsymbol{K}\boldsymbol{e}_i). \tag{4.1.7}$$

这里$g_0=0$，$a_0=0$.

设$\boldsymbol{D}=\mathrm{diag}\{\Sigma_{j=0}^{N}a_{1j},\cdots,\Sigma_{j=0}^{N}a_{Nj}\}$ 和$\boldsymbol{A}_G=[a_{ij}]_{N\times N}$, 可以得到$\boldsymbol{L}_1=\boldsymbol{D}-\boldsymbol{A}_G$. 进而, 可以得到式(4.1.7)描述的控制器$\boldsymbol{u}_i$的全局形式如下：

$$\begin{aligned}\boldsymbol{U}=&(\boldsymbol{I}_{Nq}-\mathrm{diag}\{\boldsymbol{\Gamma}_1(t),\cdots,\boldsymbol{\Gamma}_N(t)\})^{-1}((\boldsymbol{G}\boldsymbol{D})^{-1}\otimes\boldsymbol{I}_q)((\boldsymbol{G}\boldsymbol{A}_G\otimes\boldsymbol{I}_q)\\&\times(\boldsymbol{I}_{Nq}-\mathrm{diag}\{\boldsymbol{\Gamma}_1(t),\cdots,\boldsymbol{\Gamma}_N(t)\})\boldsymbol{U}-(\boldsymbol{I}_N\otimes\boldsymbol{K})\boldsymbol{e}).\end{aligned}$$

基于上式, 有

$$\begin{aligned}&((\boldsymbol{I}_{Nq}-\mathrm{diag}\{\boldsymbol{\Gamma}_1(t),\cdots,\boldsymbol{\Gamma}_N(t)\})-((\boldsymbol{G}\boldsymbol{D})^{-1}\otimes\boldsymbol{I}_q)(\boldsymbol{G}\boldsymbol{A}_G\otimes\boldsymbol{I}_q)\\&\times(\boldsymbol{I}_{Nq}-\mathrm{diag}\{\boldsymbol{\Gamma}_1(t),\cdots,\boldsymbol{\Gamma}_N(t)\}))\boldsymbol{U}=-((\boldsymbol{G}\boldsymbol{D})^{-1}\otimes\boldsymbol{I}_q)(\boldsymbol{I}_N\otimes\boldsymbol{K})\boldsymbol{e}.\end{aligned}$$

根据假设(4.1.1)和$g_i>0$, 可以得到

$$\begin{aligned}&\det\{((\boldsymbol{I}_{Nq}-\mathrm{diag}\{\boldsymbol{\Gamma}_1(t),\cdots,\boldsymbol{\Gamma}_N(t)\})-((\boldsymbol{G}\boldsymbol{D})^{-1}\otimes\boldsymbol{I}_q)\times\\&(\boldsymbol{G}\boldsymbol{A}_G\otimes\boldsymbol{I}_q)(\boldsymbol{I}_{Nq}-\mathrm{diag}\{\boldsymbol{\Gamma}_1(t),\cdots,\boldsymbol{\Gamma}_N(t)\}))\}\neq 0.\end{aligned}$$

进一步推出

$$\begin{aligned}\boldsymbol{U}=&-((\boldsymbol{I}_{Nq}-\mathrm{diag}\{\boldsymbol{\Gamma}_1(t),\cdots,\boldsymbol{\Gamma}_N(t)\})-((\boldsymbol{G}\boldsymbol{D})^{-1}\otimes\boldsymbol{I}_q)(\boldsymbol{G}\boldsymbol{A}_G\otimes\boldsymbol{I}_q)\\&\times(\boldsymbol{I}_{Nq}-\mathrm{diag}\{\boldsymbol{\Gamma}_1(t),\cdots,\boldsymbol{\Gamma}_N(t)\}))^{-1}((\boldsymbol{G}\boldsymbol{D})^{-1}\otimes\boldsymbol{I}_q)(\boldsymbol{I}_N\otimes\boldsymbol{K})\boldsymbol{e}\\=&-((\boldsymbol{G}\boldsymbol{D}\otimes\boldsymbol{I}_q)(\boldsymbol{I}_{Nq}-\mathrm{diag}\{\boldsymbol{\Gamma}_1(t),\cdots,\boldsymbol{\Gamma}_N(t)\})-(\boldsymbol{G}\boldsymbol{A}_G\otimes\boldsymbol{I}_q)\\&\times(\boldsymbol{I}_{Nq}-\mathrm{diag}\{\boldsymbol{\Gamma}_1(t),\cdots,\boldsymbol{\Gamma}_N(t)\}))^{-1}(\boldsymbol{I}_N\otimes\boldsymbol{K})\boldsymbol{e}\\=&-((\boldsymbol{G}\boldsymbol{L}_1\otimes\boldsymbol{I}_q)(\boldsymbol{I}_{Nq}-\mathrm{diag}\{\boldsymbol{\Gamma}_1(t),\cdots,\boldsymbol{\Gamma}_N(t)\}))^{-1}(\boldsymbol{I}_N\otimes\boldsymbol{K})\boldsymbol{e}\\=&-(\boldsymbol{I}_{Nq}-\mathrm{diag}\{\boldsymbol{\Gamma}_1(t),\cdots,\boldsymbol{\Gamma}_N(t)\})^{-1}(\boldsymbol{L}_1^{-1}\boldsymbol{G}^{-1}\otimes\boldsymbol{K})\boldsymbol{e}.\end{aligned}$$

因此

$$\boldsymbol{U}=-(\boldsymbol{I}_{Nq}-\mathrm{diag}\{\boldsymbol{\Gamma}_1(t),\cdots,\boldsymbol{\Gamma}_N(t)\})^{-1}(\boldsymbol{L}_1^{-1}\boldsymbol{G}^{-1}\otimes\boldsymbol{K})\boldsymbol{e}. \tag{4.1.8}$$

下述定理将证明本节设计的最优安全容错控制算法(4.1.8)可以保证误差系统(4.1.6)渐进收敛.

定理 4.1.1 考虑线性多智能体系统(4.1.1)满足假设4.1.1成立, 则跟踪误差系统(4.1.6)是渐进稳定的, 并且$\boldsymbol{U}$是在二次合作性能指标(4.1.4) 下的全局最优控制器当且仅当控制器$\boldsymbol{U}$具有(4.1.8)的形式, 其中$\boldsymbol{P}=\boldsymbol{P}^{\mathrm{T}}>\boldsymbol{0}$为以下代数Riccati方程的解：

$$\boldsymbol{P}\boldsymbol{A}+\boldsymbol{A}^{\mathrm{T}}\boldsymbol{P}+\bar{\boldsymbol{Q}}-\boldsymbol{P}\boldsymbol{B}\boldsymbol{R}^{-1}\boldsymbol{B}^{\mathrm{T}}\boldsymbol{P}=\boldsymbol{0}. \tag{4.1.9}$$

这里$\bar{\boldsymbol{Q}}$和$\boldsymbol{R}$分别满足$\bar{\boldsymbol{Q}}=\bar{\boldsymbol{Q}}^{\mathrm{T}}\geqslant 0$和$\boldsymbol{R}=\boldsymbol{R}^{\mathrm{T}}>0$. 此外, 控制增益矩阵$\boldsymbol{K}=\boldsymbol{R}^{-1}\boldsymbol{B}^{\mathrm{T}}\boldsymbol{P}$.

证明 首先, 证明定理4.1.1的必要性. 定义Hamilton函数:

$$\mathcal{H}(\boldsymbol{e},\boldsymbol{U})=-\chi(\boldsymbol{e},\boldsymbol{U})+\boldsymbol{\lambda}^{\mathrm{T}}\mathcal{F}(\boldsymbol{e},\boldsymbol{U}), \tag{4.1.10}$$

其中

$$\begin{aligned}\mathcal{F}(\boldsymbol{e},\boldsymbol{U})=&\dot{\boldsymbol{e}}\\=&(\boldsymbol{I}_N\otimes\boldsymbol{A})\boldsymbol{e}+(\boldsymbol{G}\boldsymbol{L}_1\otimes\boldsymbol{B})(\boldsymbol{I}_{qN}-\mathrm{diag}\{\boldsymbol{\Gamma}_1(t),\cdots,\boldsymbol{\Gamma}_N(t)\})\boldsymbol{U},\end{aligned}$$

注意到, 最优控制$\boldsymbol{U}$满足

$$\begin{aligned}\frac{\partial\mathcal{H}}{\partial\boldsymbol{U}}&=-\frac{\partial\chi}{\partial\boldsymbol{U}}+\frac{\partial\mathcal{F}^{\mathrm{T}}}{\partial\boldsymbol{U}}\boldsymbol{\lambda}\\&=-\boldsymbol{\zeta}\boldsymbol{U}+(\boldsymbol{I}_{qN}-\mathrm{diag}\{\boldsymbol{\Gamma}_1(t),\cdots,\boldsymbol{\Gamma}_N(t)\})(\boldsymbol{L}_1^{\mathrm{T}}\boldsymbol{G}\otimes\boldsymbol{B}^{\mathrm{T}})\boldsymbol{\lambda}\\&=0.\end{aligned}$$

根据上式, 可以得到最优控制$\boldsymbol{U}$的形式为:

$$\begin{aligned}\boldsymbol{U}&=\boldsymbol{\zeta}^{-1}(\boldsymbol{I}_{qN}-\mathrm{diag}\{\boldsymbol{\Gamma}_1(t),\cdots,\boldsymbol{\Gamma}_N(t)\})(\boldsymbol{L}_1^{\mathrm{T}}\boldsymbol{G}\otimes\boldsymbol{B}^{\mathrm{T}})\boldsymbol{\lambda}\\&=(\boldsymbol{I}_{qN}-\mathrm{diag}\{\boldsymbol{\Gamma}_1(t),\cdots,\boldsymbol{\Gamma}_N(t)\})^{-1}(\boldsymbol{L}_1^{-1}\boldsymbol{G}^{-1}(\boldsymbol{G}\boldsymbol{L}_1+\boldsymbol{L}_1^{\mathrm{T}}\boldsymbol{G})^{-1}\otimes\boldsymbol{R}^{-1}\boldsymbol{B}^{\mathrm{T}})\boldsymbol{\lambda}.\end{aligned} \tag{4.1.11}$$

从而可得

$$\begin{aligned}\frac{\partial\mathcal{H}}{\partial e}&=-\frac{\partial\chi}{\partial e}+\frac{\partial\mathcal{F}^{\mathrm{T}}}{\partial\boldsymbol{U}}\boldsymbol{\lambda}\\&=-\hat{\boldsymbol{Q}}e+(\boldsymbol{I}_N\otimes\boldsymbol{A}^{\mathrm{T}})\boldsymbol{\lambda}.\end{aligned}$$

令$\boldsymbol{\lambda}=-((\boldsymbol{G}\boldsymbol{L}_1+\boldsymbol{L}_1^{\mathrm{T}}\boldsymbol{G})\otimes\boldsymbol{P})\boldsymbol{e}$, 可得

$$\begin{aligned}\frac{\partial\mathcal{H}}{\partial e}&=-\frac{\partial\chi}{\partial e}+\frac{\partial\mathcal{F}^{\mathrm{T}}}{\partial\boldsymbol{U}}\boldsymbol{\lambda}\\&=-\hat{\boldsymbol{Q}}\boldsymbol{e}-((\boldsymbol{G}\boldsymbol{L}_1+\boldsymbol{L}_1^{\mathrm{T}}\boldsymbol{G})\otimes\boldsymbol{A}^{\mathrm{T}}\boldsymbol{P})\boldsymbol{e}.\end{aligned} \tag{4.1.12}$$

接下来计算$\boldsymbol{\lambda}$对时间的导数

$$\begin{aligned}\dot{\boldsymbol{\lambda}}&=-((\boldsymbol{G}\boldsymbol{L}_1+\boldsymbol{L}_1^{\mathrm{T}}\boldsymbol{G})\otimes\boldsymbol{P})\dot{\boldsymbol{e}}\\&=-((\boldsymbol{G}\boldsymbol{L}_1+\boldsymbol{L}_1^{\mathrm{T}}\boldsymbol{G})\otimes\boldsymbol{P}\boldsymbol{A})\boldsymbol{e}+((\boldsymbol{G}\boldsymbol{L}_1+\boldsymbol{L}_1^{\mathrm{T}}\boldsymbol{G})\otimes\boldsymbol{P}\boldsymbol{B}\boldsymbol{R}^{-1}\boldsymbol{B}^{\mathrm{T}}\boldsymbol{P})\boldsymbol{e}.\end{aligned} \tag{4.1.13}$$

将式(4.1.12)和式(4.1.13)代入方程$\dot{\boldsymbol{\lambda}}=-\dfrac{\partial\mathcal{H}}{\partial\boldsymbol{e}}$, 可以得到:

$$(\boldsymbol{G}\boldsymbol{L}_1+\boldsymbol{L}_1^{\mathrm{T}}\boldsymbol{G})\otimes(\boldsymbol{P}\boldsymbol{A}+\boldsymbol{A}^{\mathrm{T}}\boldsymbol{P}-\boldsymbol{P}\boldsymbol{B}\boldsymbol{R}^{-1}\boldsymbol{B}^{\mathrm{T}}\boldsymbol{P})+\hat{\boldsymbol{Q}}=0. \tag{4.1.14}$$

由假设4.1.1和引理2.4.1可知, $\boldsymbol{G}\boldsymbol{L}_1+\boldsymbol{L}_1^{\mathrm{T}}\boldsymbol{G}$是正定的. 因此, 根据$\hat{\boldsymbol{Q}}=(\boldsymbol{G}\boldsymbol{L}_1+\boldsymbol{L}_1^{\mathrm{T}}\boldsymbol{G})\bar{\boldsymbol{Q}}$, 式(4.1.14) 可以写成如下形式:

$$\boldsymbol{I}_N\otimes(\boldsymbol{P}\boldsymbol{A}+\boldsymbol{A}^{\mathrm{T}}\boldsymbol{P}+\bar{\boldsymbol{Q}}-\boldsymbol{P}\boldsymbol{B}\boldsymbol{R}^{-1}\boldsymbol{B}^{\mathrm{T}}\boldsymbol{P})=0.$$

可知上式是代数Riccati方程式(4.1.9)的等价形式. 将$\boldsymbol{\lambda}$和$\boldsymbol{K}$代入式(4.1.11), 得到式(4.1.8). 至此, 定理4.1.1的必要性证明完成.

下面开始证明定理4.1.1的充分性, 充分性证明可以分为两个部分.

第一部分: 首先证明式(4.1.8)所设计的控制器能够保证跟踪误差系统(4.1.6)渐进收敛到零平衡点. 首选选取Lyapunov函数$\mathcal{V}_1=\dfrac{1}{2}\boldsymbol{e}^{\mathrm{T}}(\boldsymbol{I}_N\otimes\boldsymbol{P})\boldsymbol{e}$, 则$\mathcal{V}_1$的时间导数为:

$$\begin{aligned}\dot{\mathcal{V}}_1&=\boldsymbol{e}^{\mathrm{T}}(\boldsymbol{I}_N\otimes\boldsymbol{P})\dot{\boldsymbol{e}}\\&=\boldsymbol{e}^{\mathrm{T}}(\boldsymbol{I}_N\otimes\boldsymbol{P})((\boldsymbol{I}_N\otimes\boldsymbol{A})\boldsymbol{e}+(\boldsymbol{G}\boldsymbol{L}_1\otimes\boldsymbol{B})(\boldsymbol{I}_{qN}-\mathrm{diag}\{\boldsymbol{\Gamma}_1(t),\cdots,\boldsymbol{\Gamma}_N(t)\})\boldsymbol{U})\\&=\frac{1}{2}\boldsymbol{e}^{\mathrm{T}}(\boldsymbol{I}_N\otimes(\boldsymbol{P}\boldsymbol{A}+\boldsymbol{A}^{\mathrm{T}}\boldsymbol{P}))\boldsymbol{e}-\boldsymbol{e}^{\mathrm{T}}(\boldsymbol{I}_N\otimes\boldsymbol{P}\boldsymbol{B}\boldsymbol{R}^{-1}\boldsymbol{B}^{\mathrm{T}}\boldsymbol{P})\boldsymbol{e},\end{aligned}\tag{4.1.15}$$

由于式(4.1.9)成立,故式(4.1.15)可以写成如下形式:

$$\begin{aligned}\dot{\mathcal{V}}_1&=\frac{1}{2}\boldsymbol{e}^{\mathrm{T}}(\boldsymbol{I}_N\otimes(\boldsymbol{P}\boldsymbol{B}\boldsymbol{R}^{-1}\boldsymbol{B}^{\mathrm{T}}\boldsymbol{P}-\bar{\boldsymbol{Q}}))\boldsymbol{e}-\boldsymbol{e}^{\mathrm{T}}(\boldsymbol{I}_N\otimes\boldsymbol{P}\boldsymbol{B}\boldsymbol{R}^{-1}\boldsymbol{B}^{\mathrm{T}}\boldsymbol{P})\boldsymbol{e}\\&=-\frac{1}{2}\boldsymbol{e}^{\mathrm{T}}(\boldsymbol{I}_N\otimes(\boldsymbol{P}\boldsymbol{B}\boldsymbol{R}^{-1}\boldsymbol{B}^{\mathrm{T}}\boldsymbol{P}+\bar{\boldsymbol{Q}}))\boldsymbol{e}\end{aligned}$$

因此, 根据定义2.4.2, 可知系统(4.1.6)是渐进稳定的.

第二部分：证明了当控制器式(4.1.8)和代数Riccati方程式(4.1.9) 满足时, 合作二次型性能指标式(4.1.4)达到最小值. 由$\boldsymbol{\lambda}$和$\mathcal{F}(\boldsymbol{e},\boldsymbol{U})$ 的表达式可知

$$\begin{aligned}\boldsymbol{\lambda}^{\mathrm{T}}\mathcal{F}(\boldsymbol{e},\boldsymbol{U})=&-\boldsymbol{e}^{\mathrm{T}}((\boldsymbol{G}\boldsymbol{L}_1+\boldsymbol{L}_1^{\mathrm{T}}\boldsymbol{G})\otimes\boldsymbol{P})((\boldsymbol{I}_N\otimes\boldsymbol{A})\boldsymbol{e}\\&+(\boldsymbol{G}\boldsymbol{L}_1\otimes\boldsymbol{B})(\boldsymbol{I}_{qN}-\mathrm{diag}\{\boldsymbol{\Gamma}_1(t),\cdots,\boldsymbol{\Gamma}_N(t)\}))\boldsymbol{U}\\=&-\frac{1}{2}\boldsymbol{e}^{\mathrm{T}}((\boldsymbol{G}\boldsymbol{L}_1+\boldsymbol{L}_1^{\mathrm{T}}\boldsymbol{G})\otimes(\boldsymbol{P}\boldsymbol{A}+\boldsymbol{A}^{\mathrm{T}}\boldsymbol{P}))\boldsymbol{e}\\&-\boldsymbol{e}^{\mathrm{T}}(((\boldsymbol{G}\boldsymbol{L}_1)^2+\boldsymbol{L}_1^{\mathrm{T}}\boldsymbol{G}^2\boldsymbol{L}_1)\otimes\boldsymbol{P}\boldsymbol{B})\\&\cdot(\boldsymbol{I}_{qN}-\mathrm{diag}\{\boldsymbol{\Gamma}_1(t),\cdots,\boldsymbol{\Gamma}_N(t)\})\boldsymbol{U}.\end{aligned}\tag{4.1.16}$$

根据前面的证明, 如果代数Riccati方程式(4.1.9)成立, 那么可以得出式(4.1.14)成立. 因此, 式(4.1.16) 可以表示为:

$$\begin{aligned}\boldsymbol{\lambda}^{\mathrm{T}}\mathcal{F}(\boldsymbol{e},\boldsymbol{U})=&\frac{1}{2}\boldsymbol{e}^{\mathrm{T}}\hat{\boldsymbol{Q}}\boldsymbol{e}-\frac{1}{2}\boldsymbol{e}^{\mathrm{T}}((\boldsymbol{G}\boldsymbol{L}_1+\boldsymbol{L}_1^{\mathrm{T}}\boldsymbol{G})\otimes\boldsymbol{P}\boldsymbol{B}\boldsymbol{R}^{-1}\boldsymbol{B}^{\mathrm{T}}\boldsymbol{P})\boldsymbol{e}\\&-((\boldsymbol{G}\boldsymbol{L}_1)^2+\boldsymbol{L}_1^{\mathrm{T}}\boldsymbol{G}^2\boldsymbol{L}_1)\otimes\boldsymbol{P}\boldsymbol{B})(\boldsymbol{I}_{qN}-\mathrm{diag}\{\boldsymbol{\Gamma}_1(t),\cdots,\boldsymbol{\Gamma}_N(t)\})\boldsymbol{U}.\end{aligned}$$

因此, 下面的形式是Hamiltonian形式:

$$\mathcal{H}(\boldsymbol{e},\boldsymbol{U})=-\chi(\boldsymbol{e},\boldsymbol{U})+\boldsymbol{\lambda}^{\mathrm{T}}\mathcal{F}(\boldsymbol{e},\boldsymbol{U})$$

$$
\begin{aligned}
&=-\frac{1}{2}(\boldsymbol{e}^{\mathrm{T}}\hat{\boldsymbol{Q}}\boldsymbol{e}+\boldsymbol{U}^{\mathrm{T}}\boldsymbol{\zeta}\boldsymbol{U})-\frac{1}{2}\boldsymbol{e}^{\mathrm{T}}((\boldsymbol{G}\boldsymbol{L}_1+\boldsymbol{L}_1^{\mathrm{T}}\boldsymbol{G})\otimes\boldsymbol{P}\boldsymbol{B}\boldsymbol{R}^{-1}\boldsymbol{B}^{\mathrm{T}}\boldsymbol{P})\boldsymbol{e}\\
&\quad+\frac{1}{2}\boldsymbol{e}^{\mathrm{T}}\hat{\boldsymbol{Q}}\boldsymbol{e}-\boldsymbol{e}^{\mathrm{T}}((((\boldsymbol{G}\boldsymbol{L}_1)^2+\boldsymbol{L}_1^{\mathrm{T}}\boldsymbol{G}^2\boldsymbol{L}_1)\otimes\boldsymbol{P}\boldsymbol{B})\\
&\quad\times(\boldsymbol{I}_{qN}-\mathrm{diag}\{\boldsymbol{\Gamma}_1(t),\cdots,\boldsymbol{\Gamma}_N(t)\})\boldsymbol{U}\\
&=-\frac{1}{2}(\boldsymbol{U}^{\mathrm{T}}+\boldsymbol{e}^{\mathrm{T}}(\boldsymbol{G}^{-1}\boldsymbol{L}_1^{-\mathrm{T}}\otimes\boldsymbol{K}^{\mathrm{T}})(\boldsymbol{I}_{qN}-\mathrm{diag}\{\boldsymbol{\Gamma}_1(t),\cdots,\boldsymbol{\Gamma}_N(t)\})^{-1})\\
&\quad\times\boldsymbol{\zeta}(\boldsymbol{U}+(\boldsymbol{I}_{qN}-\mathrm{diag}\{\boldsymbol{\Gamma}_1(t),\cdots,\boldsymbol{\Gamma}_N(t)\})^{-1}(\boldsymbol{L}_1^{-1}\boldsymbol{G}^{-1}\otimes\boldsymbol{K})\boldsymbol{e}).
\end{aligned}
\tag{4.1.17}
$$

由式(4.1.17)知, $\mathcal{H}(\boldsymbol{e},\boldsymbol{U})$是半负定的, 即$\mathcal{H}(\boldsymbol{e},\boldsymbol{U})\leqslant 0$. 当$\mathcal{H}(\boldsymbol{e},\boldsymbol{U})^*=0$时, 最优控制器形式为$\boldsymbol{U}=-(\boldsymbol{I}_{qN}-\mathrm{diag}\{\boldsymbol{\Gamma}_1(t),\cdots,\boldsymbol{\Gamma}_N(t)\})^{-1}(\boldsymbol{L}_1^{-1}\boldsymbol{G}^{-1}\otimes\boldsymbol{K})\boldsymbol{e}$.

接下来, 令$\mathcal{V}_2=\frac{1}{2}\boldsymbol{e}^{\mathrm{T}}((\boldsymbol{G}\boldsymbol{L}_1+\boldsymbol{L}_1^{\mathrm{T}}\boldsymbol{G})\otimes\boldsymbol{P})\boldsymbol{e}$, 其导数为

$$
\begin{aligned}
\dot{\mathcal{V}}_2=&\boldsymbol{e}^{\mathrm{T}}((\boldsymbol{G}\boldsymbol{L}_1+\boldsymbol{L}_1^{\mathrm{T}}\boldsymbol{G})\otimes\boldsymbol{P})((\boldsymbol{I}_N\otimes\boldsymbol{A})\boldsymbol{e}\\
&+(\boldsymbol{G}\boldsymbol{L}_1\otimes\boldsymbol{B})(\boldsymbol{I}_{qN}-\mathrm{diag}\{\boldsymbol{\Gamma}_1(t),\cdots,\boldsymbol{\Gamma}_N(t)\}))\boldsymbol{U}\\
=&-\boldsymbol{\lambda}^{\mathrm{T}}\mathcal{F}(\boldsymbol{e},\boldsymbol{U}).
\end{aligned}
\tag{4.1.18}
$$

然后根据式(4.1.17)和式(4.1.18), 得到:

$$
\dot{\mathcal{V}}_2=-\mathcal{H}(\boldsymbol{e},\boldsymbol{U})-\chi(\boldsymbol{e},\boldsymbol{U}).
$$

因此, 性能函数J满足

$$
\begin{aligned}
J&=\int_0^{\infty}\chi(\boldsymbol{e},\boldsymbol{U})\mathrm{dt}\\
&=-\int_0^{\infty}\dot{\mathcal{V}}_2\mathrm{dt}-\int_0^{\infty}\mathcal{H}(\mathrm{e},\mathrm{U})\mathrm{dt}\\
&\geqslant-\int_0^{\infty}\dot{\mathcal{V}}_2\mathrm{dt}.
\end{aligned}
$$

当$\mathcal{H}^*(\boldsymbol{e},\boldsymbol{U})=0$时, 得到最小性能指标$J^*=-\int_0^{\infty}\dot{\mathcal{V}}_2\mathrm{dt}$.

此外, 由于式(4.1.7)中的控制器, 使得$\lim\limits_{t\to\infty}\|\boldsymbol{\psi}\|=0$, 保证了误差系统(4.1.6)中的跟踪误差信号是渐进稳定的, 理想的性能指标可以解释为:

$$
J^*=\mathcal{V}_2(0)-\lim_{t\to\infty}\mathcal{V}_2=\mathcal{V}_2(0).
$$

其中, $\mathcal{V}_2$的初始值为$\mathcal{V}_2(0)$. 故定理的充分性证明完成.

综上, 定理证明完毕. □

注记 4.1.2　本节对多智能体系统的协同安全最优容错控制问题进行了研究, 文献 [27]在分布式优化控制方面取得了很好的效果. 但由于Laplacian矩阵与系统动力学的相互作用导致多智能体系统的分布式

最优容错控制比传统的单系统更加复杂. 它表现在三个方面: (1) 由单个系统研究的集中式优化问题不能推广到多个智能体系统中; (2)优化方程的求解往往需要全局交互拓扑信息; (3)含故障的优化控制必须结合故障信息才能完成优化. 为了克服这些困难,式(4.1.9) 通过指定一个新的线性二次性能指标式(4.1.4)来实现. 然后求解式(4.1.8)中的反馈增益$\boldsymbol{K}$. 根据代数Riccati方程, 定理4.1.1建立了分布式最优容错控制的充分必要条件.

注记 4.1.3 值得注意的是, 文献 [28]中使用的拓扑图是无向图, 即矩阵$\boldsymbol{L}_1$是对称的. 在本书中, 对于全局优化问题的求解, 拓扑图是有向图, 不要求矩阵$\boldsymbol{L}_1$是对称矩阵.

注记 4.1.4 根据定理4.1.1, 当系统矩阵参数已知时, 通过计算代数Riccati方程可以直接得到反馈增益$\boldsymbol{K}$. 对于未知的内部动力学, 利用在线计算算法迭代求解代数Riccati方程, 得到方程中的反馈增益.

4.1.4 基于自适应学习策略的控制增益迭代算法

由于前一部分设计的安全最优容错控制器依赖于多智能体系统模型参数, 但当系统模型参数未知时, 需要设计一种数据驱动的协同安全控制器设计方法来实现一致跟踪目标. 在本节中, 利用基于自适应学习技术, 无需对系统模型参数进行预先辨识, 通过迭代计算得到静态反馈增益$\boldsymbol{K}$. 首先, 我们假设存在一个稳定容许的控制增益$\boldsymbol{K}^0$. 接下来, 为了得到最优控制式(4.1.8)反馈增益矩阵, 通过构造满足式(4.1.9) 的对称正定矩阵$\boldsymbol{P}^k$, 利用$\boldsymbol{K}^{k+1}=\boldsymbol{R}^{-1}\boldsymbol{B}\boldsymbol{P}^k$, 得到$\boldsymbol{K}^{k+1}$. 当使用代数Riccati方程式(4.1.9)求解时, 矩阵$\boldsymbol{K}^{k+1}$ 最终将收敛到其目标值$\boldsymbol{K}^*$. 由于系统模型参数矩阵未知，故障$\boldsymbol{I}_q-\boldsymbol{\Gamma}_i(t)$可以改写为$\boldsymbol{\alpha}_i$. 为此, $\dot{\boldsymbol{e}}$可以写为:

$$\dot{\boldsymbol{e}}=(\boldsymbol{I}_N\otimes\boldsymbol{A}_k)\boldsymbol{e}+(\boldsymbol{I}_N\otimes\boldsymbol{B})((\boldsymbol{I}_N\otimes\boldsymbol{K}^k)\boldsymbol{e}+(\boldsymbol{G}\boldsymbol{L}_1\otimes\boldsymbol{I}_N)\boldsymbol{\alpha}\boldsymbol{U}),$$

其中$\boldsymbol{I}_N\otimes\boldsymbol{A}_k=\boldsymbol{I}_N\otimes\boldsymbol{A}-\boldsymbol{I}_N\otimes\boldsymbol{B}\boldsymbol{K}^k$. 那么,

$$\begin{aligned}&\boldsymbol{e}^{\mathrm{T}}(t+\rho t)\boldsymbol{P}^k\boldsymbol{e}(t+\rho t)-\boldsymbol{e}^{\mathrm{T}}(t)\boldsymbol{P}^k\boldsymbol{e}(t)\\&=-\int_t^{t+\rho t}\boldsymbol{e}^{\mathrm{T}}(\boldsymbol{I}_N\otimes\boldsymbol{Q}^k)\boldsymbol{e}\mathrm{d}\tau+2\int_t^{t+\rho t}((\boldsymbol{G}\boldsymbol{L}_1\otimes\boldsymbol{I}_N)\boldsymbol{\alpha}\boldsymbol{U}(\tau)\\&\quad+(\boldsymbol{I}_N\otimes\boldsymbol{K}^k\boldsymbol{e}))^{\mathrm{T}}(\boldsymbol{I}_N\otimes\boldsymbol{R}\boldsymbol{K}^{k+1})\boldsymbol{e}\mathrm{d}\tau,\end{aligned}\tag{4.1.19}$$

其中$\boldsymbol{I}_N\otimes\boldsymbol{Q}^k=\boldsymbol{I}_N\otimes\boldsymbol{Q}+\boldsymbol{I}_N\otimes\boldsymbol{K}^{k^{\mathrm{T}}}\boldsymbol{R}\boldsymbol{K}^k$. 接下来, (4.1.19) 式可以改写为:

$$\begin{aligned}&\boldsymbol{e}^{\mathrm{T}}(t+\rho t)\boldsymbol{P}^k\boldsymbol{e}(t+\rho t)-\boldsymbol{e}^{\mathrm{T}}(t)\boldsymbol{P}^k\boldsymbol{e}(t)\\&=-\boldsymbol{I}_{ee}\mathrm{vec}(\boldsymbol{I}_N\otimes\boldsymbol{Q}^k)+2\boldsymbol{I}_{eU}(\boldsymbol{I}_{Np}\otimes(\boldsymbol{L}\boldsymbol{G}\otimes\boldsymbol{R}))\mathrm{vec}((\boldsymbol{I}_N\otimes\boldsymbol{K}^{k+1})\boldsymbol{\alpha})\\&\quad+2\boldsymbol{I}_{ee}(\boldsymbol{I}_{Np}\otimes(\boldsymbol{I}_N\otimes\boldsymbol{K}^{k^{\mathrm{T}}}\boldsymbol{R}))\mathrm{vec}(\boldsymbol{I}_N\otimes\boldsymbol{K}^{k+1}),\end{aligned}$$

然后, $\hat{\boldsymbol{P}} \in \mathbb{R}^{\frac{1}{2}n(n+1)}$ 和$\bar{\boldsymbol{e}}_i \in \mathbb{R}^{\frac{1}{2}n(n+1)}$ 定义为:

$$\hat{\boldsymbol{P}} = [P_{11}, 2P_{12}, \cdots, 2P_{1n}, P_{22}, 2P_{23}, \cdots, 2P_{(n-1)n}, P_{nn}]^{\mathrm{T}},$$

$$\bar{\boldsymbol{e}} = [e_1^2, e_1e_2, \cdots, e_1e_n, e_2^2, e_2e_3, \cdots, e_{n-1}e_n, e_n^2]^{\mathrm{T}}.$$

此外, 对于$0 \leqslant t_0 < t_1 < \cdots < t_m$, $\boldsymbol{\delta}_{ee}, \boldsymbol{I}_{ee}, \boldsymbol{I}_{eU}$ 有如下含义:

$$\boldsymbol{\delta}_{ee} = [\bar{\boldsymbol{e}}(t_1) - \bar{\boldsymbol{e}}(t_0), \bar{\boldsymbol{e}}(t_2) - \bar{\boldsymbol{e}}(t_1), \cdots, \bar{\boldsymbol{e}}(t_m) - \bar{\boldsymbol{e}}(t_{m-1})]^{\mathrm{T}},$$

$$\boldsymbol{I}_{ee} = [\int_{t_0}^{t_1} \boldsymbol{e} \otimes \boldsymbol{e} \mathrm{d}\tau, \int_{t_1}^{t_2} \boldsymbol{e} \otimes \boldsymbol{e} \mathrm{d}\tau, \cdots, \int_{t_{m-1}}^{t_m} \boldsymbol{e} \otimes \boldsymbol{e} \mathrm{d}\tau]^{\mathrm{T}},$$

$$\boldsymbol{I}_{eU} = [\int_{t_0}^{t_1} \boldsymbol{e} \otimes \boldsymbol{U} \mathrm{d}\tau, \int_{t_1}^{t_2} \boldsymbol{e} \otimes \boldsymbol{U} \mathrm{d}\tau, \cdots, \int_{t_{m-1}}^{t_m} \boldsymbol{e} \otimes \boldsymbol{U} \mathrm{d}\tau]^{\mathrm{T}}.$$

因此, 对于任意给定的稳定矩阵式$\boldsymbol{K}^k$, 式(4.1.20)推导如下:

$$\boldsymbol{\Upsilon}^k \begin{bmatrix} \mathrm{vec}(\boldsymbol{I}_N \otimes \hat{\boldsymbol{P}}^k) \\ \mathrm{vec}((\boldsymbol{I}_N \otimes \boldsymbol{K}^{k+1})\boldsymbol{\alpha}) \\ \mathrm{vec}(\boldsymbol{I}_N \otimes \boldsymbol{K}^{k+1}) \end{bmatrix} = \boldsymbol{\Lambda}^k, \tag{4.1.20}$$

其中$\boldsymbol{\Upsilon}^k \in \mathbb{R}^{m \times [\frac{1}{2}Nn(n+1)+qn]}$和$\boldsymbol{\Lambda}^k \in \mathbb{R}^m$分别为:

$$\boldsymbol{\Upsilon}^k = [\boldsymbol{\delta}_{ee} \quad \boldsymbol{\Phi} \quad \boldsymbol{\varpi}], \boldsymbol{\Lambda}^k = -\boldsymbol{I}_{ee}\mathrm{vec}(\boldsymbol{I}_N \otimes \boldsymbol{Q}^k),$$

并且定义$\boldsymbol{\Phi}$和$\boldsymbol{\varpi}$为:

$$\boldsymbol{\Phi} = -2\boldsymbol{I}_{eU}(\boldsymbol{I}_{Np} \otimes (\boldsymbol{L}_1^{\mathrm{T}}\boldsymbol{G} \otimes \boldsymbol{R})),$$

$$\boldsymbol{\varpi} = -2\boldsymbol{I}_{ee}(\boldsymbol{I}_{Np} \otimes (\boldsymbol{I}_N \otimes \boldsymbol{K}^{k^{\mathrm{T}}}\boldsymbol{R})).$$

假设$\boldsymbol{\Upsilon}^k$是满列秩, 式(4.1.20)由下式得到:

$$\begin{bmatrix} \mathrm{vec}(\boldsymbol{I}_N \otimes \hat{\boldsymbol{P}}^k) \\ \mathrm{vec}((\boldsymbol{I}_N \otimes \boldsymbol{K}^{k+1})\boldsymbol{\alpha}) \\ \mathrm{vec}(\boldsymbol{I}_N \otimes \boldsymbol{K}^{k+1}) \end{bmatrix} = (\boldsymbol{\Upsilon}^{k^{\mathrm{T}}}\boldsymbol{\Upsilon}^k)^{-1}\boldsymbol{\Upsilon}^{k^{\mathrm{T}}}\boldsymbol{\Lambda}^k. \tag{4.1.21}$$

可见, 式(4.1.21)起到了式(4.1.9)的作用. 这种情况下不再需要矩阵$\boldsymbol{A}$和$\boldsymbol{B}$的知识. 接下来, 我们将以上设计方法归纳成如下控制算法.

算法 4.1.1　控制增益矩阵$\boldsymbol{K}$和控制器$\boldsymbol{U}$的设计算法

步骤1. 令分布式最优容错控制器$\boldsymbol{U} = -\boldsymbol{\alpha}^{-1}(\boldsymbol{L}_1^{-1}\boldsymbol{G}^{-1} \otimes \boldsymbol{K}^0)e$, 作为周期区间$[t_0, t_m]$的输入, 其中$\boldsymbol{K}^0$是稳定的. 计算$\boldsymbol{\delta}_{ee}, \boldsymbol{I}_{ee}$ 和$\boldsymbol{I}_{eU}$, 直到满足式(4.1.22)规定的秩要求. 假设$k = 0$.

步骤2. $\boldsymbol{P}^k$和$\boldsymbol{K}^{k+1}$ 采用式(4.1.21)计算得出.

步骤3. 当$k \geqslant 1$时, $\|\boldsymbol{P}^k - \boldsymbol{P}^{k-1}\| > \varepsilon$, 其中常数$\varepsilon > 0$ 表示预定的小阈值, 则令$k = k+1$, 重复步骤2.

否则.

步骤4. 从式(4.1.21)中输出$\boldsymbol{P} = \boldsymbol{P}^k$和$\boldsymbol{K} = \boldsymbol{K}^{k+1}$.

步骤5. 利用$\boldsymbol{U} = -\boldsymbol{\alpha}^{-1}(\boldsymbol{L}_1^{-1}\boldsymbol{G}^{-1} \otimes \boldsymbol{K})\boldsymbol{e}$作为反馈控制策略的近似值.

结束.

注记 4.1.5 为了保证上面算法4.1.1的收敛性. 假设存在整数$m_0 > 0$, 则对于任意常数$m > m_0$, 可知

$$\operatorname{rank}([\boldsymbol{I}_{ee}, \boldsymbol{I}_{eU}, \boldsymbol{I}_{ee}]) = \frac{1}{2}Nn(n+1) + qn, \tag{4.1.22}$$

那么, 对于任意$\boldsymbol{K} \in \mathbb{Z}_+$, $\boldsymbol{\Upsilon}^k$具有列满秩.

注记 4.1.6 本注释简要证明了注4.1.5的秩的条件保证算法2.2.1的收敛性. 这相当于证明下面的线性方程

$$\boldsymbol{\Upsilon}^k \boldsymbol{X} = 0 \tag{4.1.23}$$

有唯一的平凡解$\boldsymbol{X} = 0$. 用反证法证明. 假设$\boldsymbol{X} = [\boldsymbol{Y}_V^{\mathrm{T}} \quad \boldsymbol{Z}_V^{\mathrm{T}} \quad \boldsymbol{E}_V^{\mathrm{T}}] \in \mathcal{R}^{\frac{1}{2}n(n+1)+qn}$是式(4.1.23) 的非零解. 其中$\boldsymbol{Y}_V \in \mathbb{R}^{\frac{1}{2}n(n+1)}$, $\boldsymbol{Z}_V \in \mathbb{R}^{qn}$和$\boldsymbol{E}_V \in \mathbb{R}^{qn}$. 则可以唯一确定对称矩阵$\boldsymbol{Y} \in \mathbb{R}^{n\times n}$, $\boldsymbol{Z} \in \mathbb{R}^{q\times n}$和$\boldsymbol{E} \in \mathbb{R}^{q\times n}$ 使得$\hat{\boldsymbol{Y}} = \boldsymbol{Y}_V$, $\operatorname{vec}(\boldsymbol{Z}) = \boldsymbol{Z}_V$和$\operatorname{vec}(\boldsymbol{E}) = \boldsymbol{E}_V$.

通过式(4.1.19), 可以得到

$$\begin{aligned}
\boldsymbol{\Upsilon}^k \boldsymbol{X} =& \boldsymbol{\delta}_{ee}\boldsymbol{Y} - 2\boldsymbol{I}_{eU}(\boldsymbol{I}_{Np} \otimes (\boldsymbol{L}_1^{\mathrm{T}}\boldsymbol{G} \otimes \boldsymbol{R}))\boldsymbol{Z} - 2\boldsymbol{I}_{ee}(\boldsymbol{I}_{Np} \otimes (\boldsymbol{I}_N \otimes \boldsymbol{K}^{k^{\mathrm{T}}}\boldsymbol{R}))\boldsymbol{E} \\
=& \int_t^{t+\rho t} \boldsymbol{e}^{\mathrm{T}}(\boldsymbol{I}_N \otimes \boldsymbol{A}_k^{\mathrm{T}})\boldsymbol{Y}\boldsymbol{e} + \boldsymbol{e}^{\mathrm{T}}\boldsymbol{Y}(\boldsymbol{I}_N \otimes \boldsymbol{A}_k)\boldsymbol{e} \\
& + (2\boldsymbol{e}^{\mathrm{T}}(\boldsymbol{I}_N \otimes \boldsymbol{K}^{k^{\mathrm{T}}})(\boldsymbol{I}_N \otimes \boldsymbol{B}^{\mathrm{T}})\boldsymbol{e} + 2\boldsymbol{U}^{\mathrm{T}}\boldsymbol{\alpha}(\boldsymbol{L}_1^{\mathrm{T}}\boldsymbol{G} \otimes \boldsymbol{R})(\boldsymbol{I}_N \otimes \boldsymbol{B}^{\mathrm{T}})\boldsymbol{e})\boldsymbol{Y} \\
& - 2\boldsymbol{U}^{\mathrm{T}}(\boldsymbol{L}_1^{\mathrm{T}}\boldsymbol{G} \otimes \boldsymbol{R})\boldsymbol{e}\boldsymbol{Z} - 2\boldsymbol{e}^{\mathrm{T}}(\boldsymbol{I}_N \otimes \boldsymbol{K}^{k^{\mathrm{T}}}\boldsymbol{R})\boldsymbol{e}\boldsymbol{E}\mathrm{d}\tau \\
=& \boldsymbol{I}_{ee}\operatorname{vec}(\boldsymbol{M}) + 2\boldsymbol{I}_{eU}(\boldsymbol{I}_{Np} \otimes (\boldsymbol{L}_1^{\mathrm{T}}\boldsymbol{G} \otimes \boldsymbol{R}))\operatorname{vec}(\boldsymbol{N}) \\
& + 2\boldsymbol{I}_{ee}(\boldsymbol{I}_{Np} \otimes (\boldsymbol{I}_N \otimes \boldsymbol{K}^{k^{\mathrm{T}}}\boldsymbol{R}))\operatorname{vec}(\boldsymbol{S}),
\end{aligned} \tag{4.1.24}$$

其中

$$\boldsymbol{M} = (\boldsymbol{I}_N \otimes \boldsymbol{A}_k^{\mathrm{T}})\boldsymbol{Y} + \boldsymbol{Y}(\boldsymbol{I}_N \otimes \boldsymbol{A}_k) + (\boldsymbol{I}_N \otimes \boldsymbol{K}^{k^{\mathrm{T}}})((\boldsymbol{I}_N \otimes \boldsymbol{B}^{\mathrm{T}})\boldsymbol{Y}$$

$$
\begin{aligned}
&-(\boldsymbol{I}_N\otimes\boldsymbol{R})\boldsymbol{E})+(\boldsymbol{E}^{\mathrm{T}}(\boldsymbol{I}_N\otimes\boldsymbol{R})-\boldsymbol{Y}(\boldsymbol{I}_N\otimes\boldsymbol{B}^{\mathrm{T}}))(\boldsymbol{I}_N\otimes\boldsymbol{K}^k),\\
\boldsymbol{N}=&(\boldsymbol{I}_N\otimes\boldsymbol{B}^{\mathrm{T}})\boldsymbol{Y}-(\boldsymbol{I}_N\otimes\boldsymbol{R})\boldsymbol{Z},\\
\boldsymbol{S}=&\boldsymbol{\alpha}(\boldsymbol{I}_N\otimes\boldsymbol{B}^{\mathrm{T}})\boldsymbol{Y}-(\boldsymbol{I}_N\otimes\boldsymbol{B}^{\mathrm{T}})\boldsymbol{Y}.
\end{aligned}
$$

根据矩阵$\boldsymbol{M}$是对称的, 有

$$
\boldsymbol{I}_{ee}\mathrm{vec}(\boldsymbol{M})=\boldsymbol{I}_{\bar{\boldsymbol{e}}}\hat{\boldsymbol{M}},
$$

$$
\boldsymbol{I}_{\bar{\boldsymbol{e}}_i}=[\int_{t_0}^{t_1}\bar{\boldsymbol{e}}_i\mathrm{d}\tau,\int_{t_1}^{t_2}\bar{\boldsymbol{e}}_i\mathrm{d}\tau,\cdots,\int_{t_{m-1}}^{t_m}\bar{\boldsymbol{e}}_i\mathrm{d}\tau]^{\mathrm{T}}.
$$

由式(4.1.23)和(4.1.24), 可以进一步得到以下线性方程的矩阵形式:

$$
\left[\boldsymbol{I}_{\bar{\boldsymbol{e}}_i},2\boldsymbol{I}_{eU}(\boldsymbol{I}_{Np}\otimes(\boldsymbol{L}_1^{\mathrm{T}}\boldsymbol{G}\otimes\boldsymbol{R})),2\boldsymbol{I}_{ee}(\boldsymbol{I}_N\otimes\boldsymbol{K}^{k^{\mathrm{T}}})\boldsymbol{R}\right]\begin{bmatrix}\hat{\boldsymbol{M}}\\ \mathrm{vec}(\boldsymbol{N})\\ \mathrm{vec}(\boldsymbol{S})\end{bmatrix}=0. \quad (4.1.25)
$$

根据秩条件(4.1.22), 我们知道$[\boldsymbol{I}_{\bar{\boldsymbol{e}}_i},2\boldsymbol{I}_{eU}(\boldsymbol{I}_{Np}\otimes(\boldsymbol{L}_1^{\mathrm{T}}\boldsymbol{G}\otimes\boldsymbol{R})),2\boldsymbol{I}_{ee}(\boldsymbol{I}_N\otimes\boldsymbol{K}^{k^{\mathrm{T}}})\boldsymbol{R}]$ 必须为列满秩. 因此, 式(4.1.25)有唯一的解$\hat{\boldsymbol{M}}=0$, $\mathrm{vec}(\boldsymbol{N})=0$和$\mathrm{vec}(\boldsymbol{S})=0$. 也就是说$\boldsymbol{M}=0$, $\boldsymbol{N}=0$ 和$\boldsymbol{S}=0$. 因此根据$\boldsymbol{N}=(\boldsymbol{I}_N\otimes\boldsymbol{B}^{\mathrm{T}})\boldsymbol{Y}-(\boldsymbol{I}_N\otimes\boldsymbol{R})\boldsymbol{Z}$得$\boldsymbol{Z}=(\boldsymbol{I}_N\otimes\boldsymbol{R}^{-1}\boldsymbol{B}^{\mathrm{T}})\boldsymbol{Y}$. $\boldsymbol{M}$ 可以化简为$\boldsymbol{A}_k^{\mathrm{T}}\boldsymbol{Y}+\boldsymbol{Y}\boldsymbol{A}_k=0$. 由于$\boldsymbol{A}_k$对所有$k\in\mathbb{Z}_+$都是Hurwitz的, $\boldsymbol{A}_k^{\mathrm{T}}\boldsymbol{Y}+\boldsymbol{Y}\boldsymbol{A}_k=0$的唯一解是$\boldsymbol{Y}=0$, 最后可以知道$\boldsymbol{Z}=0$和$\boldsymbol{E}=0$.

综上, 得出$\boldsymbol{X}=0$但它与假设的$\boldsymbol{X}\neq0$相矛盾. 因此, 对所有$k\in\mathbb{Z}_+$, $\boldsymbol{\Upsilon}^k$必须具有列满秩时线性方程有唯一解, 可保证算法1 的收敛性.

注记 4.1.7 为了只利用系统的输入和状态信息来计算分布式最优容错控制器, 利用算子$\hat{\boldsymbol{P}}$和控制器增益$\boldsymbol{K}^{k+1}=\boldsymbol{R}^{-1}\boldsymbol{B}\boldsymbol{P}^k$ 将代数Riccati 方程式(4.1.9) 改写为式(4.1.20). 此外, 如果上述秩条件成立, 则式(4.1.20)等价于式(4.1.21). 然后直接求解式(4.1.21)得到控制器增益. 则$\hat{\boldsymbol{P}}^k$ 序列和$\boldsymbol{K}^{k+1}$是收敛的, 即$\lim\limits_{k\to\infty}\boldsymbol{K}^k=\boldsymbol{K}^*$, $\lim\limits_{k\to\infty}\boldsymbol{P}^{k-1}=\boldsymbol{P}^*$, 保证了算法4.1.1的收敛性.

4.1.5 算例仿真

在本节中, 我们通过实例证明了上述方法的有效性.采用文献 [26]中描述的单个Chua的电路的数学模型

$$
C_1\dot{z}_1(t)=\frac{1}{v}(-z_1+z_2)-f(z_1),
$$

$$C_2\dot{z}_2(t)=\frac{1}{v}(z_1-z_2)+i_3,$$

$$L\dot{i}_3(t)=-(z_2+v_0i_3),$$

其中$z_1,z_2,C_1,C_2,i_3,L,v_0$ 和v的描述见文献 [26]. 流过线性电阻$\boldsymbol{N}_v$ 的电流记为f_{z_1}和$f_{z_1}=G_{b1}z_1+0.5(G_{a1}-G_{b1})(\mid z_1+1\mid-\mid z_1-1\mid)$为分段线性函数, 其中$G_{a1}$ 和G_{b1}的值将在后文中选取.

图4.1为本节的通讯拓扑图, 该系统的Laplacian矩阵为:

$$\boldsymbol{L}_1=\begin{bmatrix}1&0&0&0&0\\-1&1&0&0&0\\0&-1&1&0&0\\0&0&-1&1&0\\0&0&0&-1&1\end{bmatrix}$$

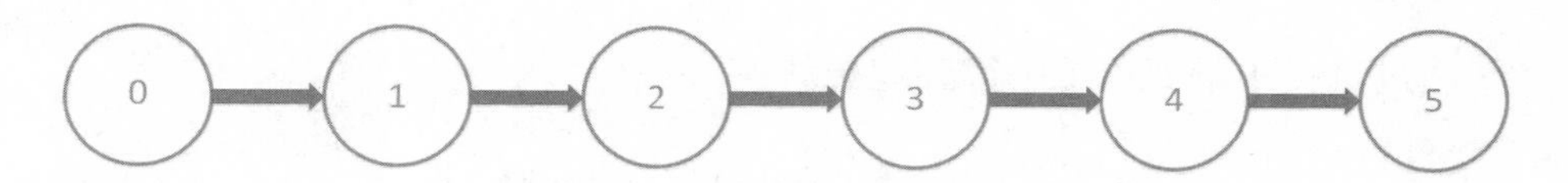

图 4.1 系统通信拓扑图

与文献 [26]类似, 输入信号包括两个与电容C_1和C_2串联的电流源, 网络系统的定义如下:

$$\begin{bmatrix}\dot{x}_{i1}\\\dot{x}_{i2}\\\dot{x}_{i3}\end{bmatrix}=\begin{bmatrix}-p&p&0\\q&-q&r\\0&-v&-z\end{bmatrix}\begin{bmatrix}x_{i1}\\x_{i2}\\x_{i3}\end{bmatrix}+\begin{bmatrix}1&0&0\\0&1&0\\0&0&1\end{bmatrix}\begin{bmatrix}u_{i1}\\u_{i2}\\u_{i3}\end{bmatrix}$$

其中$x_{i1}=z_{i1},x_{i2}=z_{i2},x_{i3}=z_{i3},p=\frac{1}{vC_1},q=\dfrac{1}{vC_2},r=\dfrac{1}{C_2},z=\dfrac{1}{L},d=\dfrac{v_0}{L}$, $i=1,2,4,5$. 这里我们假设智能体3存在故障, 故障形式为$\boldsymbol{\Gamma}_3=0.5\cdot I_3$. 当$i=3$ 时, 系统模型表示为:

$$\begin{bmatrix}\dot{x}_{i1}\\\dot{x}_{i2}\\\dot{x}_{i3}\end{bmatrix}=\begin{bmatrix}-p&p&0\\q&-q&r\\0&-v&-z\end{bmatrix}\begin{bmatrix}x_{i1}\\x_{i2}\\x_{i3}\end{bmatrix}+\begin{bmatrix}1&0&0\\0&1&0\\0&0&1\end{bmatrix}\begin{bmatrix}0.5&0&0\\0&0.5&0\\0&0&0.5\end{bmatrix}\begin{bmatrix}u_{i1}\\u_{i2}\\u_{i3}\end{bmatrix}$$

系统参数选取为$p=30,q=0.05,r=10,G_{b1}=-0.7559$, $G_{a1}=-1.39386$, $z=10$ 和$v=0.001$. 在数据收集过程中, 选取矩阵$\boldsymbol{Q}_i=\boldsymbol{I}_{3\times3}$, $\boldsymbol{R}_i=\boldsymbol{I}_{3\times3}$. 当满足截止条件$\varepsilon=10^{-6}$ 时, 每个节点的矩阵$\boldsymbol{K}_i$收敛到其预测值$\boldsymbol{K}^*$, 即算法4.1.1. 更具体地说, 由算法4.1.1 得到第k次迭代的增益矩阵$\boldsymbol{K}_i^k$,即

$$\boldsymbol{K}_1^k=\begin{bmatrix}0.0396&0.0001&0.0007\\0.0001&0.0402&-0.0012\\0.0007&-0.0012&0.0259\end{bmatrix},$$

$$\boldsymbol{K}_2^k=\begin{bmatrix}0.0426 & -0.0007 & 0.0002\\ -0.0007 & 0.0423 & -0.0002\\ 0.0002 & -0.0002 & 0.0418\end{bmatrix},$$

$$\boldsymbol{K}_3^k=\begin{bmatrix}0.0682 & -0.0009 & 0.0002\\ -0.0009 & 0.0678 & -0.0002\\ 0.0002 & -0.0002 & 0.0671\end{bmatrix},$$

$$\boldsymbol{K}_4^k=\begin{bmatrix}0.0425 & -0.0005 & 0.0001\\ -0.0005 & 0.0422 & -0.0001\\ 0.0001 & -0.0001 & 0.0418\end{bmatrix},$$

$$\boldsymbol{K}_5^k=\begin{bmatrix}0.0315 & -0.0002 & 0.0000\\ -0.0002 & 0.0314 & -0.0000\\ 0.0000 & -0.0000 & 0.0313\end{bmatrix}.$$

通过直接求解式(4.1.9)得到理想解：

$$\boldsymbol{K}_1^*=\begin{bmatrix}0.0394 & 0.0003 & 0.0007\\ 0.0003 & 0.0400 & -0.0012\\ 0.0007 & -0.0012 & 0.0259\end{bmatrix},$$

$$\boldsymbol{K}_2^*=\begin{bmatrix}0.0156 & 0.3162 & 0.0191\\ 0.0130 & 0.3162 & 0.0191\\ 0.0038 & 0.0191 & 0.3186\end{bmatrix},$$

$$\boldsymbol{K}_3^*=\begin{bmatrix}0.0147 & 0.0110 & 0.0029\\ 0.0110 & 0.1638 & 0.0153\\ 0.0029 & 0.0153 & 0.1597\end{bmatrix},$$

$$\boldsymbol{K}_4^*=\begin{bmatrix}0.0143 & 0.0102 & 0.0026\\ 0.0102 & 0.1312 & 0.0134\\ 0.0026 & 0.0134 & 0.1250\end{bmatrix},$$

$$\boldsymbol{K}_5^*=\begin{bmatrix}0.0139 & 0.0095 & 0.0023\\ 0.0095 & 0.1093 & 0.0117\\ 0.0023 & 0.0117 & 0.1018\end{bmatrix}.$$

如图4.2–图4.6所示, 5个节点的迭代策略分别在迭代5、5、8、5、5次后收敛. 可以看出, 当$\|\boldsymbol{P}^k-\boldsymbol{P}^{k-1}\|\leqslant 10^{-6}$时, $\boldsymbol{K}_i$ 收敛于其最优值. 此外, 图4.7至图4.9展示了领导者和五个跟随者的状态轨迹, 由图可知, 即使存在故障, 每个跟随者仍然可以跟随领导者. 状态同步误差如图4.10至图4.14所示. 输入和状态是有界的, 如图4.10至图4.14 所示, 状态同步误差收敛到零, 表明所提分布式最优容错控制器方法的有效性.

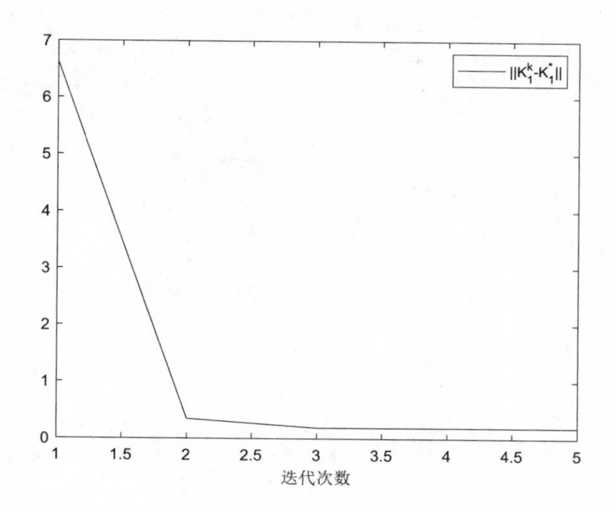

图 4.2 $\boldsymbol{K}_1^k$学习达到期望值$\boldsymbol{K}_1^*$

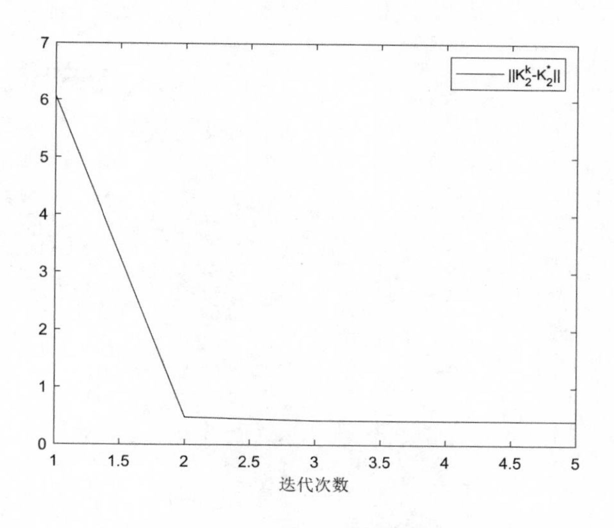

图 4.3 $\boldsymbol{K}_2^k$学习达到期望值$\boldsymbol{K}_2^*$

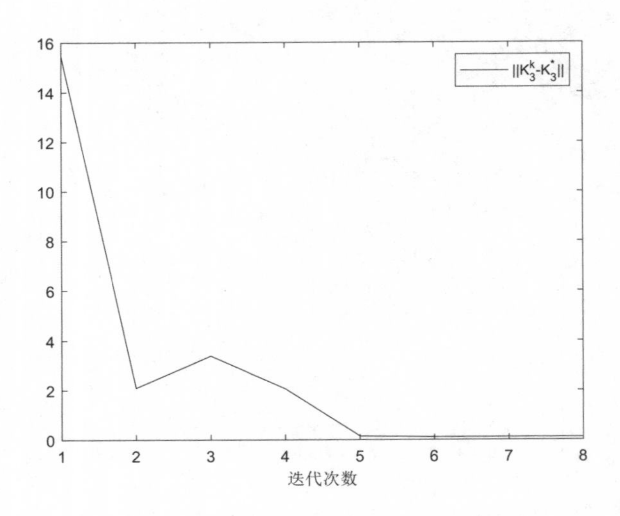

图 4.4 $\boldsymbol{K}_3^k$学习达到期望值$\boldsymbol{K}_3^*$

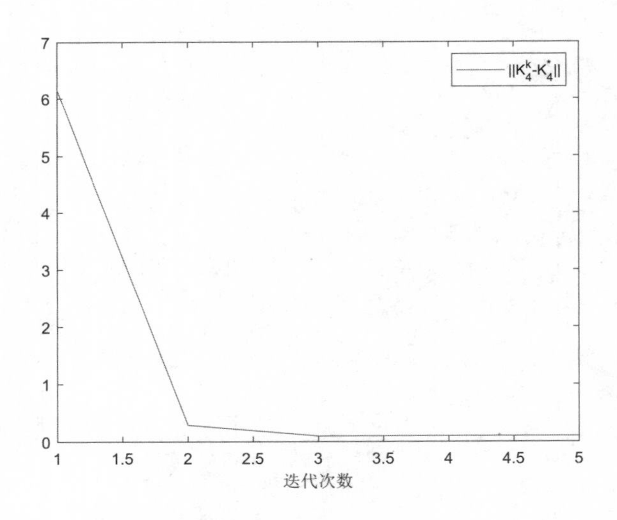

图 4.5 $\boldsymbol{K}_4^k$学习达到期望值$\boldsymbol{K}_4^*$

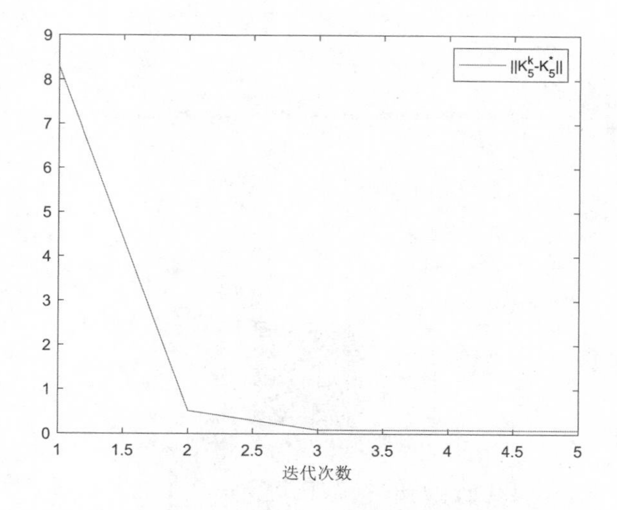

图 4.6 $\boldsymbol{K}_5^k$学习达到期望值$\boldsymbol{K}_5^*$

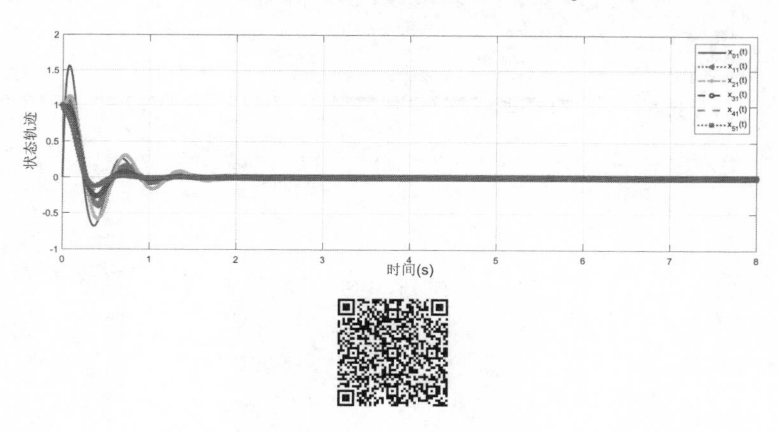

图 4.7 $x_{i1}(t)$的状态轨迹,$i=0,1,2,\cdots,5$

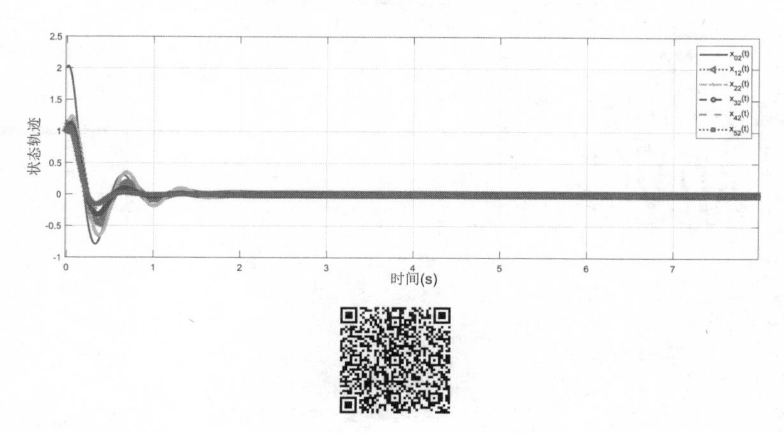

图 4.8 $x_{i2}(t)$的状态轨迹,$i=0,1,2,\cdots,5$

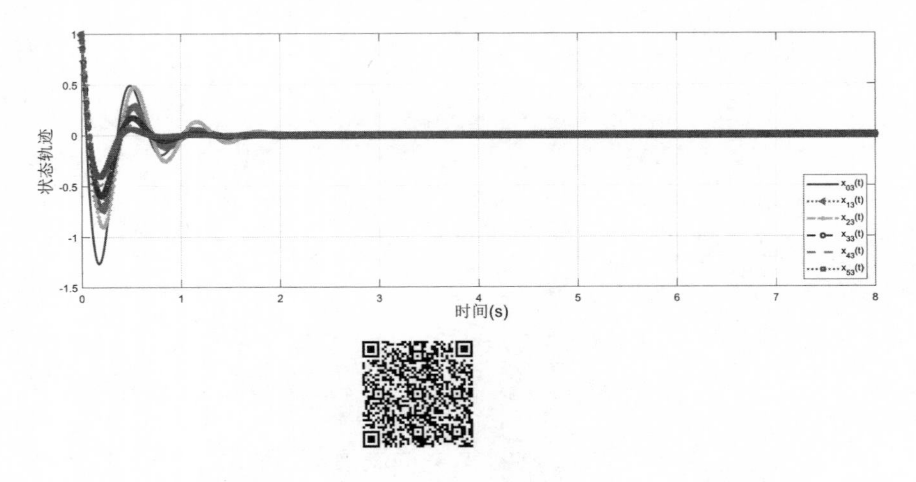

图 4.9 $x_{i3}(t)$的状态轨迹,$i = 0, 1, 2, \cdots, 5$

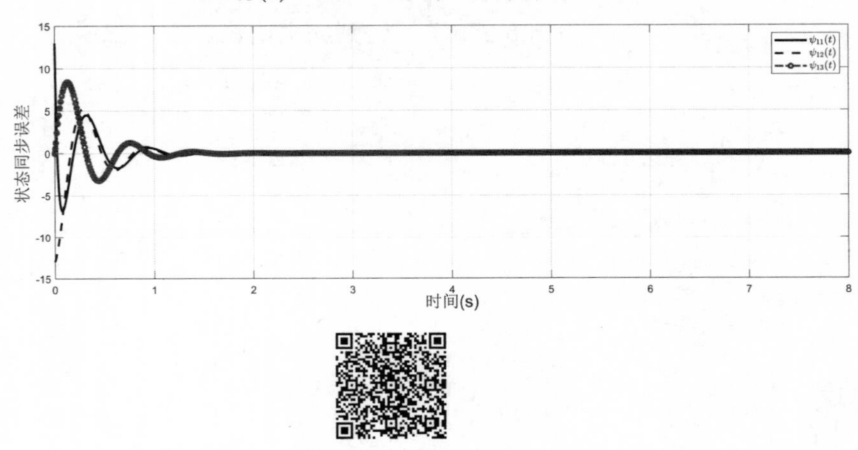

图 4.10 节点1的同步误差

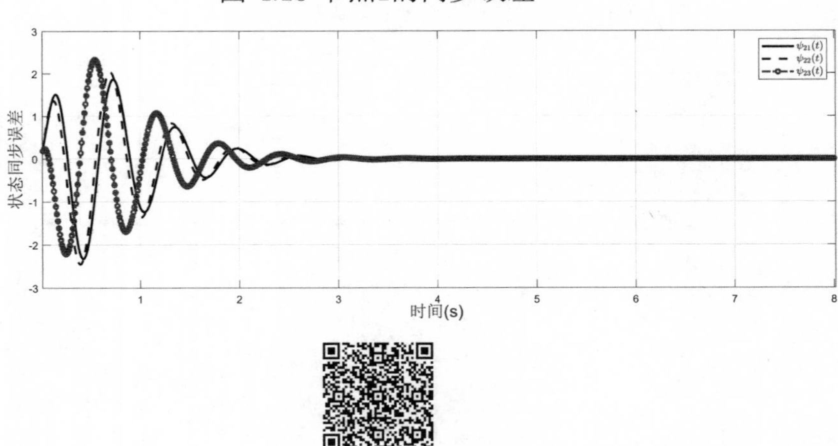

图 4.11 节点2的同步误差

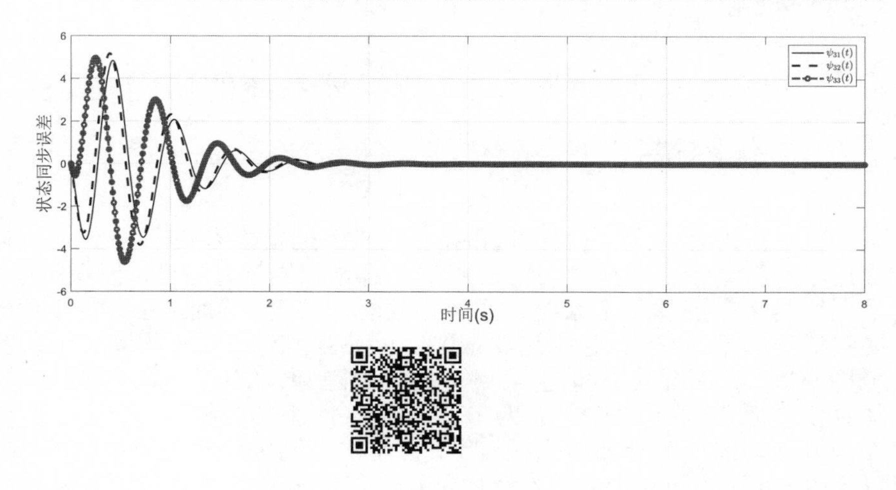

图 4.12 节点3的同步误差

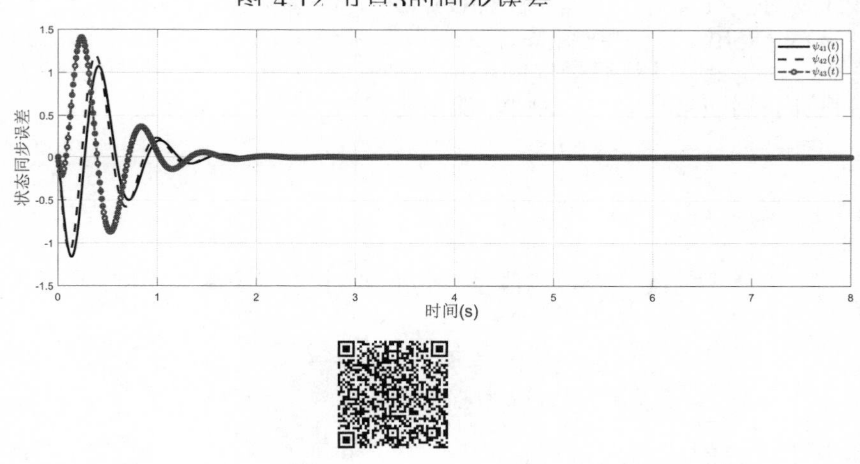

图 4.13 节点4的同步误差

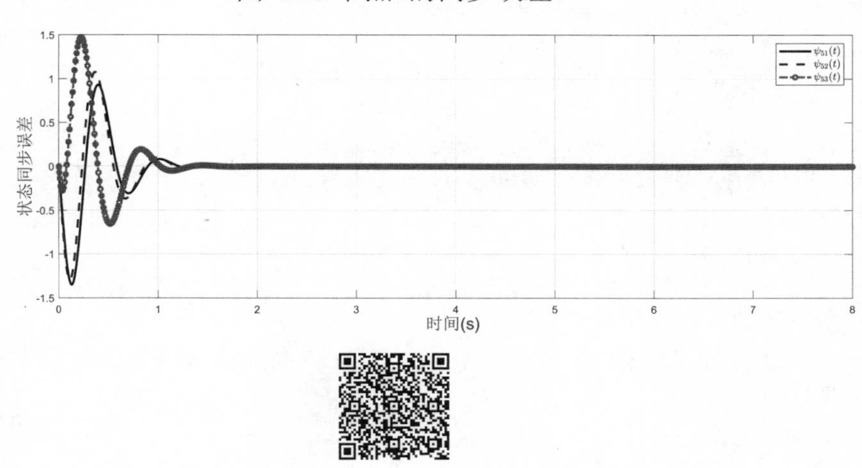

图 4.14 节点5的同步误差

4.2 DoS攻击下模型未知多智能体系统的协同安全最优容错控制

在上节内容中, 针对固定通讯拓扑条件下的模型参数未知多智能体系统, 提出了一种基于自适应学习的协同安全容错控制设计方法. 但众所周知, 通信网络是多智能体各子系统之间传递信息的关键. 然而, 由于多智能体系统网络通讯的不可靠性, 包括通讯故障、网络DoS攻击以及环境和传感器测量范围限制, 子系统故障和通信故障(网络故障)频繁发生, 将严重影响多智能体系统的正常运行. 在本节中, 在有向切换网络拓扑结构下, 针对系统模型参数未知的线性多智能体系统, 当子智能体系统执行器故障和DoS攻击同时发生时, 设计协同安全最优容错控制算法保证多智能体系统达到领导跟随一致跟踪并优化合作二次型性能指标. 进一步, 基于数据驱动的自适应动态规划方法, 提出了一种利用系统状态和输入信息的自学习迭代算法来求解代数Riccati方程, 以获得最优的反馈控制器增益, 然后通过导出的静态反馈增益设计自适应最优容错控制器, 保证协同二次型性能指标最优.

4.2.1 多智能体系统模型与问题描述

本节考虑的线性多智能体系统与4.1节中的系统模型相同, 其动力学方程为

$$\begin{aligned} \dot{\boldsymbol{x}}_0(t) &= \boldsymbol{A}\boldsymbol{x}_0(t), \\ \dot{\boldsymbol{x}}_i(t) &= \boldsymbol{A}\boldsymbol{x}_i(t) + \boldsymbol{B}\boldsymbol{u}_i(t), \quad i = 1, \cdots, N, \end{aligned} \tag{4.2.1}$$

其中领导者的状态向量为$\boldsymbol{x}_0(t) \in \mathbb{R}^n$, 跟随子系统$i$ 的状态为$\boldsymbol{x}_i(t) \in \mathbb{R}^n$, $\boldsymbol{u}_i(t) \in \mathbb{R}^q$ 表示跟随子系统的控制输入. 对于适当维数的矩阵$\boldsymbol{A}$和$\boldsymbol{B}$, 假设$(\boldsymbol{A}, \boldsymbol{B})$是可正定的. 假设第$i$个跟随子系统发生的执行器故障模型描述为:

$$u_{i,h}^F(t) = (1 - \Gamma_{i,h}(t))u_{i,h}(t).$$

其中, $h = 1, 2, \cdots, q$表示第i个智能体的第h个执行器, 执行器的输入信号记为$u_{i,h}(t)$, $u_{i,h}^F(t)$ 表示执行器的故障输出信号, $\Gamma_{i,h}(t)$ 为未知的连续有界故障失效因子, 满足$0 < \underline{\Gamma}_{i,h} \leqslant \Gamma_{i,h}(t) \leqslant \overline{\Gamma}_{i,h} \leqslant 1$, $\overline{\Gamma}_{i,h}$ 和$\underline{\Gamma}_{i,h}$ 分别代表$\Gamma_{i,h}(t)$的上界与下界. 特别地

(1) $\Gamma_{i,h}(t) = 0$ 表示执行器没有故障, 即第i个智能体的第h 个执行器是健康的或正常的.

(2) $0 < \underline{\Gamma}_{i,h} \leqslant \Gamma_{i,h}(t) \leqslant \overline{\Gamma}_{i,h} < 1$ 表示第i个智能体的第h个执行器发生部分失效故障.

令

$$\boldsymbol{u}_i^F(t) = [u_{i,1}^F(t), u_{i,2}^F(t), \cdots, u_{i,q}^F(t)]^{\mathrm{T}},$$

$$\boldsymbol{\Gamma}_i(t) = \mathrm{diag}\{\Gamma_{i,1}(t), \Gamma_{i,2}(t), \cdots, \Gamma_{i,q}(t)\}.$$

因此, 执行器故障模型的统一形式为:

$$\boldsymbol{u}_i^F(t)=(\boldsymbol{I}_q-\boldsymbol{\Gamma}_i(t))\boldsymbol{u}_i(t). \tag{4.2.2}$$

与上节讨论的情况不同, 在本节中我们考虑通讯拓扑为时变的情况. 令图$\bar{\mathcal{G}}(t)$ 表示$N+1$个智能体系统构成的时变通讯拓扑有向图, 我们假定通信拓扑仅仅在离散时间处出现变动, 具体的来说, 令$t_1,t_2,\cdots$ 为网络拓扑的切换时刻.

假设 4.2.1 通讯拓扑图$\{\mathcal{G}_p:p\in\mathcal{P}\}$在时间区间$t\in[t_0,t_1)\cup[t_m^f,t_m^{f+1})$, $m=0,1,2,\cdots$, $f=1,2,\cdots,l_{m-1}$ 是固定且连通的. 所有跟随者节点的子图都是有向的, 且领导者至少有一条到任意跟随者的有效路径.

根据假设4.2.1, 可以知道$\boldsymbol{L}_{1p}(p\in\mathcal{P})$ 是非奇异矩阵. 然后, 通过引理2.4.1, 可以得到$\boldsymbol{G}^p\boldsymbol{L}_{1p}+\boldsymbol{L}_{1p}^{\mathrm{T}}\boldsymbol{G}^p=\boldsymbol{\Pi}^p>0$, 其中$\boldsymbol{G}^p=\mathrm{diag}(g_1^p,g_2^p,\ldots,g_N^p)$. 然后, 定义:

$$\begin{aligned}a_p&=\lambda_{\min}(\boldsymbol{L}_{1p}^{\mathrm{T}}\boldsymbol{G}^p\boldsymbol{L}_{1p}),\tilde{a}=\min_{p\in\mathcal{P}}(a_p),\\ b_p&=\lambda_{\max}(\boldsymbol{L}_{1p}^{\mathrm{T}}\boldsymbol{G}^p\boldsymbol{L}_{1p}),\tilde{b}=\max_{p\in\mathcal{P}}(b_p).\end{aligned} \tag{4.2.3}$$

需要强调的是, 在大多数实际环境中, 由于网络攻击的影响, 智能体子系统与其邻接智能体之间的通信, 信号传输过程可能是不连续的. 因此, 假设系统会在不连续的时间区间接受来自邻居的通讯信息. 通过分析定义时间间隔的集合, 即知通信网络在$t\in\Omega_H$ 时失效; 相反, 每个节点通常在$t\in\Omega_N$时进行信息交互, 其中

$$\Omega_N=\bigcup_{m\in\mathcal{N}^+}[t_m^1,t_{m+1})\bigcup[t_0,t_1),$$

$$\Omega_H=\bigcup_{m\in\mathcal{N}^+}[t_m,t_m^1),$$

每个区间$[t_m,t_{m+1})$包含下列互不重叠的子区间：$[t_m^0,t_m^1),\ldots,[t_m^{l_{m-1}},t_m^{l_m})$. 特别指出$t_{m-1}^{l_{m-1}}=t_m=t_m^0$.

假设 4.2.2 对于任意$m\in\mathbb{N}_+$, 每一次DoS攻击的时间上界为$\bar{f}$, 即 $|t_m^1-t_m|\leqslant\bar{f}$.

4.2.2 控制目标

本节考虑切换有向通讯网络$\mathcal{G}_{\sigma(t)}$下具有领导—跟随结构的多智能体系统(4.2.1), 通过设计数据驱动的协同安全容错控制算法, 保证即使在智能体子系统模型参数未知、执行器发生故障以及遭受DoS攻击时, 跟随智能体的状态能渐进跟踪到领导者的状态, 同时优化合作二次型性能指标, 即

$$\lim_{t\to\infty}\|\boldsymbol{x}_i(t)-\boldsymbol{x}_0(t)\|=0,\ i=1,2,\cdots,N.$$

4.2.3 协同安全容错控制算法设计

令$\boldsymbol{\psi}_i = g_i \sum_{j=0}^{N} a_{ij}(\boldsymbol{x}_i - \boldsymbol{x}_j)$表示第$i$个子系统的邻接误差. 定义

$$\boldsymbol{\psi} = (\boldsymbol{G}\boldsymbol{L}_1 \otimes \boldsymbol{I}_p)(\boldsymbol{X} - \boldsymbol{1}_N \otimes \boldsymbol{x}_0), \tag{4.2.4}$$

其中$\boldsymbol{\psi} = [\boldsymbol{\psi}_1^{\mathrm{T}}, \cdots, \boldsymbol{\psi}_N^{\mathrm{T}}]^{\mathrm{T}}$ 和$\boldsymbol{X} = [\boldsymbol{x}_1^{\mathrm{T}}, \cdots, \boldsymbol{x}_N^{\mathrm{T}}]^{\mathrm{T}}$. 由于$\boldsymbol{L}_1$ 的非奇异性, 可知, $\lim\limits_{t\to\infty} \|\boldsymbol{\psi}\| = 0$ 当且仅当$\lim\limits_{t\to\infty} \|\boldsymbol{x}_i(t) - \boldsymbol{x}_0(t)\| = 0$.

对式(4.2.4)求导可得:

$$\dot{\boldsymbol{\psi}} = \begin{cases} (\boldsymbol{I}_N \otimes \boldsymbol{A})\boldsymbol{\psi}^{\sigma(t)} + (\boldsymbol{G}^{\sigma(t)}\boldsymbol{L}_{1\sigma(t)} \otimes \boldsymbol{B})\cdot \\ \quad (\boldsymbol{I}_{Nq} - \mathrm{diag}\{\boldsymbol{\Gamma}_1(t), \cdots, \boldsymbol{\Gamma}_N(t)\})\boldsymbol{U}^{\sigma(t)}, & \text{如果 } t \in \Omega_N \\ (\boldsymbol{I}_N \otimes \boldsymbol{A})\boldsymbol{\psi}, & \text{如果 } t \in \Omega_H \end{cases} \tag{4.2.5}$$

这里$\boldsymbol{U} = [\boldsymbol{u}_1^{\mathrm{T}}, \cdots, \boldsymbol{u}_N^{\mathrm{T}}]^{\mathrm{T}}$. 值得注意的是, 只有在跟踪误差系统(4.2.5) 稳定的情况下才能达成全局跟踪控制的目标, 相关的证明会在下面的定理中给出. 然后, 针对第i个子系统设计协同安全容错控制器的形式如下:

$$\boldsymbol{u}_i = -c(\boldsymbol{I}_q - \bar{\boldsymbol{\Gamma}}_i)^{-1}\boldsymbol{K}\boldsymbol{\psi}_i. \tag{4.2.6}$$

其中$c > 0$表示耦合增益, $\bar{\boldsymbol{\Gamma}}_i$为已知常数表示$\boldsymbol{\Gamma}_i(t)$的上界. 进而, 式(4.2.6)所示的第$i$个子系统协同容错控制器可以写成如下全局形式:

$$\boldsymbol{U} = -(\boldsymbol{I}_{qN} - \mathrm{diag}\{\bar{\boldsymbol{\Gamma}}_1, \cdots, \bar{\boldsymbol{\Gamma}}_N\})^{-1}(\boldsymbol{I}_N \otimes c\boldsymbol{K})\boldsymbol{\psi}. \tag{4.2.7}$$

令

$$\bar{\boldsymbol{Q}} = c\boldsymbol{L}_1^{\mathrm{T}}\boldsymbol{G}\boldsymbol{L}_1\boldsymbol{G}\boldsymbol{L}_1 \otimes \boldsymbol{P}\boldsymbol{B}\boldsymbol{R}^{-1}\boldsymbol{B}^{\mathrm{T}}\boldsymbol{P} - \boldsymbol{L}_1^{\mathrm{T}}\boldsymbol{G}\boldsymbol{L}_1 \otimes \boldsymbol{P}\boldsymbol{B}\boldsymbol{R}^{-1}\boldsymbol{B}^{\mathrm{T}}\boldsymbol{P} + \boldsymbol{L}_1^{\mathrm{T}}\boldsymbol{G}\boldsymbol{L}_1 \otimes \boldsymbol{Q},$$
$$\boldsymbol{\zeta} = (\boldsymbol{I}_{Nq} - \mathrm{diag}\{\bar{\boldsymbol{\Gamma}}_1, \cdots, \bar{\boldsymbol{\Gamma}}_N\})(c^{-1}\boldsymbol{L}_1^{\mathrm{T}}\boldsymbol{G}\boldsymbol{L}_1\boldsymbol{G}\boldsymbol{L}_1 \otimes \boldsymbol{R})(\boldsymbol{I}_{Nq} - \mathrm{diag}\{\bar{\boldsymbol{\Gamma}}_1, \cdots, \bar{\boldsymbol{\Gamma}}_N\}).$$

其中，$\boldsymbol{P}$是正定阵. 进而定义全局性能指标函数为:

$$J = \int_0^{\infty} \frac{1}{2}(\boldsymbol{\psi}^{\mathrm{T}}\bar{\boldsymbol{Q}}\boldsymbol{\psi} + \boldsymbol{U}^{\mathrm{T}}\boldsymbol{\zeta}\boldsymbol{U})\mathrm{d}t. \tag{4.2.8}$$

引理 4.2.1 假设存在正定矩阵$\boldsymbol{Q} \geqslant 0$, $\boldsymbol{R} > 0$, 以及常数c,

$$c \geqslant \lambda_{\max}(\boldsymbol{L}_1^{\mathrm{T}}\boldsymbol{G}\boldsymbol{L}_1)/\lambda_{\min}\{\frac{1}{2}(\boldsymbol{G}\boldsymbol{L}_1 + \boldsymbol{L}_1^{\mathrm{T}}\boldsymbol{G})\},$$

且向量$\boldsymbol{\psi}$与$\boldsymbol{U}$由式(4.2.4)和式(4.2.7)定义, 则$\boldsymbol{\psi}^{\mathrm{T}}\bar{\boldsymbol{Q}}\boldsymbol{\psi}$是半正定的, $\boldsymbol{U}^{\mathrm{T}}\boldsymbol{\zeta}\boldsymbol{U}$ 是正定的.

证明 根据$\bar{\boldsymbol{Q}}$与$\boldsymbol{\zeta}$的定义可知:

$$\boldsymbol{\psi}^{\mathrm{T}}\bar{\boldsymbol{Q}}\boldsymbol{\psi} = \boldsymbol{\psi}^{\mathrm{T}}(c\frac{1}{2}(\boldsymbol{G}\boldsymbol{L}_1 + \boldsymbol{L}_1^{\mathrm{T}}\boldsymbol{G}) \otimes \boldsymbol{P}\boldsymbol{B}\boldsymbol{R}^{-1}\boldsymbol{B}^{\mathrm{T}}\boldsymbol{P}$$

$$-\boldsymbol{L}_1^{\mathrm{T}}\boldsymbol{G}\boldsymbol{L}_1\otimes\boldsymbol{P}\boldsymbol{B}\boldsymbol{R}^{-1}\boldsymbol{B}^{\mathrm{T}}\boldsymbol{P}+\boldsymbol{L}_1^{\mathrm{T}}\boldsymbol{G}\boldsymbol{L}_1\otimes\boldsymbol{Q})\boldsymbol{\psi}$$
$$\geqslant\boldsymbol{\psi}^{\mathrm{T}}(\boldsymbol{I}_N\otimes\boldsymbol{Q})\boldsymbol{\psi}. \tag{4.2.9}$$

$$\begin{aligned}\boldsymbol{U}^{\mathrm{T}}\boldsymbol{\zeta}\boldsymbol{U}=&\frac{1}{2}\boldsymbol{U}^{\mathrm{T}}c^{-1}(\boldsymbol{I}_{Nq}-\mathrm{diag}\{\bar{\boldsymbol{\Gamma}}_1,\cdots,\bar{\boldsymbol{\Gamma}}_N\})\cdot\\&((\boldsymbol{L}_1^{\mathrm{T}}\boldsymbol{G}\boldsymbol{L}_1\boldsymbol{G}\boldsymbol{L}_1+\boldsymbol{L}_1^{\mathrm{T}}\boldsymbol{G}\boldsymbol{L}_1^{\mathrm{T}}\boldsymbol{G}\boldsymbol{L}_1)\otimes\boldsymbol{R})\cdot\\&(\boldsymbol{I}_{Nq}-\mathrm{diag}\{\bar{\boldsymbol{\Gamma}}_1,\cdots,\bar{\boldsymbol{\Gamma}}_N\})\boldsymbol{U}.\end{aligned} \tag{4.2.10}$$

由$\boldsymbol{Q}\geqslant 0$, $\boldsymbol{R}>0$, 且$c\geqslant\lambda_{\max}(\boldsymbol{L}_1^{\mathrm{T}}\boldsymbol{G}\boldsymbol{L}_1)/\lambda_{\min}\{\frac{1}{2}(\boldsymbol{G}\boldsymbol{L}_1+\boldsymbol{L}_1^{\mathrm{T}}\boldsymbol{G})\}$, 利用式(4.2.9) 和式(4.2.10), 可以得出$\boldsymbol{\psi}^{\mathrm{T}}\bar{\boldsymbol{Q}}\boldsymbol{\psi}\geqslant 0$ 和$\boldsymbol{U}^{\mathrm{T}}\boldsymbol{\zeta}\boldsymbol{U}>0$, 即$\boldsymbol{\psi}^{\mathrm{T}}\bar{\boldsymbol{Q}}\boldsymbol{\psi}$ 是半正定的, $\boldsymbol{U}^{\mathrm{T}}\boldsymbol{\zeta}\boldsymbol{U}$是正定的. □

定理 4.2.1 考虑多智能体系统(4.2.1)满足假设4.2.1和假设4.2.2, 设存在常数$\alpha^*>0$, 正定矩阵$\boldsymbol{P}$, 满足下列方程:

$$\boldsymbol{P}\boldsymbol{A}+\boldsymbol{A}^{\mathrm{T}}\boldsymbol{P}+\boldsymbol{Q}-\boldsymbol{P}\boldsymbol{B}\boldsymbol{R}^{-1}\boldsymbol{B}^{\mathrm{T}}\boldsymbol{P}=0, \tag{4.2.11}$$

其中$\boldsymbol{K}=\boldsymbol{R}^{-1}\boldsymbol{B}^{\mathrm{T}}\boldsymbol{P}$, 平均驻留时间$\tau_a$满足$\alpha_1=\alpha^*-\frac{\ln\kappa_1}{\tau_a}>0$, 其中$\kappa_1=\kappa\mathrm{e}^{(\alpha^*+\beta^*)\bar{f}}, m\in\mathbb{N}_+, \kappa=\max\{\frac{1}{\lambda_{\min}(\boldsymbol{P})\tilde{a}},\frac{\lambda_{\min}(\boldsymbol{P})\tilde{a}}{\lambda_{\max}(\boldsymbol{P})\tilde{b}},\lambda_{\max}(\boldsymbol{P})\tilde{b}\}$. 则多智能体系统通过设计协同安全容错控制器(4.2.7)保证闭环跟踪误差系统(4.2.5)渐进稳定, 合作二次性能指标(4.2.8)实现最优, 即$\lim\limits_{t\to\infty}\|\boldsymbol{x}_i(t)-\boldsymbol{x}_0(t)\|=0, i=1,2,\cdots,N$.

证明 设辅助函数

$$\begin{aligned}\mathcal{H}(\boldsymbol{\psi},\boldsymbol{U})=&\frac{1}{2}(\boldsymbol{U}^{\mathrm{T}}+\boldsymbol{\psi}^{\mathrm{T}}(\boldsymbol{I}_N\otimes c\boldsymbol{K}^{\mathrm{T}})(\boldsymbol{I}_{qN}-\mathrm{diag}\{\bar{\boldsymbol{\Gamma}}_1,\cdots,\bar{\boldsymbol{\Gamma}}_N\})^{-1})\boldsymbol{\zeta}\\&(\boldsymbol{U}+(\boldsymbol{I}_{qN}-\mathrm{diag}\{\bar{\boldsymbol{\Gamma}}_1,\cdots,\bar{\boldsymbol{\Gamma}}_N\})^{-1}(\boldsymbol{I}_N\otimes c\boldsymbol{K})\boldsymbol{\psi}).\end{aligned} \tag{4.2.12}$$

基于$\bar{\boldsymbol{Q}}$, $\boldsymbol{\zeta}$和$\boldsymbol{K}$的表达式, 可以得出:

$$\begin{aligned}\mathcal{H}(\boldsymbol{\psi},\boldsymbol{U})\leqslant&\frac{1}{2}\boldsymbol{U}^{\mathrm{T}}\boldsymbol{\zeta}\boldsymbol{U}+\frac{1}{2}\boldsymbol{\psi}^{\mathrm{T}}\bar{\boldsymbol{Q}}\boldsymbol{\psi}+\frac{1}{2}\boldsymbol{\psi}^{\mathrm{T}}(\boldsymbol{L}_1^{\mathrm{T}}\boldsymbol{G}\boldsymbol{L}_1\otimes(\boldsymbol{P}\boldsymbol{B}\boldsymbol{R}^{-1}\boldsymbol{B}^{\mathrm{T}}\boldsymbol{P}-\boldsymbol{Q}))\boldsymbol{\psi}\\&+\boldsymbol{\psi}^{\mathrm{T}}(\boldsymbol{L}_1^{\mathrm{T}}\boldsymbol{G}\boldsymbol{L}_1\boldsymbol{G}\boldsymbol{L}_1\otimes\boldsymbol{P}\boldsymbol{B})(\boldsymbol{I}_{qN}-\mathrm{diag}\{\boldsymbol{\Gamma}_1(t),\cdots,\boldsymbol{\Gamma}_N(t)\})\boldsymbol{U}.\end{aligned}$$

进一步, 把式(4.2.11)中的代数Riccati方程代入式(4.2.13)中得:

$$\begin{aligned}\mathcal{H}(\boldsymbol{\psi},\boldsymbol{U})\leqslant&\frac{1}{2}\boldsymbol{U}^{\mathrm{T}}\boldsymbol{\zeta}\boldsymbol{U}+\frac{1}{2}\boldsymbol{\psi}^{\mathrm{T}}\bar{\boldsymbol{Q}}\boldsymbol{\psi}+\frac{1}{2}\boldsymbol{\psi}^{\mathrm{T}}(\boldsymbol{L}_1^{\mathrm{T}}\boldsymbol{G}\boldsymbol{L}_1\otimes(\boldsymbol{P}\boldsymbol{A}+\boldsymbol{A}^{\mathrm{T}}\boldsymbol{P}))\boldsymbol{\psi}\\&+\boldsymbol{\psi}^{\mathrm{T}}(\boldsymbol{L}_1^{\mathrm{T}}\boldsymbol{G}\boldsymbol{L}_1\boldsymbol{G}\boldsymbol{L}_1\otimes\boldsymbol{P}\boldsymbol{B})(\boldsymbol{I}_{qN}-\mathrm{diag}\{\boldsymbol{\Gamma}_1(t),\cdots,\boldsymbol{\Gamma}_N(t)\})\boldsymbol{U}\\\leqslant&\frac{1}{2}\boldsymbol{U}^{\mathrm{T}}\boldsymbol{\zeta}\boldsymbol{U}+\frac{1}{2}\boldsymbol{\psi}^{\mathrm{T}}\bar{\boldsymbol{Q}}\boldsymbol{\psi}+\dot{\mathcal{V}}_1,\end{aligned}$$

其中$\dot{\mathcal{V}}_1$为Lyapunov函数$\mathcal{V}_1=\dfrac{1}{2}\boldsymbol{\psi}^{\mathrm{T}}(\boldsymbol{L}_1^{\mathrm{T}}\boldsymbol{G}\boldsymbol{L}_1\otimes\boldsymbol{P})\boldsymbol{\psi}$的时间导数. 根据式(4.2.14), 可以计算得到：

$$\begin{aligned}J=&\int_0^{\infty}(\frac{1}{2}\boldsymbol{U}^{\mathrm{T}}\boldsymbol{\zeta}\boldsymbol{U}+\frac{1}{2}\boldsymbol{\psi}^{\mathrm{T}}\bar{\boldsymbol{Q}}\boldsymbol{\psi})\mathrm{dt}\\ \geqslant&\int_0^{\infty}\mathcal{H}(\boldsymbol{\psi},\boldsymbol{U})\mathrm{dt}+\mathcal{V}_1(0)-\lim_{\mathrm{t}\to\infty}\mathcal{V}_1,\end{aligned}$$

其中, $\mathcal{V}_1(0)$为$\mathcal{V}_1$的初始值, 则$\mathcal{H}(\boldsymbol{\psi},\boldsymbol{U})\geqslant 0$成立, 且$\mathcal{H}(\boldsymbol{\psi},\boldsymbol{U})=0$当且仅当全局控制输入$\boldsymbol{U}=-(\boldsymbol{I}_{qN}-\mathrm{diag}\{\bar{\boldsymbol{\Gamma}}_1,\cdots,\bar{\boldsymbol{\Gamma}}_N\})^{-1}(\boldsymbol{I}_N\otimes c\boldsymbol{K})\boldsymbol{\psi}$, 其中控制器$\boldsymbol{u}_i(t)$ 设计为式(4.2.6). 因此, 可以得到：

$$J^*\geqslant\mathcal{V}_1(0)-\lim_{t\to\infty}\mathcal{V}_1,$$

以及$J^*=\mathcal{V}_1(0)$是最优性能指标的充要条件是协同容错控制器是式(4.2.2) 的形式.

当系统发生执行器故障和DoS攻击时, 针对误差系统(4.2.5)构造分段Lyapunov函数如下：

$$\mathcal{V}_{2\sigma(t)}(t)=\begin{cases}\dfrac{1}{2}\boldsymbol{\psi}^{\sigma(t)\mathrm{T}}(t)(\boldsymbol{L}_{1\sigma(t)}^{\mathrm{T}}\otimes\boldsymbol{I}_N)(\boldsymbol{G}^{\sigma(t)}\otimes\boldsymbol{P})\\ \times(\boldsymbol{L}_{1\sigma(t)}\otimes\boldsymbol{I}_N)\boldsymbol{\psi}^{\sigma(t)}(t), & \text{如果 } t\in\Omega_N\\ \boldsymbol{\psi}^{\mathrm{T}}(t)(\boldsymbol{I}_N\otimes\boldsymbol{P})\boldsymbol{\psi}(t), & \text{如果 } t\in\Omega_H\end{cases}\tag{4.2.15}$$

接下来的证明过程将分成三个部分.

第一部分：当$t\in\Omega_N$时, 即$t\in[t_0,t_1)\bigcup[t_m^f,t_m^{f+1})$, $m=0,1,2,\cdots$, $f=1,2,\cdots l_m-1$. 当$t\in[t_m^f,t_m^{f+1})$ 时, 设$\sigma(t)=p$, $p\in\mathcal{P}$, $V_{2\sigma(t)}(t)$沿误差系统(4.2.5)在每个区间上的时间导数满足：

$$\begin{aligned}\dot{\mathcal{V}}_{2p}(t)\leqslant&-\lambda_{\min}^{-1}(\boldsymbol{L}_{1p}^{\mathrm{T}}\boldsymbol{G}^p\boldsymbol{L}_{1p}\otimes\boldsymbol{P})\lambda_{\min}(-He(\boldsymbol{L}_{1p}^{\mathrm{T}}\boldsymbol{G}^p\cdot\\ &\boldsymbol{L}_{1p}\otimes\boldsymbol{PA}-c\boldsymbol{L}_{1p}^{\mathrm{T}}\boldsymbol{G}^p\boldsymbol{L}_{1p}\boldsymbol{G}^p\boldsymbol{L}_{1p}\otimes\boldsymbol{BK}))\cdot\\ &\frac{1}{2}\boldsymbol{\psi}^{pT}(t)(\boldsymbol{L}_{1p}^{\mathrm{T}}\boldsymbol{G}^p\boldsymbol{L}_{1p}\otimes\boldsymbol{P})\boldsymbol{\psi}^p(t)\\ =&-\alpha^*\mathcal{V}_{2p}(t),\end{aligned}\tag{4.2.16}$$

其中$\alpha^*=\lambda_{\min}^{-1}(\boldsymbol{L}_{1p}^{\mathrm{T}}\boldsymbol{G}^p\boldsymbol{L}_{1p}\otimes\boldsymbol{P})\lambda_{\min}(-He(\boldsymbol{L}_{1p}^{\mathrm{T}}\boldsymbol{G}^p\boldsymbol{L}_{1p}\otimes\boldsymbol{PA}-c\boldsymbol{L}_{1p}^{\mathrm{T}}\boldsymbol{G}^p\boldsymbol{L}_{1p}\boldsymbol{G}^p\boldsymbol{L}_{1p}\otimes\boldsymbol{BK}))$.

根据式(4.2.16), 可以得到:

$$\mathrm{e}^{\alpha^* t}(\dot{\mathcal{V}}_{2p}(t)+\alpha^*\mathcal{V}_{2p}(t))\leqslant 0.$$

将上式两边从t_m^f到$t_m^{f+1^-}$积分,有

$$\int_{t_m^f}^{t_m^{f+1^-}}\mathrm{e}^{\alpha^*\tau}(\dot{\mathcal{V}}_{2p}(\tau)+\alpha^*\mathcal{V}_{2p}(\tau))\mathrm{d}\tau\leqslant 0,$$

即

$$\mathcal{V}_{2\sigma(t_m^f)}(t_m^{f+1^-})\leqslant \mathrm{e}^{-\alpha^*(t_m^{f+1}-t_m^f)}\mathcal{V}_{2\sigma(t_m^f)}(t_m^f).$$

然后, 根据式(4.2.3)和式(4.2.15), 可以得到:

$$\begin{aligned}a_0\parallel\boldsymbol{\psi}(t)\parallel^2\leqslant & a_p\boldsymbol{\psi}^{\mathrm{T}}(t)(\boldsymbol{I}_N\otimes\boldsymbol{P})\boldsymbol{\psi}(t)\leqslant\mathcal{V}_{2p}(t)\\ \leqslant & b_p\boldsymbol{\psi}^{\mathrm{T}}(t)(\boldsymbol{I}_N\otimes\boldsymbol{P})\boldsymbol{\psi}(t)\leqslant b_0\parallel\boldsymbol{\psi}(t)\parallel^2,\end{aligned}$$

其中$a_0=\lambda_{\min}(\boldsymbol{P})\tilde{a}$和$b_0=\lambda_{\max}(\boldsymbol{P})\tilde{b}$, 进一步计算, 得

$$\mathcal{V}_{2\sigma(t_m^{f+1})}(t_m^{f+1})\leqslant\kappa\mathcal{V}_{2\sigma(t_m^f)}(t_m^{f+1^-}),$$

其中$m=0,1,2,\cdots$, $f=1,2,\cdots,l_m-1$. 然后对发生l_m-1次连续切换的时间区间$t\in[t_m^1,t_m^{l_m})$, $m=0,1,2,\cdots$, 可以得到:

$$\mathcal{V}_{2\sigma(t_m^{l_m-1})}(t_{m+1}^-)\leqslant\mathcal{V}_{2\sigma(t_m^1)}(t_m^1)\kappa^{l_m-2}e^{-\sigma^*(t_{m+1}-t_m^1)}. \tag{4.2.17}$$

类似地, 对于$t\in[t_0,t_1)$有

$$\mathcal{V}_{2\sigma(t_0^{l_0-1})}(t_1^-)\leqslant\mathcal{V}_{2\sigma(t_0)}(t_0)\kappa^{l_0-2}e^{-\sigma^*(t_1-t_0)}. \tag{4.2.18}$$

第二部分: 当$t\in\Omega_H$, 即$t\in[t_m,t_m^1)$ 时, $m\in\mathbb{N}_+$. 当网络遭受DoS攻击时, $\mathcal{V}_{2\sigma(t)}$ 沿系统(4.2.5) 轨迹向时间的导数, 满足

$$\begin{aligned}\dot{\mathcal{V}}_{2\sigma(t)}(t)&\leqslant\lambda_{\max}^{-1}(\boldsymbol{I}_N\otimes\boldsymbol{P})\lambda_{\max}(He(\boldsymbol{PA}))\times\boldsymbol{\psi}^{\mathrm{T}}(t)(\boldsymbol{I}_N\otimes\boldsymbol{P})\boldsymbol{\psi}(t)\\ &=\beta_1\mathcal{V}_{2\sigma(t)}(t),\end{aligned} \tag{4.2.19}$$

其中$\beta_1=\lambda_{\max}^{-1}(\boldsymbol{I}_N\otimes\boldsymbol{P})\lambda_{\max}(He(\boldsymbol{PA}))$. 根据式(4.2.19), 有

$$\mathrm{e}^{-\beta_1 t}(\dot{\mathcal{V}}_{2\sigma(t)}(t)-\beta_1\mathcal{V}_{2\sigma(t)}(t))\leqslant 0. \tag{4.2.20}$$

从t_m到t_m^1对式(4.2.20)两侧进行积分：

$$\int_{t_m}^{t_m^1} \mathrm{e}^{-\beta_1 \tau}(\dot{\mathcal{V}}_{2\sigma(\tau)}(\tau) - \beta_1 \mathcal{V}_{2\sigma(\tau)}(\tau))\mathrm{d}\tau \leqslant 0,$$

从而

$$\mathcal{V}_{2\sigma(t_m)}(t_m^1) \leqslant e^{\beta_1(t_m^1 - t_m)} \mathcal{V}_{2\sigma(t_m)}(t_m), \tag{4.2.21}$$

因此, 根据式(4.2.17)和式(4.2.21), 对于$m \in \mathbb{N}_+$, 在区间$[t_m, t_{m+1})$上, 可以得到:

$$\mathcal{V}_{2\sigma(t_{m+1})}(t_{m+1}) \leqslant \mathcal{V}_{2\sigma(t_m)}(t_m)\kappa^{l_m} \times \mathrm{e}^{-\alpha^*(t_{m+1}-t_m)+(\alpha^*+\beta_1)\bar{f}}.$$

应用$\kappa_1 = \kappa e^{(\alpha^*+\beta_1)\bar{f}}$ 和$\alpha_1 = \alpha^* - \frac{\ln \kappa_1}{\tau_a} > 0$, 根据定义5.2.2, 选取$N_0 = 0$, 有

$$\mathcal{V}_{2\sigma(t_{m+1})}(t_{m+1}) \leqslant \mathcal{V}_{2\sigma(t_m)}(t_m)\mathrm{e}^{-\alpha_1(t_{m+1}-t_m)}. \tag{4.2.22}$$

第三部分: 对于任意$t > 0$, 存在一个非负整数m使得$t \in [t_m, t_{m+1})$, 结合式(4.2.18)和式(4.2.22)

$$\begin{aligned}\mathcal{V}_{2\sigma(t)}(t) &\leqslant \kappa \mathcal{V}_{2\sigma(t_0)}(t_0)\mathrm{e}^{-\alpha^*(t_1-t_0)}\kappa^{l_0-1}\mathrm{e}^{-\alpha_1(t-t_1)} \\ &\leqslant \mathcal{V}_{2\sigma(t_0)}(t_0)\mathrm{e}^{-\alpha_1(t-t_0)}.\end{aligned}$$

通过以上结论, 利用式(4.2.15)定义的Lyapunov函数可知, 存在$a_0 > 0$使得

$$0 \leqslant a_0 \parallel \boldsymbol{\psi}(t) \parallel^2 \leqslant \mathrm{e}^{-\alpha_1(t-t_0)}\mathcal{V}_{2\sigma(t_0)}(t_0).$$

这意味着对于每一个跟随智能体子系统协同跟踪误差(4.2.5)渐进收敛于零, 即$\lim\limits_{t\to\infty}\|\boldsymbol{x}_i(t) - \boldsymbol{x}_0(t)\| = 0, i = 1, 2, \cdots, N$. □

注记 4.2.1　本节研究了带有DoS攻击发生和未知执行器故障的多智能体系统的弹性最优协同容错控制问题. 难点之一是如何设计最优容错控制策略, 使控制行为能够适应外部环境的变化, 保证二次性能指标最优. 另一难点是如何保证子系统达到领导跟随一致. 为了克服这些困难, 通过定义新的二次型性能指标, 并引入代数Riccati方程, 求解式(4.2.6)中的最优控制器增益$\boldsymbol{K}$. 特别地, 当系统参数矩阵未知时, 由于代数Riccati方程中有矩阵信息的存在, 文献 [37]中的自适应在线迭代算法在本书中不再适用.

4.2.4 基于自适应学习策略的控制增益迭代算法

当多智能体子系统模型参数信息准确已知时，直接求解代数Riccati方程(4.2.11) 即可得到反馈增益矩阵. 然而，当矩阵$\boldsymbol{A}$和$\boldsymbol{B}$参数未知时，不能通过求解(4.2.11) 直接得到反馈增益矩阵. 为了克服这一困难，本节提出了一种新的迭代求解策略. 首先，假设存在初始条件已知，根据迭代算法思想，对于每个$k \in \mathbb{Z}_+$，即迭代次数，求出满足(4.2.11) 的对称正定矩阵$\boldsymbol{P}_i^k$，利用$\boldsymbol{K}_i^{k+1} = \boldsymbol{R}_i^{-1}\boldsymbol{B}^{\mathrm{T}}\boldsymbol{P}_i^k$ 得到$\boldsymbol{K}_i^{k+1}$. 为了计算最优控制的反馈增益矩阵，根据$\boldsymbol{\psi}_i = g_i \sum\limits_{j=0}^{N} a_{ij}(\boldsymbol{x}_i - \boldsymbol{x}_j)$，第$i$个跟踪误差系统延着时间的导数可写为:

$$\dot{\boldsymbol{\psi}}_i = \boldsymbol{A}\boldsymbol{\psi}_i + g_i(d_i + a_{i0})\boldsymbol{B}\boldsymbol{u}_i - g_i \sum_{j=1}^{N} a_{ij}\boldsymbol{B}\boldsymbol{u}_i. \tag{4.2.23}$$

令$\boldsymbol{A}_k = \boldsymbol{A} - \boldsymbol{B}\boldsymbol{K}_i^k$，则式(4.2.23)可以描述如下：

$$\dot{\boldsymbol{\psi}}_i = \boldsymbol{A}_k\boldsymbol{\psi}_i + \boldsymbol{B}(\boldsymbol{K}_i^k\boldsymbol{\psi}_i + g_i(d_i + a_{i0})\boldsymbol{u}_i - g_i \sum_{j=1}^{N} a_{ij}\boldsymbol{u}_j), \tag{4.2.24}$$

则$\boldsymbol{\psi}_i$沿着式(4.2.24)的解，满足

$$\begin{aligned}
&\boldsymbol{\psi}_i(t+\rho t)^{\mathrm{T}}\boldsymbol{P}_i^k\boldsymbol{\psi}_i(t+\rho t) - \boldsymbol{\psi}_i^{\mathrm{T}}(t)\boldsymbol{P}^k\boldsymbol{\psi}_i(t) \\
=& -\int_t^{t+\rho t} \boldsymbol{\psi}_i^{\mathrm{T}}\boldsymbol{Q}_i^k\boldsymbol{\psi}_i \mathrm{d}\tau \\
&+ 2\int_t^{t+\rho t} (\boldsymbol{K}_i^k\boldsymbol{\psi}_i + g_i(d_i + a_{i0})\boldsymbol{u}_i - g_i \sum_{j=1}^{N} a_{ij}\boldsymbol{u}_j)^{\mathrm{T}}\boldsymbol{R}_i\boldsymbol{K}_i^{k+1}\boldsymbol{\psi}_i \mathrm{d}\tau,
\end{aligned} \tag{4.2.25}$$

其中$\boldsymbol{Q}_i^k = \boldsymbol{Q}_i + \boldsymbol{K}_i^{k\mathrm{T}}\boldsymbol{R}_i\boldsymbol{K}_i^k$. 进而，根据文献 [38]的迭代方法,式(4.2.25)可以用以下方程表示：

$$\begin{aligned}
&\boldsymbol{\psi}_i(t+\rho t)^{\mathrm{T}}\boldsymbol{P}_i^k\boldsymbol{\psi}_i(t+\rho t) - \boldsymbol{\psi}_i^{\mathrm{T}}(t)\boldsymbol{P}^k\boldsymbol{\psi}_i(t) \\
=& -\boldsymbol{I}_{\psi_i\psi_i}\mathrm{vec}(\boldsymbol{Q}_i^k) + 2\boldsymbol{I}_{\psi_i\psi_i}(\boldsymbol{I}_N \otimes \boldsymbol{K}_i^{k\mathrm{T}}\boldsymbol{R}_i)\mathrm{vec}(\boldsymbol{K}_i^{k+1}) \\
&+ 2g_i(d_i + a_{i0})\boldsymbol{I}_{\boldsymbol{u}_i\psi_i}(\boldsymbol{I}_N \otimes \boldsymbol{R}_i)\mathrm{vec}(\boldsymbol{K}_i^{k+1}) \\
&- 2g_i \sum_{j=1}^{N} a_{ij}\boldsymbol{I}_{u_j\psi_i}(\boldsymbol{I}_N \otimes \boldsymbol{R}_i)\mathrm{vec}(\boldsymbol{K}_i^{k+1}).
\end{aligned} \tag{4.2.26}$$

接下来，假设矩阵$\hat{\boldsymbol{P}}_i \in \mathbb{R}^{\frac{1}{2}n(n+1)}$ 和$\bar{\psi}_i \in \mathbb{R}^{\frac{1}{2}n(n+1)}$ 定义为：

$$\hat{\boldsymbol{P}}_i = [P_{i11}, 2P_{i12}, \cdots, 2P_{i1n}, P_{i22}, 2P_{i23}, \cdots, 2P_{i,(n-1),n}, P_{inn}]^{\mathrm{T}},$$

$$\bar{\psi}_i = [\psi_{i1}^2, \psi_{i1}\psi_{i2}, \cdots, \psi_{i1}\psi_{in}, \psi_{i2}^2, \psi_{i2}\psi_{i3}, \cdots, \psi_{i,n-1}\psi_{in}, \psi_{in}^2]^{\mathrm{T}}.$$

同时, 对于$0 \leqslant t_0 < t_1 < \cdots < t_m$, $\boldsymbol{\xi}_{\psi_i\psi_i} \in \mathbb{R}^{m\times\frac{1}{2}n(n+1)}$, $\boldsymbol{I}_{\psi_i\psi_i} \in \mathbb{R}^{m\times n^2}$, $\boldsymbol{I}_{u_i\psi_i} \in \mathbb{R}^{m\times qn}$, $\boldsymbol{I}_{u_j\psi_i}$ 有如下定义:

$$\boldsymbol{\xi}_{\psi_i\psi_i} = \left[\bar{\boldsymbol{\psi}}_i(t_1) - \bar{\boldsymbol{\psi}}_i(t_0), \bar{\boldsymbol{\psi}}_i(t_2) - \bar{\boldsymbol{\psi}}_i(t_1), \cdots, \bar{\boldsymbol{\psi}}_i(t_m) - \bar{\boldsymbol{\psi}}_i(t_{m-1})\right]^{\mathrm{T}},$$

$$\boldsymbol{I}_{\psi_i\psi_i} = [\int_{t_0}^{t_1} \boldsymbol{\psi}_i \otimes \boldsymbol{\psi}_i \mathrm{d}\tau, \int_{t_1}^{t_2} \boldsymbol{\psi}_i \otimes \boldsymbol{\psi}_i \mathrm{d}\tau, \cdots, \int_{t_{m-1}}^{t_m} \boldsymbol{\psi}_i \otimes \boldsymbol{\psi}_i \mathrm{d}\tau]^{\mathrm{T}},$$

$$\boldsymbol{I}_{u_i\psi_i} = [\int_{t_0}^{t_1} \boldsymbol{u}_i \otimes \boldsymbol{\psi}_i \mathrm{d}\tau, \int_{t_1}^{t_2} \boldsymbol{u}_i \otimes \boldsymbol{\psi}_i \mathrm{d}\tau, \cdots, \int_{t_{m-1}}^{t_m} \boldsymbol{u}_i \otimes \boldsymbol{\psi}_i \mathrm{d}\tau]^{\mathrm{T}},$$

$$\boldsymbol{I}_{u_j\psi_i} = [\int_{t_0}^{t_1} \boldsymbol{u}_j \otimes \boldsymbol{\psi}_i \mathrm{d}\tau, \int_{t_1}^{t_2} \boldsymbol{u}_j \otimes \boldsymbol{\psi}_i \mathrm{d}\tau, \cdots, \int_{t_{m-1}}^{t_m} \boldsymbol{u}_j \otimes \boldsymbol{\psi}_i \mathrm{d}\tau]^{\mathrm{T}}.$$

因此, 任意给定的稳定矩阵$\boldsymbol{K}_i^k$, 式(4.2.26)的更新算法可以设计成如下形式:

$$\boldsymbol{\Upsilon}^k \begin{bmatrix} \mathrm{vec}(\hat{\boldsymbol{P}}^k) \\ \mathrm{vec}(\boldsymbol{K}^{k+1}) \end{bmatrix} = \boldsymbol{\Lambda}^k, \tag{4.2.27}$$

其中$\boldsymbol{\Upsilon}^k \in \mathbb{R}^{m\times[\frac{1}{2}n(n+1)+qn]}$ 和$\boldsymbol{\Lambda}^k \in \mathbb{R}^m$分别为

$$\boldsymbol{\Upsilon}^k = [\boldsymbol{\xi}_{\psi_i\psi_i}, \quad \boldsymbol{\Xi}], \qquad \boldsymbol{\Lambda}^k = -\boldsymbol{I}_{\boldsymbol{\delta}_i\boldsymbol{\delta}_i}\mathrm{vec}(\boldsymbol{Q}_i^k),$$

其中

$$\begin{aligned}\boldsymbol{\Xi} =& -2\boldsymbol{I}_{\psi_i\psi_i}(\boldsymbol{I}_N \otimes \boldsymbol{K}_i^{k\mathrm{T}}\boldsymbol{R}_i) - 2g_i(d_i + a_{i0}) \\ & \times \boldsymbol{I}_{u_i\psi_i}(\boldsymbol{I}_N \otimes \boldsymbol{R}_i) + 2g_i\sum_{j=1}^{N} a_{ij}\boldsymbol{I}_{u_j\psi_i}(\boldsymbol{I}_N \otimes \boldsymbol{R}_i).\end{aligned}$$

假设$\boldsymbol{\Upsilon}^k$是满列秩, 式(4.2.27)可由下式计算得到:

$$\begin{bmatrix} \mathrm{vec}(\hat{\boldsymbol{P}}_i^k) \\ \mathrm{vec}(\boldsymbol{K}_i^{k+1}) \end{bmatrix} = (\boldsymbol{\Upsilon}^{k\mathrm{T}}\boldsymbol{\Upsilon}^k)^{-1}\boldsymbol{\Upsilon}^{k\mathrm{T}}\boldsymbol{\Lambda}^k, \tag{4.2.28}$$

可见式(4.2.28)等价于式(4.2.11)的作用. 在这种情况中不再需要矩阵$\boldsymbol{A}$和$\boldsymbol{B}$的信息.

注记 4.2.2　为了保证上面算法的收敛性, 假设存在整数$m_0 > 0$, 则对于任意常数$m > m_0$, 可知

$$\mathrm{rank}([\boldsymbol{I}_{\psi_i\psi_i}, \boldsymbol{I}_{u_i\psi_i} - \sum_{j=1}^{N}\boldsymbol{I}_{u_j\psi_i}]) = \frac{n(n+1)}{2} + qn, \tag{4.2.29}$$

那么, 对于任意$k \in \mathbb{Z}_+$, $\boldsymbol{\Upsilon}^k$具有列满秩.

下面将给出具体算法步骤:

算法 4.2.1 基于自适应学习的协同安全最优容错控制算法

步骤1. 对于$\boldsymbol{u}_i = -c(\boldsymbol{I}_q - \bar{\boldsymbol{\Gamma}}_i)^{-1}\boldsymbol{K}_i^0\boldsymbol{\psi}_i$, 作为周期区间$[t_0, t_m]$ 输入, 其中$\boldsymbol{K}_i^0$是稳定的. 计算$\boldsymbol{\xi}_{\psi_i\psi_i}$, $\boldsymbol{I}_{\psi_i\psi_i}$, $\boldsymbol{I}_{u_i\psi_i}$ 和$\boldsymbol{I}_{u_j\psi_i}$ 满足式(4.2.29)中规定的秩要求. 令$k=0$, 并给定常数$\varepsilon > 0$.

步骤2. 应用式(4.2.28)计算并得到$\boldsymbol{P}_i^k$和$\boldsymbol{K}_i^{k+1}$.

步骤3. 若$k \geqslant 1$时, $\|\boldsymbol{P}_i^k - \boldsymbol{P}_i^{k-1}\| > \varepsilon$, 则设$k=k+1$, 重复步骤2; 否则, 根据式(4.2.28)输出$\boldsymbol{P}_i = \boldsymbol{P}_i^k$ 和$\boldsymbol{K}_i = \boldsymbol{K}_i^{k+1}$.

步骤4. 使用$\boldsymbol{u}_i = -c(\boldsymbol{I}_q - \bar{\boldsymbol{\Gamma}}_i)^{-1}\boldsymbol{K}_i\boldsymbol{\psi}_i$ 作为近似反馈控制策略.

注记 4.2.3 特别指出, 当$t \in \Omega_H$, 即发生DoS攻击时, 子系统无法接收任何信号, 令控制输入为0. 然后在这段时间内, 设$\boldsymbol{I}_{u_i\psi_i}$和$\boldsymbol{I}_{u_j\psi_i}$为0, 迭代过程为上述算法的特例, 略去.

注记 4.2.4 通过利用系统的输入和状态信息计算控制器, 将代数Riccati方程式(4.2.11) 改写为式(4.2.27), 采用算子$\hat{\boldsymbol{P}}_i$和控制器增益$\boldsymbol{K}_i^{k+1} = \boldsymbol{R}_i^{-1}\boldsymbol{B}\boldsymbol{P}_i^k$. 此外, 若秩条件式(4.2.29) 成立, 则式(4.2.27)等价于式(4.2.28). 然后直接求解式(4.2.28) 得到控制器增益. $\hat{\boldsymbol{P}}_i^k$序列和$\boldsymbol{K}_i^{k+1}$是收敛的, 即

$$\lim_{k\to\infty} \boldsymbol{K}_i^k = \boldsymbol{K}_i^*, \lim_{k\to\infty} \boldsymbol{P}_i^{k-1} = \boldsymbol{P}_i^*$$

这样保证了算法4.2.1 的收敛性.

4.2.5 算例仿真

在本节中, 通过Chua电路网络数值算例仿真来验证所提出方法的有效性. 采用文献 [26]所描绘的单个Chua 电路的数学模型

$$C_1\dot{z}_1(t) = \frac{1}{v}(-z_1 + z_2) - f(z_1),$$

$$C_2\dot{z}_2(t) = \frac{1}{v}(z_1 - z_2) + i_3,$$

$$L\dot{i}_3(t) = -(z_2 + v_0 i_3).$$

根据文献 [26]的结果, 将反馈控制与电感串联成电压源$u(t)$, 得到系统的状态空间模型描述如下:

$$\begin{bmatrix}\dot{x}_{i1}\\ \dot{x}_{i2}\\ \dot{x}_{i3}\end{bmatrix} = \begin{bmatrix}-p & p & 0\\ q & -q & r\\ 0 & -v & -z\end{bmatrix}\begin{bmatrix}x_{i1}\\ x_{i2}\\ x_{i3}\end{bmatrix} + \begin{bmatrix}1 & 0 & 0\\ 0 & 1 & 0\\ 0 & 0 & 1\end{bmatrix}\begin{bmatrix}u_{i1}\\ u_{i2}\\ u_{i3}\end{bmatrix},$$

其中$x_{i1}=z_{i1}$, $x_{i2}=z_{i2}$, $x_{i3}=z_{i3}$, $p=\dfrac{1}{vC_1}$, $q=\dfrac{1}{vC_2}$, $r=\dfrac{1}{C_2}$, $z=\dfrac{1}{L}$, $d=\dfrac{v_0}{L}$. 系统参数选取$p=30$, $q=0.05$, $r=10$, $z=10$ 和$v=0.001$.

假设多智能体系统的切换拓扑图如图4.15 所示, 切换规则为$L_1\rightarrow L_3\rightarrow L_4\rightarrow L_2\rightarrow L_3\rightarrow L_4,\cdots$, 切换信号如图4.16所示. 相关的初始值和参数给定为: $\boldsymbol{x}_1(0)=[6,-1,0]^{\mathrm{T}}$, $\boldsymbol{x}_2(0)=[7,0,9]^{\mathrm{T}}$, $\boldsymbol{x}_3(0)=[5,0,8]^{\mathrm{T}}$, $\boldsymbol{x}_4(0)=[1,2,7]^{\mathrm{T}}$, $c=5$, $\boldsymbol{Q}_i=\mathrm{diag}[1,1,1]$, $i=1,2,3,4$, $\boldsymbol{R}_i=\mathrm{diag}[1,1,1]$, $i=1,2,3,4$, $g_1=5$, $g_2=2$, $g_3=1$, $g_4=0.5$, $\bar{\boldsymbol{\Gamma}}_1=\bar{\boldsymbol{\Gamma}}_3=\bar{\boldsymbol{\Gamma}}_4=0.9\boldsymbol{I}_3$, $\bar{\boldsymbol{\Gamma}}_2=0.8\boldsymbol{I}_3$, $\varepsilon=10^{-6}$.

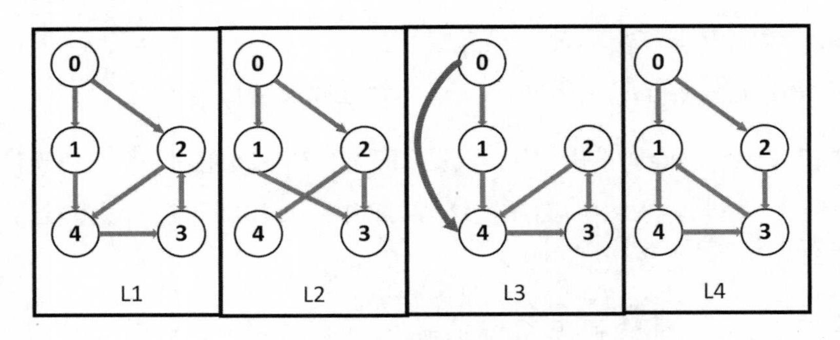

图 4.15 系统通信拓扑图

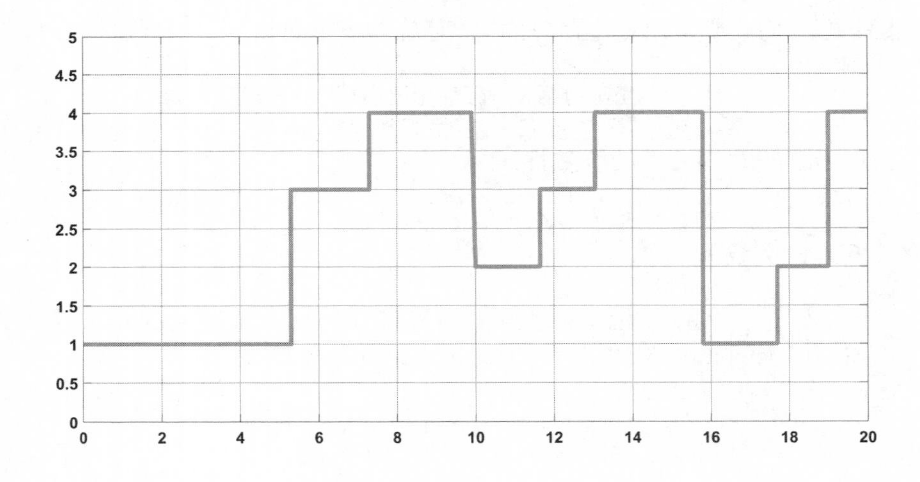

图 4.16 拓扑切换信号

假设执行器故障模式为:

(1) 所有子系统在6s之前均正常运行.

(2) 在$t=6$ s时, 在第2个子系统的第1个执行器中损失有效性为90%. 仿真在$t\in[3.6,5.3)\cup[8.5,10)$区间中通信通道发生DoS攻击, 导致通讯中断.

仿真结果如图4.17至图4.19所示, 分别表示子系统的不同状态曲线, 可

以看出跟随者的状态和领导者的状态最终达到一致; 图4.20至图4.23展示了$\|\boldsymbol{K}_i^k - \boldsymbol{K}_i^*\|$, $i = 1, 2, 3, 4$的响应曲线, 其中横坐标表示迭代次数, 可以看出,当$\|\boldsymbol{P}_i^k - \boldsymbol{P}_i^{k-1}\| \leqslant 10^{-6}$ 满足时, $\boldsymbol{K}_i^k$ 收敛到其最佳值. 上述仿真结果证明了本节所提出方法的有效性.

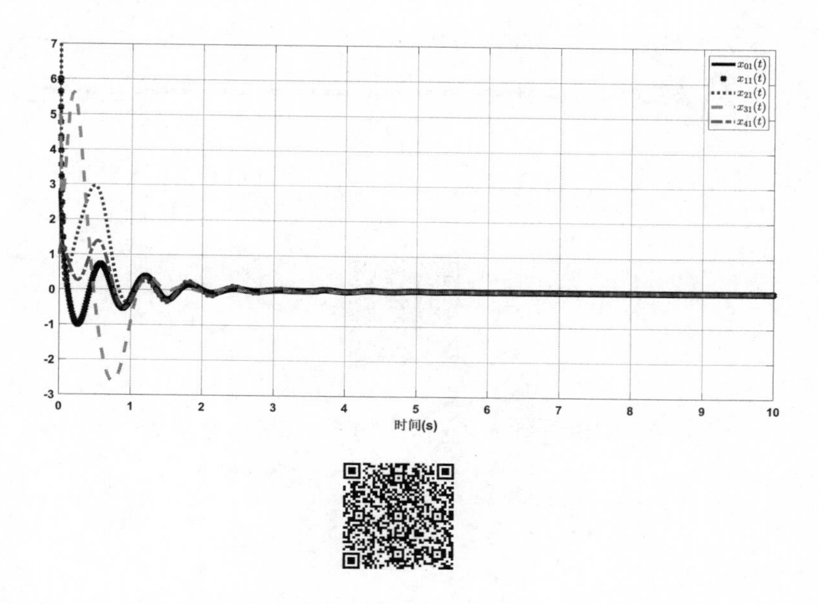

图 4.17 领导者x_{01}和跟随者x_{i1}的状态轨迹

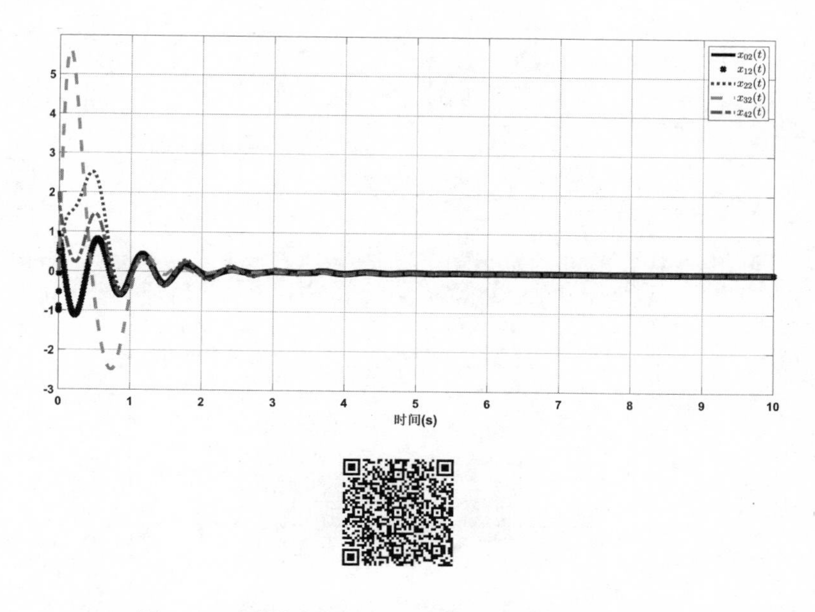

图 4.18 领导者x_{02}和跟随者x_{i2}的状态轨迹

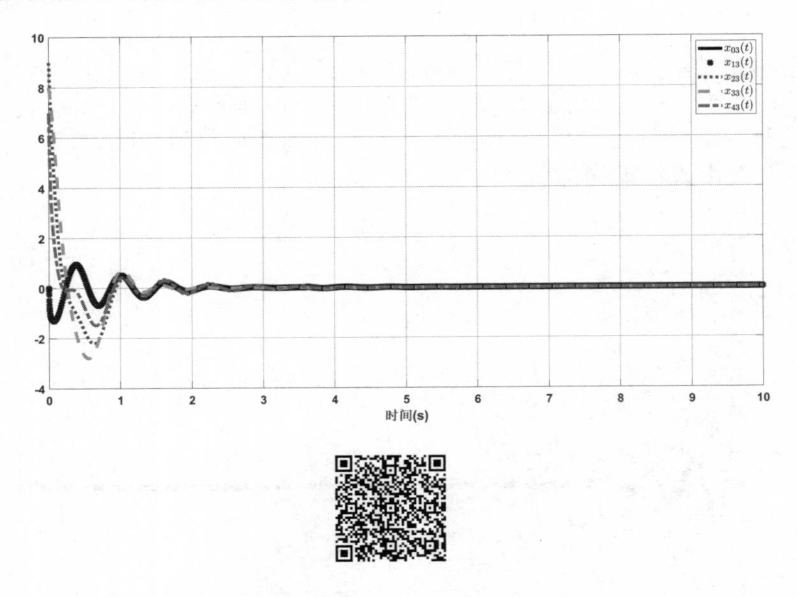

图 4.19 领导者x_{03}和跟随者x_{i3}的状态轨迹

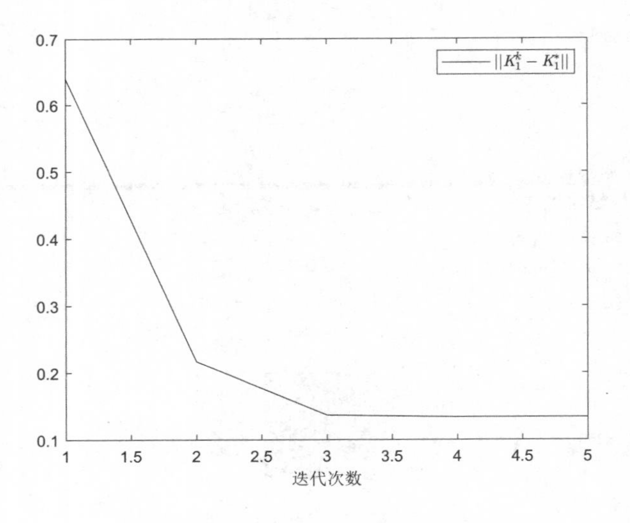

图 4.20 $\boldsymbol{K}_1^k$学习达到期望值$\boldsymbol{K}_1^*$

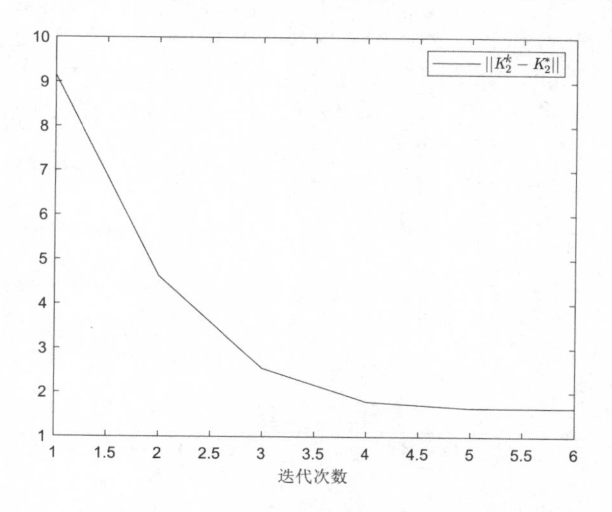

图 4.21 $\boldsymbol{K}_2^k$学习达到期望值$\boldsymbol{K}_2^*$

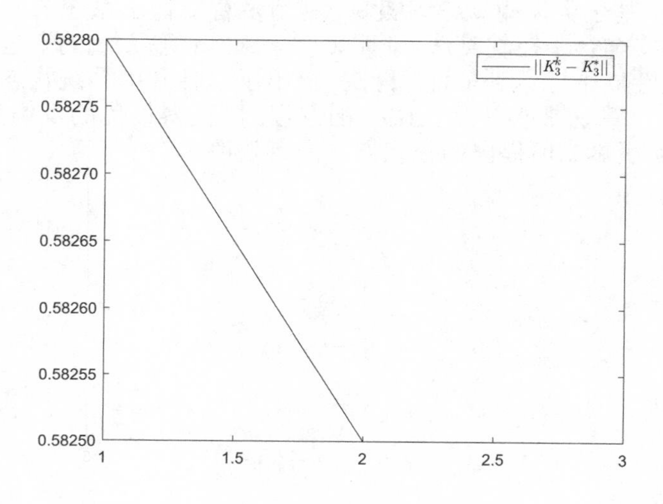

图 4.22 $\boldsymbol{K}_3^k$学习达到期望值$\boldsymbol{K}_3^*$

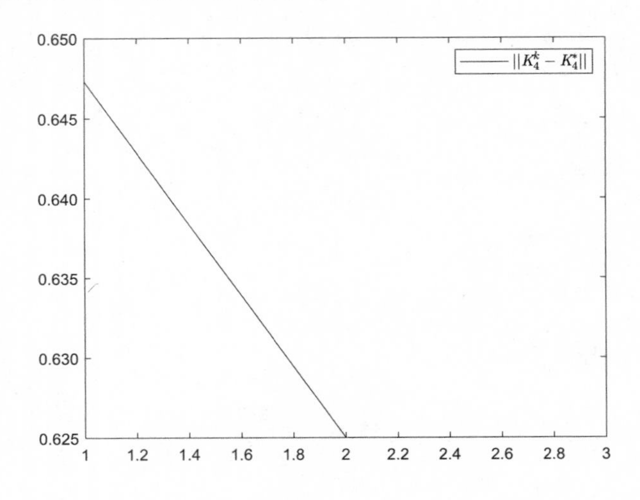

图 4.23 $\boldsymbol{K}_4^k$学习达到期望值$\boldsymbol{K}_4^*$

4.3 本章小结

本章针对模型参数未知的线性多智能体系统的协同安全容错控制方法进行了深入的研究. 首先, 研究了一类带有执行器故障的模型参数未知多智能体系统的协同安全最优容错控制问题. 由反馈增益和执行器故障因子估计参数构成了协同最优容错控制器结构并可以优化合作二次型性能指标. 但对于多智能体系统的系统矩阵的未知参数, 利用数据驱动自适应学习技术, 提出了一种自适应迭代算法来计算反馈增益并得到最优增益, 同时协同安全最优容错控制策略是跟踪误差渐进收敛到零. 其次, 考虑在有向切换拓扑下同时研究了一类模型参数未知的多智能体系统在发生DoS攻击和执行器故障的多智能体系统, 基于数据驱动学习策略, 利用多智能体子系统的邻接交互信息设计了协同安全容错控制算法, 证明了全局跟踪误差系统的渐进稳定性并使合作二次型性能指标达到最优. 再次, 提出了一种利用系统状态和输入信息的自学习迭代算法来求解代数Riccati方程, 以获得最优的反馈控制增益. 最后, 仿真证明了本章所提出的控制方法的有效性.

第5章　分布式多智能体系统的输出反馈协同安全控制

在第3章和第4章的内容中, 主要介绍了分布式多智能体系统基于邻接状态信息的协同安全容错控制方法, 但在实际应用中, 多智能体系统常常无法准确获得子系统自身的状态信息和邻居状态信息. 在这种情况下, 研究分布式多智能体系统基于输出反馈的协同安全控制算法具有十分重要的理论意义和应用价值. 本章将针对切换通讯网络下的多智能体系统, 首先设计基于输出反馈的鲁棒H_∞输出一致性控制方法. 根据邻接智能体的输出信息提出了一种基于分布式观测器的H_∞一致性控制协议. 利用共同的Lyapunov函数方法和代数图论, 根据线性矩阵不等式给出了H_∞一致算法的设计条件. 与现有的切换网络的H_∞一致性问题的结果相比,在这项工作中对拓扑（平均）驻留时间没有限制. 进一步, 考虑通讯网络受到连接故障、DoS攻击等影响出现间歇性通讯的影响时, 利用邻域输出信息为每个子系统设计一种基于观测器的协同安全跟踪控制方案, 并利用依赖拓扑分配的平均驻留时间（TADADT）技术, 证明了协同安全跟踪控制方案的设计条件能够确保协同跟踪误差信号是一致最终有界的. 值得一提的是, 通过利用TADADT技术, 提出的协调设计条件可以降低拓扑驻留时间或依赖于拓扑平均驻留时间的保守性.

5.1　切换拓扑下多智能体系统的H_∞输出一致性控制

本节将介绍切换网络下线性不确定MASs的鲁棒输出反馈H_∞一致控制问题. 假定通信拓扑可以在几个无向连接图之间任意切换. 利用邻域输出信息, 设计基于分布式观测器的鲁棒一致性控制协议, 保证了输出误差信号满足H_∞一致性的控制目标, 并通过构造与拓扑不相关的Lyapunov函数, 给出线性矩阵不等式中设计协议的充分条件. 最后给出一个数值例子来说明所提算法的有效性.

5.1.1 多智能体系统模型与问题描述

在本节中, 考虑带有不确定性和外部干扰的分布式多智能体系统, 其中第i 个智能体的动力学方程如下:

$$\begin{aligned}\dot{\boldsymbol{x}}_i(t)&=(\boldsymbol{A}+\Delta\boldsymbol{A}(t))\boldsymbol{x}_i(t)+\boldsymbol{B}\boldsymbol{u}_i(t)+\boldsymbol{D}_\omega\boldsymbol{\omega}_i(t),\\ \boldsymbol{y}_i(t)&=\boldsymbol{C}\boldsymbol{x}_i(t),\quad i=1,\cdots,N,\end{aligned}\tag{5.1.1}$$

其中$\boldsymbol{x}_i(t)\in\mathbb{R}^n$是系统状态向量, $\boldsymbol{u}_i(t)\in\mathbb{R}^p$为控制输入向量, $\boldsymbol{y}_i(t)\in\mathbb{R}^q$ 是可测输出, $\boldsymbol{\omega}_i(t)\in\mathbb{L}_2^{n_\omega}[0,+\infty)$表示未知的有界外部干扰. 令$\boldsymbol{A},\boldsymbol{B},\boldsymbol{C},\boldsymbol{D}_\omega$为常数矩阵, 并且$\Delta\boldsymbol{A}_i(t)$代表时变的参数不确定性, 满足$\Delta\boldsymbol{A}(t)=\boldsymbol{D}\boldsymbol{E}(t)\boldsymbol{F}$,其中$\|\boldsymbol{E}(t)\|\leqslant\varepsilon$.

在本章中, 假设多智能体系统的通讯网络为切换无向拓扑, 令图$\bar{\mathcal{G}}(t)$表示多智能体系统时变无向通讯拓扑, $t_1,t_2,\cdots$为拓扑的切换时刻, $\sigma(t):[0,+\infty)\to\mathcal{P}$表示拓扑的切换信号, 并且假定通讯网络拓扑在时间区间$[t_h,t_{h+1})(h\in\mathbb{N})$上保持不变. 定义$\mathbb{G}=\{\bar{\mathcal{G}}_p:p\in\mathcal{P}\}$为所有可能通信拓扑构成的集合, 其中$\mathcal{P}=\{1,2,\cdots,M\}$为指标集. 切换拓扑及其对应的时变的Laplacian矩阵和邻接矩阵的具体形式由第2章给出.

假设 5.1.1 多智能体系统的通讯网络在每一个时间区间$[t_h,t_{h+1})(h\in\mathbb{N})$上保持不变, 并且无向拓扑图$\{\mathcal{G}_p:p\in\mathcal{P}\}$ 在每个区间$[t_h,t_{h+1})$, $h=1,2,\cdots$ 是固定且连通的.

5.1.2 控制目标

定义

$$\tilde{\boldsymbol{y}}_i(t)=\boldsymbol{y}_i(t)-\frac{1}{N}\sum_{j=1}^{N}\boldsymbol{y}_j(t),\ \tilde{\boldsymbol{y}}(t)=[\tilde{\boldsymbol{y}}_1^{\mathrm{T}}(t),\cdots,\tilde{\boldsymbol{y}}_N^{\mathrm{T}}(t)]^{\mathrm{T}}.$$

考虑时变通讯网络下的分布式多智能体系统(5.1.1), 本节所研究的H_∞输出一致性控制问题可以叙述为对于给定的常数γ, 对于第i个智能体子系统设计输出反馈一致性控制器$\boldsymbol{u}_i(t)$, 使得:

(1) 当$\boldsymbol{\omega}(t)\equiv0$时, 所有智能体均达到一致性, 即当$t\to\infty$时, $\|\boldsymbol{x}_i(t)-\boldsymbol{x}_j(t)\|=0$, $\forall i,j=1,\cdots,N$.

(2) 当$\boldsymbol{\omega}(t)\neq0$时, 闭环一致误差系统具有从$\boldsymbol{\omega}(t)$ 到$\tilde{\boldsymbol{y}}(t)$的权重$L_2$增益$\gamma$, 其等价于下面不等式成立:

$$\int_{t_0}^{\infty}\tilde{\boldsymbol{y}}^{\mathrm{T}}(\tau)\tilde{\boldsymbol{y}}(\tau)\mathrm{d}\tau\leqslant\phi(t_0)+\gamma^2\int_{t_0}^{\infty}\boldsymbol{\omega}^{\mathrm{T}}(\tau)\boldsymbol{\omega}(\tau)\mathrm{d}\tau,\tag{5.1.2}$$

其中$\tilde{\boldsymbol{y}}(t)=[\tilde{\boldsymbol{y}}_1^{\mathrm{T}}(t),\cdots,\tilde{\boldsymbol{y}}_N^{\mathrm{T}}(t)]^{\mathrm{T}},\tilde{\boldsymbol{y}}_i(t)=\boldsymbol{y}_i(t)-\frac{1}{N}\sum\limits_{j=1}^{N}\boldsymbol{y}_j(t)$, $\phi(\cdot)$ 是一个实值函数,满足$\phi(0)=0$.

5.1.3 基于分布式观测器的鲁棒H_∞输出一致性控制设计

我们将通过第i个智能体的邻域输出信息设计一个基于分布式观测器的一致性控制算法, 该算法设计为

$$\begin{aligned}\boldsymbol{u}_i(t) &= \boldsymbol{K}\boldsymbol{\nu}_i(t),\\ \dot{\boldsymbol{\nu}}_i(t) &= (\boldsymbol{A}+\boldsymbol{B}\boldsymbol{K})\boldsymbol{\nu}_i(t)+\theta_0\boldsymbol{\Gamma}\sum_{j=1}^{N}a_{ij}^{\sigma(t)}[\boldsymbol{C}(\boldsymbol{\nu}_i(t)-\boldsymbol{\nu}_j(t))-(\boldsymbol{y}_i(t)-\boldsymbol{y}_j(t))],\end{aligned} \tag{5.1.3}$$

其中$\boldsymbol{\nu}_i(t)\in\mathbb{R}^n$ 表示协议的状态向量, θ_0 是一个正常数, $a_{ij}^{\sigma(t)}$表示与$\mathcal{G}_{\sigma(t)}$相关的邻接矩阵$\boldsymbol{A}_{\sigma(t)}$的第$(i,j)$个元素. $\boldsymbol{K}$和$\boldsymbol{\Gamma}$是接下来需要设计的反馈增益矩阵. 令$\tilde{\boldsymbol{x}}_i(t)=\dfrac{1}{N}\displaystyle\sum_{j=1}^{N}(\boldsymbol{x}_i(t)-\boldsymbol{x}_j(t))$ 和$\tilde{\boldsymbol{\nu}}_i(t)=\dfrac{1}{N}\displaystyle\sum_{j=1}^{N}(\boldsymbol{\nu}_i(t)-\boldsymbol{\nu}_j(t))$, $\forall i,j=1,\cdots,N$. 令

$$\begin{aligned}\tilde{\boldsymbol{x}}(t)&=[\tilde{\boldsymbol{x}}_1^{\mathrm{T}}(t),\cdots,\tilde{\boldsymbol{x}}_N^{\mathrm{T}}(t)]^{\mathrm{T}},\\ \tilde{\boldsymbol{\nu}}(t)&=[\tilde{\boldsymbol{\nu}}_1^{\mathrm{T}}(t),\cdots,\tilde{\boldsymbol{\nu}}_N^{\mathrm{T}}(t)]^{\mathrm{T}},\\ \boldsymbol{x}(t)&=[\boldsymbol{x}_1^{\mathrm{T}}(t),\cdots,\boldsymbol{x}_N^{\mathrm{T}}(t)]^{\mathrm{T}},\\ \boldsymbol{\nu}(t)&=[\boldsymbol{\nu}_1^{\mathrm{T}}(t),\cdots,\boldsymbol{\nu}_N^{\mathrm{T}}(t)]^{\mathrm{T}}.\end{aligned}$$

定义一致性误差信号为:

$$\boldsymbol{e}(t)=\begin{bmatrix}\tilde{\boldsymbol{x}}(t)\\ \tilde{\boldsymbol{\nu}}(t)\end{bmatrix}=\begin{bmatrix}(\boldsymbol{\Pi}\otimes\boldsymbol{I}_n)\boldsymbol{x}(t)\\ (\boldsymbol{\Pi}\otimes\boldsymbol{I}_n)\boldsymbol{\nu}(t)\end{bmatrix}, \tag{5.1.4}$$

其中$\boldsymbol{\Pi}\triangleq\boldsymbol{I}_N-\dfrac{1}{N}\boldsymbol{1}\boldsymbol{1}^{\mathrm{T}}$. 进而由式(5.1.1) (5.1.3)和(5.1.4), 能够得到下面的闭环误差系统动力学方程

$$\begin{aligned}\dot{\boldsymbol{e}}(t)=&\begin{bmatrix}\boldsymbol{I}_N\otimes(\boldsymbol{A}+\Delta\boldsymbol{A}_i(t)) & \boldsymbol{I}_N\otimes\boldsymbol{B}\boldsymbol{K}\\ \boldsymbol{0}_{nN} & \boldsymbol{I}_N\otimes(\boldsymbol{A}+\boldsymbol{B}\boldsymbol{K})\end{bmatrix}\boldsymbol{e}(t)\\ &+\begin{bmatrix}\boldsymbol{0}_{nN} & \boldsymbol{0}_{nN}\\ -\theta_0\boldsymbol{L}_{\sigma(t)}\otimes\boldsymbol{\Gamma}\boldsymbol{C} & \theta_0\boldsymbol{L}_{\sigma(t)}\otimes\boldsymbol{\Gamma}\boldsymbol{C}\end{bmatrix}\boldsymbol{e}(t)+\begin{bmatrix}\boldsymbol{\Pi}\otimes\boldsymbol{D}_\omega\\ \boldsymbol{0}_{nN}\end{bmatrix}\boldsymbol{\omega}(t).\end{aligned} \tag{5.1.5}$$

通过使用下面的状态变换

$$\boldsymbol{\delta}(t)=\begin{bmatrix}\boldsymbol{I}_{nN} & \boldsymbol{0}_{nN}\\ -\boldsymbol{I}_{nN} & \boldsymbol{I}_{nN}\end{bmatrix}e(t)=\begin{bmatrix}\tilde{\boldsymbol{x}}(t)\\ \tilde{\boldsymbol{\nu}}(t)-\tilde{\boldsymbol{x}}(t)\end{bmatrix}=\begin{bmatrix}\tilde{\boldsymbol{x}}(t)\\ \boldsymbol{\xi}(t)\end{bmatrix}.$$

闭环误差系统(5.1.5)能够重新写为

$$\begin{aligned}\dot{\boldsymbol{\delta}}(t)=&\begin{bmatrix}\boldsymbol{I}_N\otimes(\boldsymbol{A}+\Delta\boldsymbol{A}_i(t)+\boldsymbol{B}\boldsymbol{K}) & \boldsymbol{I}_N\otimes\boldsymbol{B}\boldsymbol{K}\\ -\boldsymbol{I}_N\otimes\Delta\boldsymbol{A}_i(t) & \boldsymbol{I}_N\otimes\boldsymbol{A}\end{bmatrix}\boldsymbol{\delta}(t)\\ &+\begin{bmatrix}\boldsymbol{0}_{nN} & \boldsymbol{0}_{nN}\\ \boldsymbol{0}_{nN} & \theta_0\boldsymbol{L}_{\sigma(t)}\otimes\boldsymbol{\Gamma}\boldsymbol{C}\end{bmatrix}\boldsymbol{\delta}(t)+\begin{bmatrix}\boldsymbol{\Pi}\otimes\boldsymbol{D}_\omega\\ -\boldsymbol{\Pi}\otimes\boldsymbol{D}_\omega\end{bmatrix}\boldsymbol{\omega}(t).\end{aligned} \tag{5.1.6}$$

根据上述结果, 给出本节的主要定理.

定理 5.1.1 在假设5.1.1下, 考虑多智能体系统(5.1.1)和输出反馈一致性控制器(5.1.3). 如果存在正常数α和正定矩阵$\boldsymbol{P}_1$, $\boldsymbol{P}_2$, 使得以下线性矩阵不等式成立

$$\begin{bmatrix} \boldsymbol{W}_1 & \boldsymbol{D} & \boldsymbol{P}_1\boldsymbol{F}^{\mathrm{T}} & \boldsymbol{P}_1\boldsymbol{C}^{\mathrm{T}} & \boldsymbol{D}_\omega \\ \boldsymbol{D}^{\mathrm{T}} & -\frac{1}{\varepsilon^2}\boldsymbol{I} & 0 & 0 & 0 \\ \boldsymbol{F}\boldsymbol{P}_1 & 0 & -\frac{1}{2}\boldsymbol{I} & 0 & 0 \\ \boldsymbol{C}\boldsymbol{P}_1 & 0 & 0 & -\boldsymbol{I} & 0 \\ \boldsymbol{D}_\omega^{\mathrm{T}} & 0 & 0 & 0 & -\frac{\gamma^2}{2}\boldsymbol{I} \end{bmatrix} < 0, \tag{5.1.7}$$

$$\begin{bmatrix} \boldsymbol{W}_2 & \boldsymbol{P}_2\boldsymbol{D} & \boldsymbol{P}_2\boldsymbol{D}_\omega \\ \boldsymbol{D}^{\mathrm{T}}\boldsymbol{P}_2 & -\frac{1}{\varepsilon^2}\boldsymbol{I} & 0 \\ \boldsymbol{D}_\omega^{\mathrm{T}}\boldsymbol{P}_2 & 0 & -\frac{\gamma^2}{2}\boldsymbol{I} \end{bmatrix} < 0, \tag{5.1.8}$$

其中$\beta > 0$是一个常数,

$$\begin{aligned} \boldsymbol{W}_1 =& \boldsymbol{A}\boldsymbol{P}_1 + \boldsymbol{P}_1\boldsymbol{A}^{\mathrm{T}} + (2+\beta)\boldsymbol{B}\boldsymbol{B}^{\mathrm{T}} + \alpha\boldsymbol{P}_1, \\ \boldsymbol{W}_2 =& \boldsymbol{P}_2\boldsymbol{A} + \boldsymbol{A}^{\mathrm{T}}\boldsymbol{P}_2 - 2\boldsymbol{C}^{\mathrm{T}}\boldsymbol{C} + \frac{1}{\beta}\boldsymbol{P}_1^{-1}\boldsymbol{B}\boldsymbol{B}^{\mathrm{T}}\boldsymbol{P}_1^{-1} + \alpha\boldsymbol{P}_2. \end{aligned}$$

那么多智能体系统的鲁棒H_∞输出一致性控制问题可解. 同时, 反馈增益矩阵$\boldsymbol{K} = \boldsymbol{B}^{\mathrm{T}}\boldsymbol{P}_1^{-1}$和$\boldsymbol{\Gamma} = -\boldsymbol{P}_2^{-1}\boldsymbol{C}^{\mathrm{T}}$.

证明 针对误差系统构造(5.1.6)如下Lyapunov候选函数:

$$V(t) = \boldsymbol{\delta}^{\mathrm{T}}(t)\begin{bmatrix} \boldsymbol{I}_N \otimes \boldsymbol{P}_1^{-1} & 0 \\ 0 & \boldsymbol{I}_N \otimes \boldsymbol{P}_2 \end{bmatrix}\boldsymbol{\delta}(t).$$

接下来, 定理证明分为以下两部分给出.

第一部分: 首先考虑当$\boldsymbol{\omega}(t) \equiv 0$时的情况. 计算$V(t)$沿着式(5.1.6)的轨迹对时间的导数为

$$\begin{aligned} \dot{V}(t) =& 2\boldsymbol{\delta}^{\mathrm{T}}(t)\begin{bmatrix} \boldsymbol{I}_N \otimes \boldsymbol{P}_1^{-1} & 0 \\ 0 & \boldsymbol{I}_N \otimes \boldsymbol{P}_2 \end{bmatrix}\dot{\boldsymbol{\delta}}(t) \\ =& \tilde{\boldsymbol{x}}^{\mathrm{T}}(t)[\boldsymbol{I}_N \otimes (\boldsymbol{P}_1^{-1}(\boldsymbol{A}+\boldsymbol{B}\boldsymbol{K}) + (\boldsymbol{A}+\boldsymbol{B}\boldsymbol{K})^{\mathrm{T}}\boldsymbol{P}_1^{-1} + 2\boldsymbol{P}_1^{-1}\boldsymbol{D}\boldsymbol{E}_i(t)\boldsymbol{F})]\tilde{\boldsymbol{x}}(t) \\ &+ \boldsymbol{\xi}^{\mathrm{T}}(t)[\boldsymbol{I}_N \otimes (\boldsymbol{P}_2\boldsymbol{A} + \boldsymbol{A}^{\mathrm{T}}\boldsymbol{P}_2) + 2\theta_0\boldsymbol{L}_{\sigma(t)} \otimes (\boldsymbol{P}_2\boldsymbol{\Gamma}\boldsymbol{C})]\boldsymbol{\xi}(t) \\ &+ 2\tilde{\boldsymbol{x}}^{\mathrm{T}}(t)[\boldsymbol{I}_N \otimes (\boldsymbol{P}_1^{-1}\boldsymbol{B}\boldsymbol{K})]\boldsymbol{\xi}(t) - 2\boldsymbol{\xi}^{\mathrm{T}}(t)[\boldsymbol{I}_N \otimes (\boldsymbol{P}_2\boldsymbol{D}\boldsymbol{E}_i(t)\boldsymbol{F})]\tilde{\boldsymbol{x}}(t) \\ &+ 2\tilde{\boldsymbol{x}}^{\mathrm{T}}(t)[\boldsymbol{\Pi} \otimes (\boldsymbol{P}_1^{-1}\boldsymbol{D}_\omega)]\boldsymbol{\omega}(t) - 2\boldsymbol{\xi}^{\mathrm{T}}(t)[\boldsymbol{\Pi} \otimes (\boldsymbol{P}_2\boldsymbol{D}_\omega)]\boldsymbol{\omega}(t). \end{aligned} \tag{5.1.9}$$

通过使用Young不等式$2\boldsymbol{x}^{\mathrm{T}}\boldsymbol{y} \leqslant \boldsymbol{x}^{\mathrm{T}}\boldsymbol{x} + \boldsymbol{y}^{\mathrm{T}}\boldsymbol{y}$和反馈增益矩阵$\boldsymbol{K} = \boldsymbol{B}^{\mathrm{T}}\boldsymbol{P}_1^{-1}$, $\boldsymbol{\Gamma} = -\boldsymbol{P}_2^{-1}\boldsymbol{C}^{\mathrm{T}}$,得到

$$\begin{aligned} 2\tilde{\boldsymbol{x}}^{\mathrm{T}}(t)[\boldsymbol{I}_N \otimes (\boldsymbol{P}_1^{-1}\boldsymbol{B}\boldsymbol{K})]\boldsymbol{\xi}(t) \leqslant & \tilde{\boldsymbol{x}}^{\mathrm{T}}(t)[\boldsymbol{I}_N \otimes (\beta\boldsymbol{P}_1^{-1}\boldsymbol{B}\boldsymbol{B}^{\mathrm{T}}\boldsymbol{P}_1^{-1})]\tilde{\boldsymbol{x}}(t) \\ & + \boldsymbol{\xi}^{\mathrm{T}}(t)[\boldsymbol{I}_N \otimes (\frac{1}{\beta}\boldsymbol{P}_1^{-1}\boldsymbol{B}\boldsymbol{B}^{\mathrm{T}}\boldsymbol{P}_1^{-1})]\boldsymbol{\xi}(t), \end{aligned} \tag{5.1.10}$$

$$\begin{aligned} 2\tilde{\boldsymbol{x}}^{\mathrm{T}}(t)[\boldsymbol{I}_N \otimes (\boldsymbol{P}_1^{-1}\boldsymbol{D}\boldsymbol{E}_i(t)\boldsymbol{F})]\tilde{\boldsymbol{x}}(t) \leqslant & \varepsilon^2\tilde{\boldsymbol{x}}^{\mathrm{T}}(t)[\boldsymbol{I}_N \otimes (\boldsymbol{P}_1^{-1}\boldsymbol{D}\boldsymbol{D}^{\mathrm{T}}\boldsymbol{P}_1^{-1})]\tilde{\boldsymbol{x}}(t) \\ & + \tilde{\boldsymbol{x}}^{\mathrm{T}}(t)[\boldsymbol{I}_N \otimes (\boldsymbol{F}^{\mathrm{T}}\boldsymbol{F})]\tilde{\boldsymbol{x}}(t), \end{aligned} \tag{5.1.11}$$

$$\begin{aligned} -2\boldsymbol{\xi}^{\mathrm{T}}(t)[\boldsymbol{I}_N \otimes (\boldsymbol{P}_2\boldsymbol{D}\boldsymbol{E}_i(t)\boldsymbol{F})]\tilde{\boldsymbol{x}}(t) \leqslant & \varepsilon^2\boldsymbol{\xi}^{\mathrm{T}}(t)[\boldsymbol{I}_N \otimes (\boldsymbol{P}_2\boldsymbol{D}\boldsymbol{D}^{\mathrm{T}}\boldsymbol{P}_2)]\boldsymbol{\xi}(t) \\ & + \tilde{\boldsymbol{x}}^{\mathrm{T}}(t)[\boldsymbol{I}_N \otimes (\boldsymbol{F}^{\mathrm{T}}\boldsymbol{F})]\tilde{\boldsymbol{x}}(t). \end{aligned} \tag{5.1.12}$$

由引理2.4.1可知, 存在酉矩阵$\boldsymbol{U}$使得

$$\boldsymbol{U}^{\mathrm{T}}\boldsymbol{\Pi}\boldsymbol{U} = \mathrm{diag}\{0, 1, \cdots, 1\}.$$

令$\bar{\boldsymbol{x}}(t) = (\boldsymbol{U}^{\mathrm{T}} \otimes \boldsymbol{I}_n)\tilde{\boldsymbol{x}}(t)$, $\bar{\boldsymbol{\xi}}(t) = (\boldsymbol{U}^{\mathrm{T}} \otimes \boldsymbol{I}_n)\boldsymbol{\xi}(t)$, $\bar{\boldsymbol{\omega}}(t) = (\boldsymbol{U}^{\mathrm{T}} \otimes \boldsymbol{I}_n)\boldsymbol{\omega}(t)$, 易知$\bar{\boldsymbol{x}}_1(t) = \bar{\boldsymbol{\xi}}_1(t) = \bar{\boldsymbol{\omega}}_1(t) = 0$. 将式(5.1.10)-(5.1.12)带入式(5.1.9)并使用这个变换, 可得

$$\begin{aligned} \dot{V}(t) \leqslant \sum_{i=2}^{N} \{ & \bar{\boldsymbol{x}}_i^{\mathrm{T}}(t)[\boldsymbol{P}_1^{-1}\boldsymbol{A} + \boldsymbol{A}^{\mathrm{T}}\boldsymbol{P}_1^{-1} + 2\boldsymbol{F}^{\mathrm{T}}\boldsymbol{F} + (2+\beta)\boldsymbol{P}_1^{-1}\boldsymbol{B}\boldsymbol{B}^{\mathrm{T}}\boldsymbol{P}_1^{-1} \\ & + \varepsilon^2\boldsymbol{P}_1^{-1}\boldsymbol{D}\boldsymbol{D}^{\mathrm{T}}\boldsymbol{P}_1^{-1}]\bar{\boldsymbol{x}}_i(t) + \bar{\boldsymbol{\xi}}_i^{\mathrm{T}}(t)[\boldsymbol{P}_2\boldsymbol{A} + \boldsymbol{A}^{\mathrm{T}}\boldsymbol{P}_2 - 2\theta_0\underline{\lambda}_2\boldsymbol{C}^{\mathrm{T}}\boldsymbol{C} \\ & + \frac{1}{\beta}\boldsymbol{P}_1^{-1}\boldsymbol{B}\boldsymbol{B}^{\mathrm{T}}\boldsymbol{P}_1^{-1} + \varepsilon^2\boldsymbol{P}_2\boldsymbol{D}\boldsymbol{D}^{\mathrm{T}}\boldsymbol{P}_2]\bar{\boldsymbol{\xi}}_i(t) + 2\bar{\boldsymbol{x}}_i^{\mathrm{T}}(t)\boldsymbol{P}_1^{-1}\boldsymbol{D}_\omega\bar{\boldsymbol{\omega}}_i(t) \\ & - 2\bar{\boldsymbol{\xi}}_i^{\mathrm{T}}(t)\boldsymbol{P}_2\boldsymbol{D}_\omega\bar{\boldsymbol{\omega}}_i(t)\}, \end{aligned} \tag{5.1.13}$$

其中$\underline{\lambda}_2 = \min\limits_{p\in\mathcal{P}} \lambda_2(\boldsymbol{L}_p)$. 当$\boldsymbol{\omega}(t) = 0$时, 同时$\bar{\boldsymbol{\omega}}(t) = 0$, 于是

$$\begin{aligned} \dot{V}(t) \leqslant \sum_{i=2}^{N} \{ & \bar{\boldsymbol{x}}_i^{\mathrm{T}}(t)[\boldsymbol{P}_1^{-1}\boldsymbol{A} + \boldsymbol{A}^{\mathrm{T}}\boldsymbol{P}_1^{-1} + 2\boldsymbol{F}^{\mathrm{T}}\boldsymbol{F} + (2+\beta)\boldsymbol{P}_1^{-1}\boldsymbol{B}\boldsymbol{B}^{\mathrm{T}}\boldsymbol{P}_1^{-1} \\ & + \varepsilon^2\boldsymbol{P}_1^{-1}\boldsymbol{D}\boldsymbol{D}^{\mathrm{T}}\boldsymbol{P}_1^{-1}]\bar{\boldsymbol{x}}_i(t) + \bar{\boldsymbol{\xi}}_i^{\mathrm{T}}(t)[\boldsymbol{P}_2\boldsymbol{A} + \boldsymbol{A}^{\mathrm{T}}\boldsymbol{P}_2 - 2\theta_0\underline{\lambda}_2\boldsymbol{C}^{\mathrm{T}}\boldsymbol{C} \\ & + \frac{1}{\beta}\boldsymbol{P}_1^{-1}\boldsymbol{B}\boldsymbol{B}^{\mathrm{T}}\boldsymbol{P}_1^{-1} + \varepsilon^2\boldsymbol{P}_2\boldsymbol{D}\boldsymbol{D}^{\mathrm{T}}\boldsymbol{P}_2]\bar{\boldsymbol{\xi}}_i(t)\}. \end{aligned}$$

通过调节θ_0充分大, 使$\theta_0\underline{\lambda}_2 > 1$. 根据式(5.1.7), 式(5.1.8)和Schur补引理, 进

一步计算得到

$$\begin{aligned}\dot{V}(t)\leqslant&\sum_{i=2}^{N}\{\bar{\boldsymbol{x}}_i^{\mathrm{T}}(t)[-\alpha\boldsymbol{P}_1^{-1}]\bar{\boldsymbol{x}}_i(t)+\bar{\boldsymbol{\xi}}_i^{\mathrm{T}}(t)[-\alpha\boldsymbol{P}_2]\bar{\boldsymbol{\xi}}_i(t)\}\\\leqslant&-\alpha\boldsymbol{\delta}^{\mathrm{T}}(t)\begin{bmatrix}\boldsymbol{I}_N\otimes\boldsymbol{P}_1^{-1}&0\\0&\boldsymbol{I}_N\otimes\boldsymbol{P}_2\end{bmatrix}\boldsymbol{\delta}(t)\\=&-\alpha V(t)\\\leqslant&0.\end{aligned}$$

因此, 当$\boldsymbol{\omega}(t)\equiv 0$时, $\lim_{t\to\infty}\|\boldsymbol{\delta}(t)\|=0$ 成立.

第二部分: 对于$w(t)\neq 0$的情况, 由式(5.1.13)得到

$$\begin{aligned}\dot{V}(t)\leqslant&\sum_{i=2}^{N}\{\bar{\boldsymbol{x}}_i^{\mathrm{T}}(t)[\boldsymbol{P}_1^{-1}\boldsymbol{A}+\boldsymbol{A}^{\mathrm{T}}\boldsymbol{P}_1^{-1}+2\boldsymbol{F}^{\mathrm{T}}\boldsymbol{F}+(2+\beta)\boldsymbol{P}_1^{-1}\boldsymbol{B}\boldsymbol{B}^{\mathrm{T}}\boldsymbol{P}_1^{-1}\\&+\varepsilon^2\boldsymbol{P}_1^{-1}\boldsymbol{D}\boldsymbol{D}^{\mathrm{T}}\boldsymbol{P}_1^{-1}]\bar{\boldsymbol{x}}_i(t)+\bar{\boldsymbol{\xi}}_i^{\mathrm{T}}(t)[\boldsymbol{P}_2\boldsymbol{A}+\boldsymbol{A}^{\mathrm{T}}\boldsymbol{P}_2-2\theta_0\underline{\lambda}_2\boldsymbol{C}^{\mathrm{T}}\boldsymbol{C}\\&+\frac{1}{\beta}\boldsymbol{P}_1^{-1}\boldsymbol{B}\boldsymbol{B}^{\mathrm{T}}\boldsymbol{P}_1^{-1}+\varepsilon^2\boldsymbol{P}_2\boldsymbol{D}\boldsymbol{D}^{\mathrm{T}}\boldsymbol{P}_2]\bar{\boldsymbol{\xi}}_i(t)+2\bar{\boldsymbol{x}}_i^{\mathrm{T}}(t)\boldsymbol{P}_1^{-1}\boldsymbol{D}_\omega\bar{\boldsymbol{\omega}}_i(t)\\&-2\bar{\boldsymbol{\xi}}_i^{\mathrm{T}}(t)\boldsymbol{P}_2\boldsymbol{D}_\omega\bar{\boldsymbol{\omega}}_i(t)\}.\end{aligned}\tag{5.1.14}$$

根据式(5.1.10), 得到如下不等式

$$\begin{aligned}&2\bar{\boldsymbol{x}}^{\mathrm{T}}(t)[\boldsymbol{I}_N\otimes\boldsymbol{P}_1^{-1}\boldsymbol{D}_\omega]\bar{\boldsymbol{\omega}}(t)-2\bar{\boldsymbol{\xi}}^{\mathrm{T}}(t)[\boldsymbol{I}_N\otimes\boldsymbol{P}_2\boldsymbol{D}_\omega]\bar{\boldsymbol{\omega}}(t)\\\leqslant&\frac{2}{\gamma^2}\bar{\boldsymbol{x}}^{\mathrm{T}}(t)[\boldsymbol{I}_N\otimes(\boldsymbol{P}_1^{-1}\boldsymbol{D}_\omega\boldsymbol{D}_\omega^{\mathrm{T}}\boldsymbol{P}_1^{-1})]\bar{\boldsymbol{x}}(t)\\&+\frac{2}{\gamma^2}\bar{\boldsymbol{\xi}}^{\mathrm{T}}(t)[\boldsymbol{I}_N\otimes(\boldsymbol{P}_2\boldsymbol{D}_\omega\boldsymbol{D}_\omega^{\mathrm{T}}\boldsymbol{P}_2)]\bar{\boldsymbol{\xi}}(t)+\gamma^2\bar{\boldsymbol{\omega}}(t)^{\mathrm{T}}\bar{\boldsymbol{\omega}}(t).\end{aligned}\tag{5.1.15}$$

结合式(5.1.14)和(5.1.15), 有

$$\begin{aligned}\dot{V}(t)\leqslant&\sum_{i=2}^{N}\{\bar{\boldsymbol{x}}_i^{\mathrm{T}}(t)[\boldsymbol{P}_1^{-1}\boldsymbol{A}+\boldsymbol{A}^{\mathrm{T}}\boldsymbol{P}_1^{-1}+2\boldsymbol{F}^{\mathrm{T}}\boldsymbol{F}+(2+\beta)\boldsymbol{P}_1^{-1}\boldsymbol{B}\boldsymbol{B}^{\mathrm{T}}\boldsymbol{P}_1^{-1}\\&+\frac{2}{\gamma^2}\boldsymbol{P}_1^{-1}\boldsymbol{D}_\omega\boldsymbol{D}_\omega^{\mathrm{T}}\boldsymbol{P}_1^{-1}+\varepsilon^2\boldsymbol{P}_1^{-1}\boldsymbol{D}\boldsymbol{D}^{\mathrm{T}}\boldsymbol{P}_1^{-1}]\bar{\boldsymbol{x}}_i(t)+\bar{\boldsymbol{\xi}}_i^{\mathrm{T}}(t)[\boldsymbol{P}_2\boldsymbol{A}+\boldsymbol{A}^{\mathrm{T}}\boldsymbol{P}_2\\&-2\theta_0\underline{\lambda}_2\boldsymbol{C}^{\mathrm{T}}\boldsymbol{C}+\frac{1}{\beta}\boldsymbol{P}_1^{-1}\boldsymbol{B}\boldsymbol{B}^{\mathrm{T}}\boldsymbol{P}_1^{-1}+\frac{2}{\gamma^2}\boldsymbol{P}_2\boldsymbol{D}_\omega\boldsymbol{D}_\omega^{\mathrm{T}}\boldsymbol{P}_2\varepsilon^2\boldsymbol{P}_2\boldsymbol{D}\boldsymbol{D}^{\mathrm{T}}\boldsymbol{P}_2]\bar{\boldsymbol{\xi}}_i(t)\\&+\bar{\boldsymbol{x}}_i^{\mathrm{T}}(t)[\boldsymbol{C}^{\mathrm{T}}\boldsymbol{C}]\bar{\boldsymbol{x}}_i(t)-\bar{\boldsymbol{x}}_i^{\mathrm{T}}(t)[\boldsymbol{C}^{\mathrm{T}}\boldsymbol{C}]\bar{\boldsymbol{x}}_i(t)+\gamma^2\bar{\boldsymbol{\omega}}_i^{\mathrm{T}}(t)\bar{\boldsymbol{\omega}}_i(t)\}.\end{aligned}$$

进一步计算得到

$$\dot{V}(t)\leqslant-\alpha V(t)+\gamma^2\bar{\boldsymbol{\omega}}^{\mathrm{T}}(t)\bar{\boldsymbol{\omega}}(t)-\tilde{\boldsymbol{y}}^{\mathrm{T}}(t)\tilde{\boldsymbol{y}}(t).$$

对上式两端由t_0到∞做积分, 得到下面不等式

$$\int_{t_0}^{\infty}\tilde{\boldsymbol{y}}^{\mathrm{T}}(\tau)\tilde{\boldsymbol{y}}(\tau)\mathrm{d}\tau\leqslant\phi(0)+\gamma^2\int_{t_0}^{\infty}\boldsymbol{w}^{\mathrm{T}}(\tau)\boldsymbol{w}(\tau)\mathrm{d}\tau.$$

通过选择$t_0 = 0$, $\phi(0) = e^{-\alpha(\tau-t_0)}V(0)$, 得出式(5.1.2)中性能指标的结果. 综上所述, 本节所提H_∞输出一致性控制问题可解. □

注记 5.1.1 线性矩阵不等式(5.1.7)和(5.1.8)在文献中非常常见. 通过给出特定的参数值, 它们的可解性相对容易. 这些参数值的选取及其解决方案将在后面的仿真示例中给出.

注记 5.1.2 定理5.1.1的证明选取了一个共同的Lyapunov函数来确保误差系统在任意切换下都能达到一致性. 与文献 [39]相比, 本方法无需依赖通信网络的平均停留时间条件, 从而降低了通信拓扑的依赖条件, 减少了推导过程的复杂性,增加了切换拓扑的适用性.

5.1.4 算例仿真

本节考虑由B747-100/200飞行器模型构成的多智能体系统 [39], 包含4个智能体子系统的拓扑图和切换信号图分别如图5.1和5.2所示. 系统参数为

$$\boldsymbol{A} = \begin{bmatrix} -2.98 & 0.93 & 0 & -0.034 \\ -0.99 & -0.21 & 0.035 & -0.0011 \\ 0 & 0 & -2 & 1 \\ 0.39 & -5.555 & 0 & -1.89 \end{bmatrix},$$

$$\boldsymbol{B} = \begin{bmatrix} -0.032 & 0.5 & 1.55 \\ 0 & 0 & 0 \\ 0 & 0 & 0 \\ -1.6 & 1.8 & -2 \end{bmatrix}, \quad \boldsymbol{C} = \begin{bmatrix} 1 & 0 & 0 & 0 \\ 0 & 1 & 0 & 0 \\ 0 & 0 & 1 & 0 \end{bmatrix}.$$

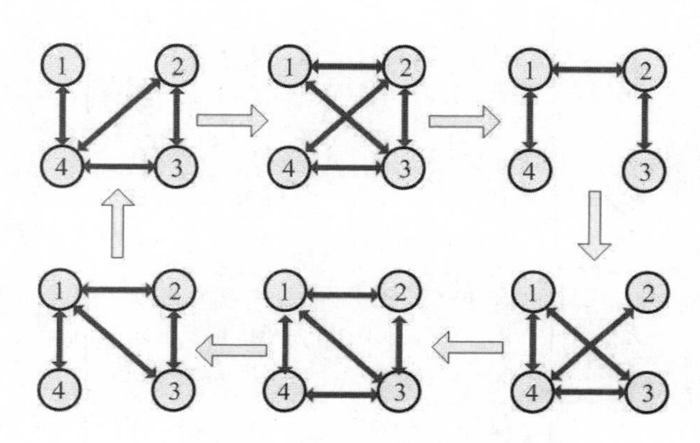

图 5.1 无向切换图

假设外部干扰为$\boldsymbol{\omega}_1(t) = [0.5\omega, \omega, 0.5\omega, \omega]^{\mathrm{T}}$, 其中$\omega = \sin(0.4\mathrm{t}) + 1, 0 < \mathrm{t} < 4\ \mathrm{s}$; $\boldsymbol{\omega}_2(t) = [0.5\tilde{\omega}, 0.6\tilde{\omega}, 0.5\tilde{\omega}, 0.6\tilde{\omega}]^{\mathrm{T}}$ 其中$\tilde{\omega} = 1.5,\ 13\ \mathrm{s} < \mathrm{t} < 18\ \mathrm{s}$, 并

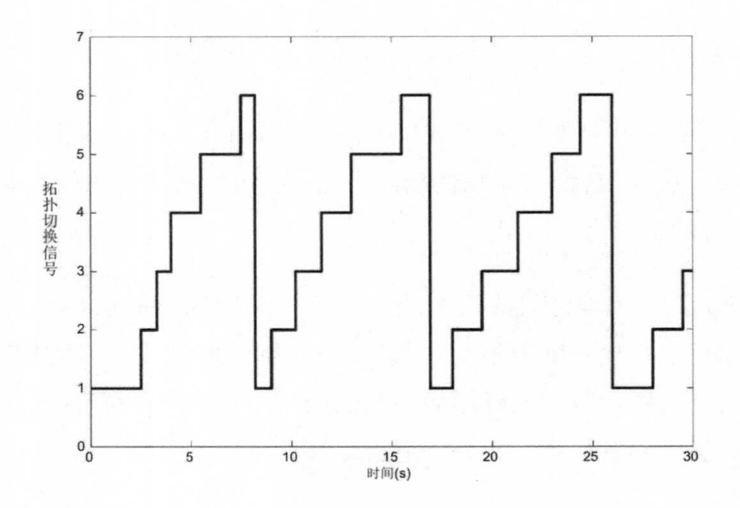

图 5.2 拓扑切换信号图

且$\boldsymbol{D}_w = [1.2, 0.5, 0, 1.5]^{\mathrm{T}}$. 本例中,不确定矩阵假设满足$\Delta \boldsymbol{A}_i(t) = \boldsymbol{D}\boldsymbol{E}_i(t)\boldsymbol{F}$,其中

$$\boldsymbol{D} = \begin{bmatrix} 0.8 & -0.25 & 0 \\ 0.475 & 0.3 & -0.45 \\ -1 & 0 & 0 \\ 0 & 0 & -2 \end{bmatrix},$$

$$\boldsymbol{F} = \begin{bmatrix} 0.5 & 0 & 0 & 0 \\ 0 & 0 & -0.5 & 0 \\ 0 & 0 & 0.5 & 0 \\ -0.5 & 0 & 0 & 0 \end{bmatrix},$$

$$\boldsymbol{E}_1 = \begin{bmatrix} \sin \mathrm{t} & 0 & 0 & 0 \\ 0 & -\sin \mathrm{t} & -\sin \mathrm{t} & 0 \\ -\cos \mathrm{t} & 0 & 0 & -\cos \mathrm{t} \end{bmatrix},$$

$$\boldsymbol{E}_2 = \begin{bmatrix} \sin \mathrm{t} & 0 & 0 & 0 \\ 0 & -\cos \mathrm{t} & -\cos \mathrm{t} & 0 \\ -\cos \mathrm{t} & 0 & 0 & -\cos \mathrm{t} \end{bmatrix},$$

$$\boldsymbol{E}_3 = \begin{bmatrix} \cos \mathrm{t} & 0 & 0 & 0 \\ 0 & -\sin \mathrm{t} & -\sin \mathrm{t} & 0 \\ -\cos \mathrm{t} & 0 & 0 & -\cos \mathrm{t} \end{bmatrix},$$

$$\boldsymbol{E}_4 = \begin{bmatrix} \cos \mathrm{t} & 0 & 0 & 0 \\ 0 & -\cos \mathrm{t} & -\cos \mathrm{t} & 0 \\ -\sin \mathrm{t} & 0 & 0 & -\sin \mathrm{t} \end{bmatrix}.$$

假设初始条件为$\boldsymbol{x}_1(0) = [0, -0.5, 2, -1]^{\mathrm{T}}$, $\boldsymbol{x}_2(0) = [4, -3.5, -2, 6]^{\mathrm{T}}$, $\boldsymbol{x}_3(0) = [0.5, 5, -0.2, -0.1]^{\mathrm{T}}$, $\boldsymbol{x}_4(0) = [-5, 0.5, 0.2, 1]^{\mathrm{T}}$, $\boldsymbol{\nu}_1(0) = [-1, 0, -8, 2]^{\mathrm{T}}$, $\boldsymbol{\nu}_2(0) =$

$[-2, 0.2, 0.2, 0.1]^{\mathrm{T}}$, $\boldsymbol{\nu}_3(0) = [-0.1, -2, 3, -4]^{\mathrm{T}}$, $\boldsymbol{\nu}_4(0) = [1, 2, -3, 4]^{\mathrm{T}}$. 通过选取参数$\alpha = 1.5, \beta = 0.1, \varepsilon = 1, \gamma = 0.5$ 并求解线性矩阵不等式(5.1.7)和(5.1.8), 得到反馈增益矩阵为

$$\boldsymbol{K} = \begin{bmatrix} 0.0001 & -0.0003 & 0.0000 & -0.0001 \\ 0.0001 & -0.0001 & -0.0001 & 0.0001 \\ 0.0009 & -0.0018 & -0.0000 & -0.0002 \end{bmatrix},$$

$$\boldsymbol{\Gamma} = \begin{bmatrix} -1.8613 & -0.5658 & 0.1222 \\ -0.5658 & -0.8162 & 0.5113 \\ 0.1222 & 0.5113 & -1.6942 \\ 0.5221 & 0.8449 & -1.4445 \end{bmatrix}.$$

仿真结果如图5.3–5.10所示, 其中图5.3–图5.6显示了子系统状态的轨迹. 此外, 图5.7–5.10分别描述了子系统状态及其估计值的状态轨迹. 可以观察到, 当外部干扰存在时, 多智能体系统可以实现性能指标为γ 的H_∞输出一致性. 该算例验证了定理5.1.1的结果.

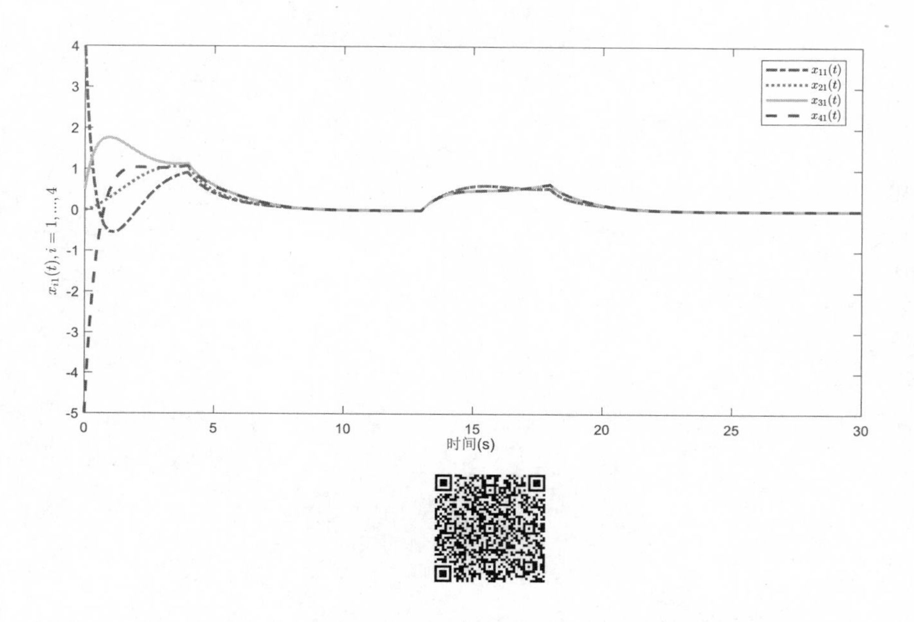

图 5.3 $x_{i1}(t), i = 1, \cdots, 4$的状态轨迹的轮廓

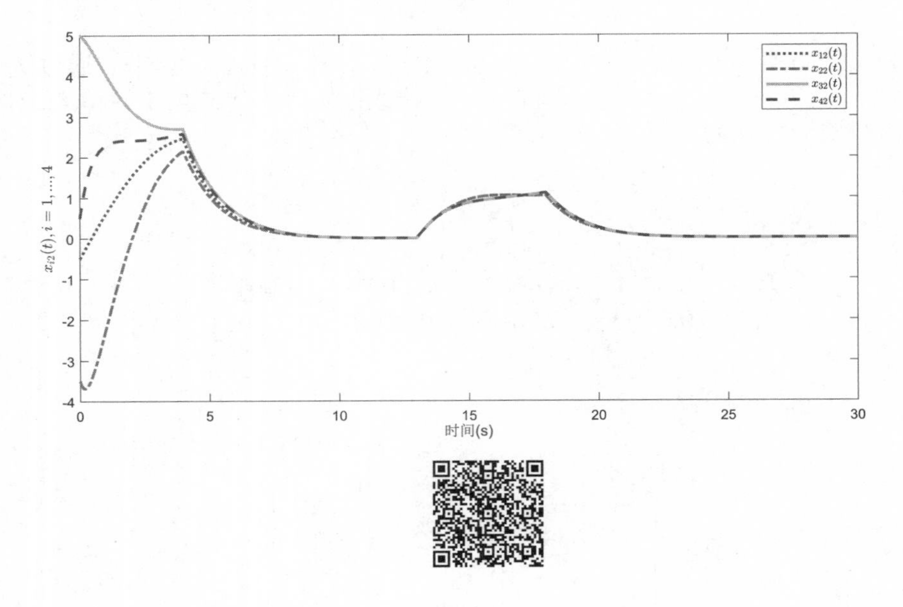

图 5.4 $x_{i2}(t), i=1,\cdots,4$的状态轨迹的轮廓

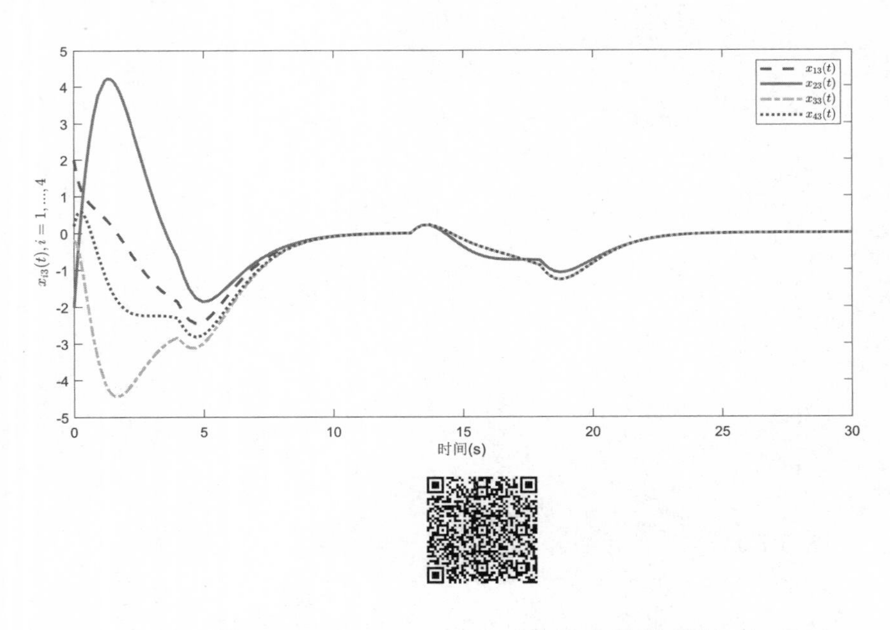

图 5.5 $x_{i3}(t), i=1,\cdots,4$的状态轨迹的轮廓

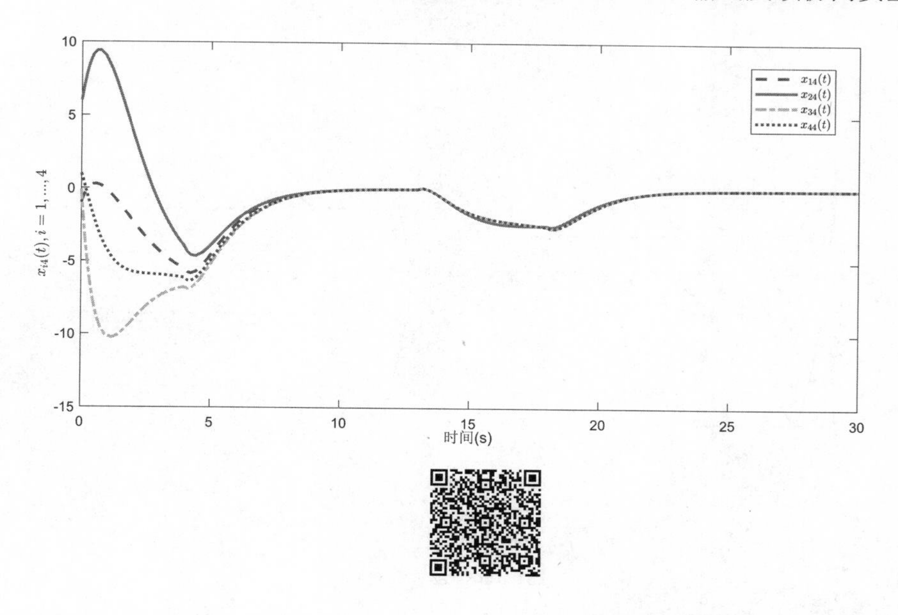

图 5.6 $x_{i4}(t), i=1,\cdots,4$的状态轨迹的轮廓

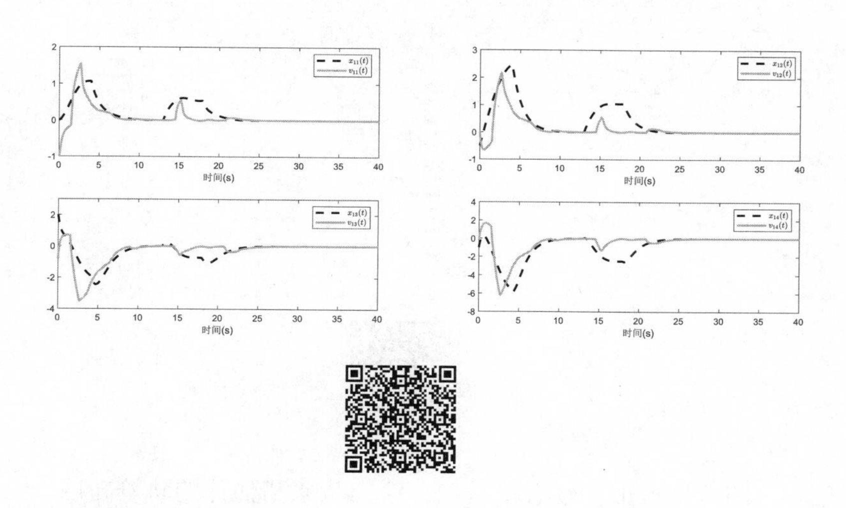

图 5.7 $x_{1j}(t), v_{1j}(t), j=1,\cdots,4$状态和估计的轨迹轮廓

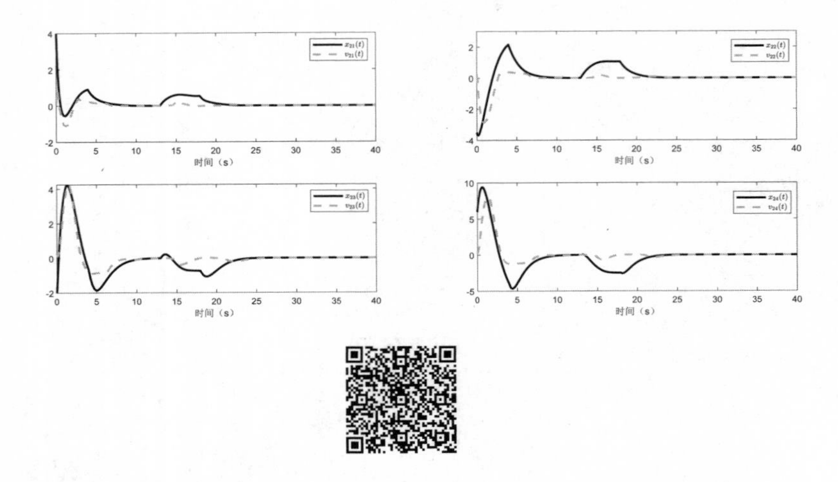

图 5.8 $x_{2j}(t), v_{2j}(t), j=1,\cdots,4$状态和估计的轨迹轮廓

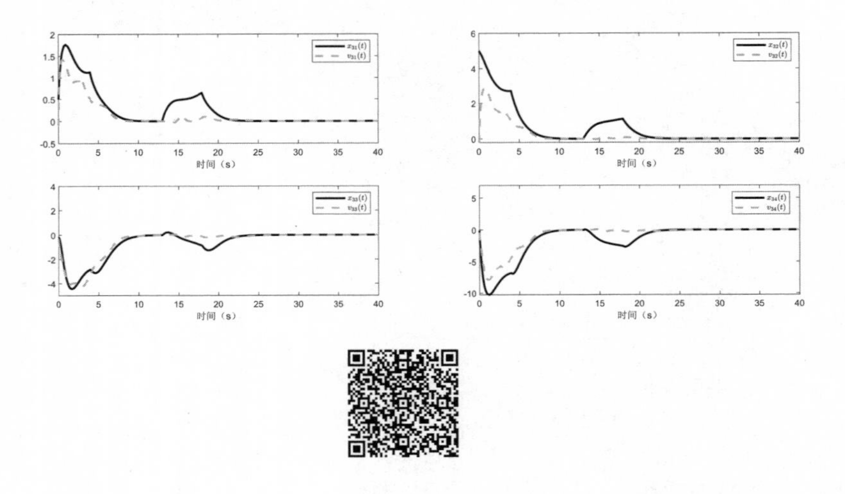

图 5.9 $x_{3j}(t), v_{3j}(t), j=1,\cdots,4$状态和估计的轨迹轮廓

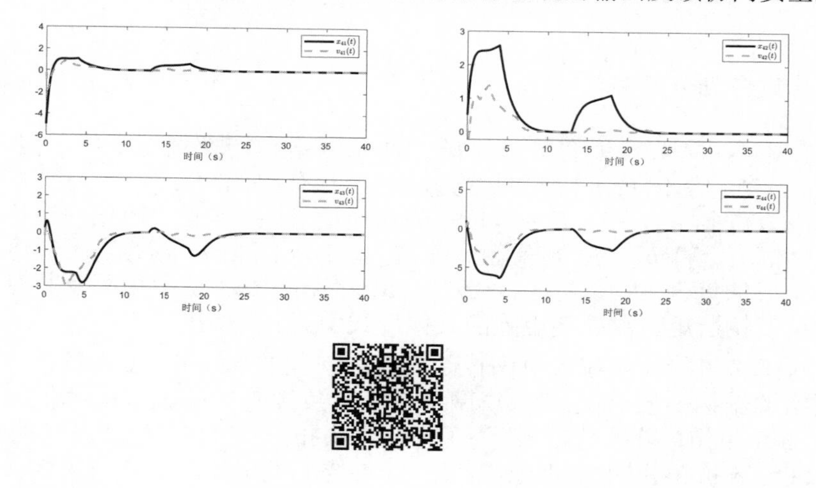

图 5.10 $x_{4j}(t), v_{4j}(t), j=1,\cdots,4$状态和估计的轨迹轮廓

5.2 网络间歇性通讯下多智能体系统输出反馈安全跟踪控制

在本节中, 考虑多智能体系统的通讯网络出现通信故障或遭受DoS攻击, 从而导致切换通讯拓扑发生间歇性通讯情况. 设计了一种基于输出反馈的协同安全跟踪控制方案, 其中为每个子系统构造一个局部状态观测器以估计子系统状态, 同时设计一个分布式安全跟踪控制器实现协同跟踪的控制目标.

5.2.1 多智能体系统模型与问题描述

考虑一组分布在时变通讯网络中的$N+1$个子系统的分布式多智能体系统, 第i个跟随子系统的动态空间描述为:

$$\begin{aligned}\dot{\boldsymbol{x}}_i(t)&=\boldsymbol{A}\boldsymbol{x}_i(t)+\boldsymbol{B}\boldsymbol{u}_i(t),\\ \boldsymbol{y}_i(t)&=\boldsymbol{C}\boldsymbol{x}_i(t),\quad i=1,\cdots,N,\end{aligned}\tag{5.2.1}$$

其中$\boldsymbol{x}_i(t)\in\mathbb{R}^n$是第$i$个子系统状态, $\boldsymbol{u}_i(t)\in\mathbb{R}^p$和$\boldsymbol{y}_i(t)\in\mathbb{R}^q$ 分别表示控制输入和输出信号, $\boldsymbol{A},\boldsymbol{B},\boldsymbol{C}$是适当维数的常数矩阵并且满足$(\boldsymbol{A},\boldsymbol{B},\boldsymbol{C})$是可稳定且可检测的. 这里的领航者智能体子系统标记为0, 其状态空间描述为:

$$\begin{aligned}\dot{\boldsymbol{x}}_0(t)&=\boldsymbol{A}\boldsymbol{x}_0(t)+\boldsymbol{B}\boldsymbol{u}_0(t),\\ \boldsymbol{y}_0(t)&=\boldsymbol{C}\boldsymbol{x}_0(t),\end{aligned}\tag{5.2.2}$$

其中$\boldsymbol{x}_0(t)$, $\boldsymbol{y}_0(t)$分别为它的状态和输出向量, $\boldsymbol{u}_0(t)$是领导者的未知时变的输入信号,满足$\|\boldsymbol{u}_0(t)\|\leqslant\bar{u}$, 并且$\bar{u}>0$是一个未知常数.

1.拓扑集合划分策略

在本章中, 假设多智能体系统的通讯网络为切换无向拓扑, 令图$\bar{\mathcal{G}}(t)$表示$N+1$个智能体系统构成的时变通讯拓扑有向图, $t_1, t_2, \cdots$为拓扑的切换时刻, $\sigma(t):[0,+\infty) \to \mathcal{P}$表示拓扑的切换信号, 并且假定通讯网络拓扑在时间区间$[t_h, t_{h+1})(h \in \mathbb{N})$上保持不变. 定义$\mathbb{G} = \{\bar{\mathcal{G}}_p : p \in \mathcal{P}\}$为所有可能通信拓扑构成的集合, 其中$\mathcal{P} = \{1, 2, \cdots, M\}$为指标集. 切换拓扑及其对应的时变的拉普拉斯矩阵和邻接矩阵的具体形式由第2章给出.

对于多智能体系统的协同控制问题, 其一致性或者同步化条件通常与通讯网络的结构性质有关, 例如, 网络系统一致性趋同的收敛速率依赖于通讯拓扑Laplacian矩阵的特征根. 为了降低第拓扑(平均)驻留时间条件的保守性, 我们通过分析拓扑网络的结构特点, 引入基于拓扑集合划分的平均驻留时间的定义, 并以此为基础设计协同安全控制算法, 实现多智能体系统协同跟踪的目标.

首先, 介绍集合划分的定义. 令

定义 5.2.1 [67] $\mathbb{S}$为一给定的非空集合, $\mathcal{Q} = \{\mathbb{X}_1, \mathbb{X}_2, \cdots, \mathbb{X}_q\}$为$\mathbb{S}$子集的集合, 如果满足:

(1). $\mathbb{S} = \bigcup\limits_{\mathbb{X} \in \mathcal{P}} \mathbb{X}$.

(2). $\mathbb{X}_1, \mathbb{X}_2, \cdots, \mathbb{X}_q$都是非空集合,并且$\mathbb{X}_i \bigcap \mathbb{X}_j = \emptyset (i \neq j)$.

则称$\mathcal{Q}$是集合$\mathbb{S}$的一个划分.

对所有的$p \in \mathcal{P}$,令

$$\mathcal{C}(\bar{\mathcal{G}}_p) := \left\{c_1^p, c_2^p, \cdots, c_N^p | c_i^p = \lambda_i(\boldsymbol{H}_p), i = 1, 2, \cdots, N\right\}. \tag{5.2.3}$$

表示矩阵$\boldsymbol{H}_p$所有特征值构成的集合, 定义拓扑集合$\mathbb{G}$的一个划分为

$$\mathbb{G} = \bigcup_{q \in \mathcal{Q}} \mathcal{T}_q, \tag{5.2.4}$$

其中$\mathcal{Q}$为指标集表示所有拓扑连通性质的类别,以及

$$\mathcal{T}_q = \left\{\bar{\mathcal{G}}_{q_1}, \bar{\mathcal{G}}_{q_2}, \cdots, \bar{\mathcal{G}}_{q_{m_q}} | \mathcal{C}(\bar{\mathcal{G}}_{q_k}) = \mathcal{C}(\bar{\mathcal{G}}_{q_l}), \forall q_k, q_l \in \mathcal{P}, q_k \neq q_l\right\}.$$

通过上述拓扑集合划分可知,拓扑子集合$\mathcal{T}_q$内的所有元素都具有相同的网络连通性质, 从而可以定义如下集合

$$\bar{\mathcal{C}}(\mathcal{T}_q) := \left\{\bar{c}_1^q, \bar{c}_2^q, \cdots, \bar{c}_N^q | \bar{c}_i^q = \lambda_i(\boldsymbol{H}_{\bar{q}}), i = 1, 2, \cdots, N, \bar{q} \in \{q_1, q_2, \cdots, q_{m_q}\}\right\}. \tag{5.2.5}$$

下面, 我们举例说明上述划分规则. 假定$\mathbb{G} = \{\bar{\mathcal{G}}_1, \bar{\mathcal{G}}_2, \bar{\mathcal{G}}_3, \bar{\mathcal{G}}_4, \bar{\mathcal{G}}_5, \bar{\mathcal{G}}_6\}$ 表示一个拓扑集合,集合中的元素如图5.11所示,可以计算出每个网络拓扑结构

矩阵$\boldsymbol{H}_p(p=1,2,\cdots,6)$的特征根分别为

$$
\begin{aligned}
\mathcal{C}(\bar{\mathcal{G}}_1)=&\{0.1392,1.7459,3,4.1149\},\\
\mathcal{C}(\bar{\mathcal{G}}_2)=&\{0.4094,2.4927,4.2075,4.8904\}\\
\mathcal{C}(\bar{\mathcal{G}}_3)=&\{0.1729,0.6617,2.2091,3.9563\},\\
\mathcal{C}(\bar{\mathcal{G}}_4)=&\{0.1392,1.7459,3,4.1149\},\\
\mathcal{C}(\bar{\mathcal{G}}_5)=&\{0.4094,2.4927,4.2075,4.8904\},\\
\mathcal{C}(\bar{\mathcal{G}}_6)=&\{0.1392,1.7459,3,4.1149\}
\end{aligned}
$$

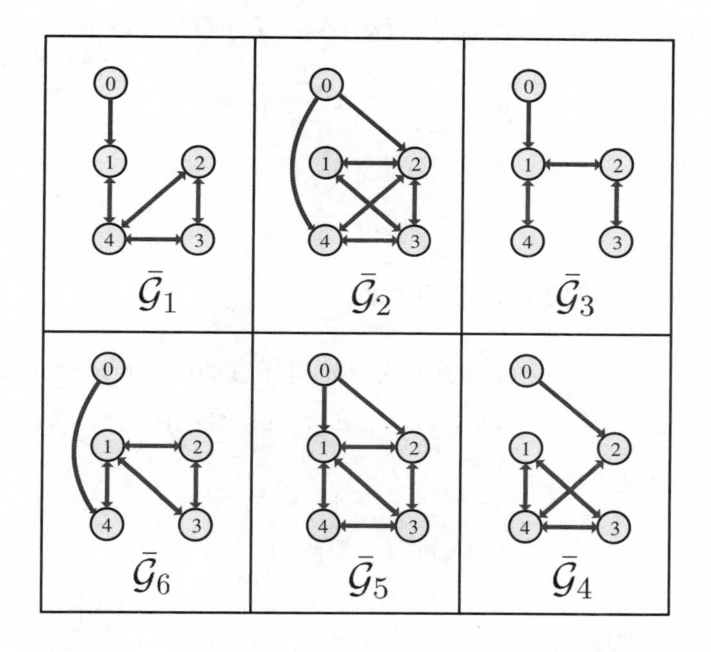

图 5.11 切换通讯拓扑

进而, 根据拓扑集合划分规则(5.2.3),可以得到$\mathbb{G}$的一个划分为

$$
\mathbb{G}=\mathcal{T}_1\bigcup\mathcal{T}_2\bigcup\mathcal{T}_3 \tag{5.2.7}
$$

其中$\mathcal{T}_1=\{\bar{\mathcal{G}}_1,\bar{\mathcal{G}}_4,\bar{\mathcal{G}}_6\}$, $\mathcal{T}_2=\{\bar{\mathcal{G}}_2,\bar{\mathcal{G}}_5\}$, $\mathcal{T}_3=\{\bar{\mathcal{G}}_3\}$.

下面给出一个重要的引理, 基于这个引理, 我们将给出基于拓扑集合划分依赖的平均驻留时间的定义.

引理 5.2.1 对于所有的$\bar{\mathcal{G}}_{\bar{q}}\in\mathcal{T}_q=\{\mathcal{G}_{q_1},\mathcal{G}_{q_2},\cdots,\mathcal{G}_{q_{m_q}}\}(q\in\mathcal{Q})$,若矩阵$\boldsymbol{H}_{\bar{q}}$是正定矩阵, 则下面的不等式成立

$$
\boldsymbol{x}^{\mathrm{T}}(\boldsymbol{H}_{\bar{q}}\otimes\boldsymbol{I}_n)\boldsymbol{x}=\sum_{i=1}^{N}\bar{c}_{iq}\|\boldsymbol{x}_i\|^2,\quad \bar{q}=q_1,q_2,\cdots,q_{m_q}, \tag{5.2.8}
$$

其中$\boldsymbol{x} := [\boldsymbol{x}_1^{\mathrm{T}}, \boldsymbol{x}_2^{\mathrm{T}}, \cdots, \boldsymbol{x}_N^{\mathrm{T}}]^{\mathrm{T}} \in \mathbb{R}^{Nn}$ 为任意向量, $\bar{c}_{iq}$为式(5.2.5)中所定义.

证明 因为矩阵$\boldsymbol{H}_{\bar{q}}$是正定矩阵,$\bar{q} = q_1, q_2, \cdots, q_{m_q}$,所以存在酉矩阵$\boldsymbol{U}_{\bar{q}} \in \mathbb{R}^{N\times N}$满足

$$\boldsymbol{U}_{\bar{q}}^{\mathrm{T}} \boldsymbol{H}_{\bar{q}} \boldsymbol{U}_{\bar{q}} = \boldsymbol{\Lambda}_{\bar{q}} = \mathrm{diag}(\bar{c}_{1q}, \bar{c}_{2q}, \cdots, \bar{c}_{Nq}), \tag{5.2.9}$$

根据拓扑集合划分规则(5.2.3)可知,$\mathcal{C}(\boldsymbol{H}_{q_1}) = \mathcal{C}(\boldsymbol{H}_{q_2}) = \cdots = \mathcal{C}(\boldsymbol{H}_{q_{m_q}}) = \bar{\mathcal{C}}(\mathcal{T}_q)$. 令$\bar{\boldsymbol{x}} = (\boldsymbol{U}_{\bar{q}}^{\mathrm{T}} \otimes \boldsymbol{I}_N)\boldsymbol{x}$,从而有

$$\begin{aligned}\boldsymbol{x}^{\mathrm{T}}(\boldsymbol{H}_{\bar{q}} \otimes \boldsymbol{I}_n)\boldsymbol{x} &= \boldsymbol{x}^{\mathrm{T}}(\boldsymbol{U}_{\bar{q}} \otimes \boldsymbol{I}_N)(\boldsymbol{\Lambda}_{\bar{q}} \otimes \boldsymbol{I}_n)(\boldsymbol{U}_{\bar{q}}^{\mathrm{T}} \otimes \boldsymbol{I}_N)\boldsymbol{x} \\ &= \sum_{i=1}^{N} \bar{c}_{iq}\|\bar{\boldsymbol{x}}_i\|^2 = \sum_{i=1}^{N} \bar{c}_{iq}\|\boldsymbol{x}_i\|^2.\end{aligned} \tag{5.2.10}$$

□

2.拓扑集合划分依赖的平均驻留时间

定义 5.2.2 对于拓扑切换信号$\sigma(t)$和任意的时间$t > \tau > 0$, 对于$q \in \mathcal{Q}$, 记$N_\sigma^q(\tau, t)$为第q类拓扑$\mathcal{G}_q(\bar{\mathcal{G}}_s \in \mathcal{T}_q)$在$(\tau, t)$上的切换次数. 如果对给定的常数$N_0^q \geqslant 0$和$\tau_{aq} > 0$, 有

$$N_\sigma^q(\tau, t) \leqslant N_0^q + \frac{T^q(\tau, t)}{\tau_{aq}} \tag{5.2.11}$$

成立, 那么τ_{aq}称为第q类拓扑平均驻留时间（即拓扑集合划分依赖的平均驻留时间）, N_0^q称作抖颤界, $T^q(t, \tau)$ 表示第q类拓扑在时间区间$[\tau, t)$总的运行时间长度. 在本章中, 我们选取$N_0^q = 0$.

注记 5.2.1 引理5.2.1表明拓扑子集$\mathcal{T}_q$中元素具有相同的连通性质. 因此, 我们借助于引理5.2.1, 可以构造拓扑连通性质依赖的分段Lypunov函数, 进而可以得到平均驻留时间保守性更小的一致跟踪控制算法的设计条件.

3.间歇性通讯网络

从智能体子系统到其邻居的通信通道可能在大多数实际环境中, 由于通信故障或者DoS攻击的影响, 智能体之间的信号传输过程可能是间歇性的. 因此, 有必要假设系统将以一些不连续的时间间隔接受来自邻居的相对信号.

通过分析 [16]中时间间隔的定义, 我们知道$t \in \Omega_H$的连接网络中发生故障; 除此以外, 每个节点通常在$t \in \Omega_N$时收到邻域信息, 其中

$$\begin{aligned} \Omega_N &= \bigcup_{m \in \mathbb{N}^+} [\mathbf{t}_m^1, \mathbf{t}_{m+1}) \bigcup [\mathbf{t}_0, \mathbf{t}_1), \\ \Omega_H &= \bigcup_{m \in \mathbb{N}^+} [\mathbf{t}_m, \mathbf{t}_m^1). \end{aligned} \tag{5.2.12}$$

并且每个区间$[\mathbf{t}_m, \mathbf{t}_{m+1})$包含以下不重叠的子区间: $[\mathbf{t}_m^0, \mathbf{t}_m^1), \cdots, [\mathbf{t}_m^{l_m-1}, \mathbf{t}_m^{l_m})$, 其中$\mathbf{t}_{m-1}^{l_{m-1}} = \mathbf{t}_m = \mathbf{t}_m^0$. 间歇性网络通讯时间序列如图5.12所示.

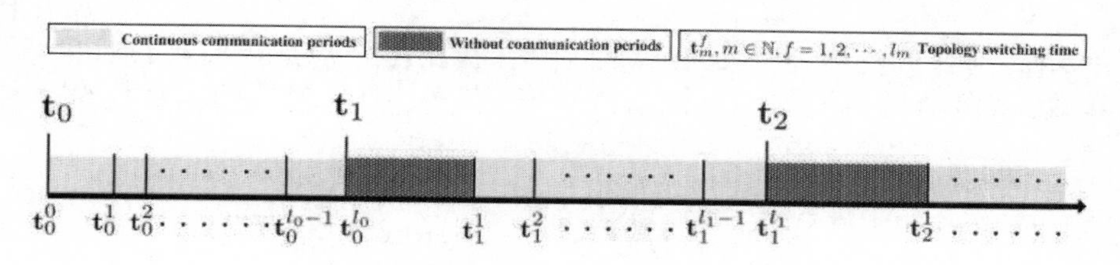

图 5.12 间歇性通讯网络示意图

注记 5.2.2 受文献 [16]的间歇通信模型的启发, 定义相似的约束时间间隔(5.2.12). 实际上, 当$t \in \Omega_H$是发生间歇性通讯的时间间隔, 而$t \in \Omega_N$中的时间间隔恰巧相反. 请注意, 在时间间隔$[\mathbf{t}_m, \mathbf{t}_{m+1})$中, 发生拓扑切换的次数为$l_m$. 同时, 当$m = 1$时$l_{m-1}$是非负整数且满足$l_{m-1} \geqslant 0$; 其他情况时则$l_{m-1} \geqslant 1$.

假设 5.2.1 通讯拓扑图$\{\mathcal{G}_p : p \in \mathcal{P}\}$在每个区间$t \in [\mathbf{t}_m^f, \mathbf{t}_m^{f+1}), f = 1, 2, \cdots, l_{m-1}$是固定连同的. 所有节点的每个子图都是无向的,且领导者至少有一条到任一子系统的有向路径.

5.2.2 控制目标

考虑带有间歇性通讯的多智能体系统(follower2-1)-(leader2-1), 本节研究的主要问题是通过利用跟随智能体i的邻域输出信息，设计基于观测器的输出反馈安全控制算法$\boldsymbol{u}_i(t)$，使得所有闭环信号是有界的，同时保证状态的输出跟踪误差收敛到原点的一个较小的邻域内.

5.2.3 基于观测器的输出反馈协同安全跟踪控制设计

注意到在网络间歇通讯环境中, 当$t \in \Omega_H$时相邻子系统的相对输出信息是不可用于设计控制协议的. 因此基于不连续的邻域输出信号, 我们为第i个

子系统设计了以下基于观测器的切换协同安全控制策略：

$$
\begin{aligned}
&(1)\ 当 t \in \Omega_N(t): \left\{\begin{array}{l}
\dot{\boldsymbol{\nu}}_i(t) = \boldsymbol{A}\boldsymbol{\nu}_i(t) + \boldsymbol{B}\boldsymbol{u}_i(t) + \boldsymbol{L}[\boldsymbol{C}\boldsymbol{\nu}_i(t) - \boldsymbol{y}_i(t)], \\
\boldsymbol{u}_i(t) = \theta\boldsymbol{\omega}_i(t) + \theta f_i(\boldsymbol{\omega}_i(t)), \\
\boldsymbol{\omega}_i(t) = \boldsymbol{K}\sum\limits_{j=0}^{N} a_{ij}^{\sigma(t)}(\boldsymbol{\nu}_i(t) - \boldsymbol{\nu}_j(t)),
\end{array}\right. \\
&(2)\ 当 t \in \Omega_H(t): \left\{\begin{array}{l}
\dot{\boldsymbol{\nu}}_i(t) = \boldsymbol{A}\boldsymbol{\nu}_i(t) + \boldsymbol{B}\boldsymbol{u}_i(t) + \boldsymbol{L}[\boldsymbol{C}\boldsymbol{\nu}_i(t) - \boldsymbol{y}_i(t)], \\
\boldsymbol{u}_i(t) = 0,
\end{array}\right.
\end{aligned}
\tag{5.2.13}
$$

其中$\boldsymbol{\nu}_i(t) \in \mathbb{R}^n$是状态向量$\boldsymbol{x}_i(t)$的估计值，$\theta,\boldsymbol{L},\boldsymbol{K}$分别是需要被设计的控制器参数，观测器增益矩阵和反馈增益矩阵. 另外，控制辅助控制函数$f_i(\boldsymbol{\omega}_i)$定义为

$$
f_i(\boldsymbol{\omega}_i) = \left\{\begin{array}{ll}
\boldsymbol{\omega}_i(t)/(\|\boldsymbol{\omega}_i(t)\|), & 如果 \theta\|\boldsymbol{\omega}_i(t)\| > \pi, \\
\theta\boldsymbol{\omega}_i(t)/\pi, & 如果 \theta\|\boldsymbol{\omega}_i(t)\| \leqslant \pi.
\end{array}\right.
$$

同时，领导者的状态估计值$\boldsymbol{\nu}_0(t)$可以从其本地观测器获得，即$\dot{\boldsymbol{\nu}}_0(t) = \boldsymbol{A}\boldsymbol{\nu}_0(t) + \boldsymbol{B}\boldsymbol{u}_0(t) + \boldsymbol{L}[\boldsymbol{C}\boldsymbol{\nu}_0(t) - \boldsymbol{y}_0(t)]$.

令

$$
\begin{gathered}
\tilde{\boldsymbol{x}}_i(t) = \boldsymbol{x}_i(t) - \boldsymbol{x}_0(t), \\
\tilde{\boldsymbol{\nu}}_i(t) = \boldsymbol{\nu}_i(t) - \boldsymbol{\nu}_0(t), \\
\tilde{\boldsymbol{x}}(t) = [\tilde{\boldsymbol{x}}_1^{\mathrm{T}}(t), \cdots, \tilde{\boldsymbol{x}}_N^{\mathrm{T}}(t)]^{\mathrm{T}}, \\
\tilde{\boldsymbol{\nu}}(t) = [\tilde{\boldsymbol{\nu}}_1^{\mathrm{T}}(t), \cdots, \tilde{\boldsymbol{\nu}}_N^{\mathrm{T}}(t)]^{\mathrm{T}}, \\
\boldsymbol{e}(t) = [\tilde{\boldsymbol{x}}^{\mathrm{T}}(t), \tilde{\boldsymbol{\nu}}^{\mathrm{T}}(t)]^{\mathrm{T}}, \\
\boldsymbol{\omega}_i(t) = \left(\left[\boldsymbol{0}_{1\times N} \quad \boldsymbol{L}_{i1}^{\sigma(t)} \cdots \boldsymbol{L}_{iN}^{\sigma(t)}\right] \otimes \boldsymbol{K}\right)\boldsymbol{e}(t), \\
\bar{\boldsymbol{F}}(\boldsymbol{e}(t)) = \boldsymbol{F}(\boldsymbol{\omega}(t)) = [f_1^{\mathrm{T}}(\boldsymbol{\omega}_1), \cdots, f_N^{\mathrm{T}}(\boldsymbol{\omega}_N)]^{\mathrm{T}},
\end{gathered}
$$

则误差$\boldsymbol{e}(t) = [\tilde{\boldsymbol{x}}^{\mathrm{T}}(t), \tilde{\boldsymbol{\nu}}^{\mathrm{T}}(t)]^{\mathrm{T}}$的分段闭环误差系统为

$$
\dot{\boldsymbol{e}}(t) = \left\{\begin{array}{ll}
\boldsymbol{\Pi}_1\boldsymbol{e}(t) + \theta\begin{bmatrix}\boldsymbol{I}_N \otimes \boldsymbol{B} \\ \boldsymbol{I}_N \otimes \boldsymbol{B}\end{bmatrix}\bar{\boldsymbol{F}}(\boldsymbol{e}(t)) - \begin{bmatrix}\boldsymbol{1}_N \otimes \boldsymbol{B} \\ \boldsymbol{1}_N \otimes \boldsymbol{B}\end{bmatrix}\boldsymbol{u}_0(t), & 如果 t \in \Omega_N(t), \\
\begin{bmatrix}\boldsymbol{I}_N \otimes \boldsymbol{A} & \boldsymbol{0} \\ -\boldsymbol{I}_N \otimes \boldsymbol{LC} & \boldsymbol{I}_N \otimes (\boldsymbol{A} + \boldsymbol{LC})\end{bmatrix}\boldsymbol{e}(t) - \begin{bmatrix}\boldsymbol{1}_N \otimes \boldsymbol{B} \\ \boldsymbol{1}_N \otimes \boldsymbol{B}\end{bmatrix}\boldsymbol{u}_0(t), & 如果 t \in \Omega_H(t),
\end{array}\right.
\tag{5.2.14}
$$

其中

$$
\boldsymbol{\Pi}_1 = \begin{bmatrix}\boldsymbol{I}_N \otimes \boldsymbol{A} & \theta\boldsymbol{L}_1^{\sigma(t)} \otimes (\boldsymbol{BK}) \\ -\boldsymbol{I}_N \otimes (\boldsymbol{LC}) & \boldsymbol{D}_1\end{bmatrix},
$$

$$
\boldsymbol{D}_1 = \boldsymbol{I}_N \otimes (\boldsymbol{A} + \boldsymbol{LC}) + \theta\boldsymbol{L}_1^{\sigma(t)} \otimes (\boldsymbol{BK}).
$$

进一步, 定义调节误差为

$$\boldsymbol{\delta}(t)=\begin{bmatrix}\boldsymbol{\xi}(t)\\ \tilde{\boldsymbol{\nu}}(t)\end{bmatrix}=\begin{bmatrix}\boldsymbol{I}_{nN} & -\boldsymbol{I}_{nN}\\ \boldsymbol{0} & \boldsymbol{I}_{nN}\end{bmatrix}\boldsymbol{e}(t),$$

其中$\boldsymbol{\xi}(t)=\tilde{\boldsymbol{x}}(t)-\tilde{\boldsymbol{\nu}}(t)=[\boldsymbol{\xi}_1^{\mathrm{T}}(t),\cdots,\boldsymbol{\xi}_N^{\mathrm{T}}(t)]^{\mathrm{T}}$. 根据(5.2.14), 整理出闭环协调误差$\boldsymbol{\delta}(t)$的系统动态满足

$$\dot{\boldsymbol{\delta}}(t)=\begin{cases}\boldsymbol{\Pi}_2\boldsymbol{\delta}(t)+\theta\begin{bmatrix}\boldsymbol{0}\\ \boldsymbol{I}_N\otimes\boldsymbol{B}\end{bmatrix}\bar{\boldsymbol{F}}(\boldsymbol{e}(t))-\begin{bmatrix}\boldsymbol{0}\\ \boldsymbol{1}_N\otimes\boldsymbol{B}\end{bmatrix}\boldsymbol{u}_0(t), & \text{如果}t\in\Omega_N(t),\\ \begin{bmatrix}\boldsymbol{I}_N\otimes(\boldsymbol{A}+\boldsymbol{LC}) & \boldsymbol{0}\\ \boldsymbol{I}_N\otimes(-\boldsymbol{LC}) & \boldsymbol{I}_N\otimes\boldsymbol{A}\end{bmatrix}\boldsymbol{\delta}(t)-\begin{bmatrix}\boldsymbol{0}\\ \boldsymbol{1}_N\otimes\boldsymbol{B}\end{bmatrix}\boldsymbol{u}_0(t), & \text{如果}t\in\Omega_H(t),\end{cases}\tag{5.2.15}$$

其中

$$\boldsymbol{\Pi}_2=\begin{bmatrix}\boldsymbol{I}_N\otimes(\boldsymbol{A}+\boldsymbol{LC}) & \boldsymbol{0}\\ -\boldsymbol{I}_N\otimes(\boldsymbol{LC}) & \boldsymbol{I}_N\otimes\boldsymbol{A}+\theta\boldsymbol{L}_1^{\sigma(t)}\otimes(\boldsymbol{BK})\end{bmatrix}.$$

通过以上分析, 基于控制器(5.2.13)的分布式多智能体系统(5.2.1)-(5.2.2) 的协同安全控制问题已转换为协调误差系统(5.2.15)的零平衡点的稳定性问题.

下面的定理给出了闭环协调误差系统(5.2.15)一致最终有界性的证明. 定义

$$a_z=\lambda_{\min\limits_{z\in\mathcal{Z}}}(\boldsymbol{Q}_z),\ b_z=\lambda_{\max\limits_{z\in\mathcal{Z}}}(\boldsymbol{Q}_z),$$

$$\underline{\lambda}_a=\min_{z\in\mathcal{Z}}(a_z),\ \bar{\lambda}_b=\max_{z\in\mathcal{Z}}(b_z).$$

定理 5.2.1　考虑满足假设5.2.1的分布式多智能体系统(5.2.1)-(5.2.2), 如果存在矩阵$\boldsymbol{P}_1>0$, $\boldsymbol{P}_2>0$, $\boldsymbol{L}$和一个常数$\alpha^*>0$使得下列矩阵不等式成立

$$\begin{bmatrix}\boldsymbol{P}_1(\boldsymbol{A}+\boldsymbol{LC})+(\boldsymbol{A}+\boldsymbol{LC})^{\mathrm{T}}\boldsymbol{P}_1+\alpha^*\boldsymbol{P}_1 & \boldsymbol{C}^{\mathrm{T}}\\ \boldsymbol{C} & -\boldsymbol{I}\end{bmatrix}<0,\tag{5.2.16a}$$

$$\begin{bmatrix}\boldsymbol{P}_2\boldsymbol{A}+\boldsymbol{A}^{\mathrm{T}}\boldsymbol{P}_2-2\boldsymbol{P}_2\boldsymbol{B}\boldsymbol{B}^{\mathrm{T}}\boldsymbol{P}_2+\alpha^*\boldsymbol{P}_2 & \boldsymbol{P}_2\boldsymbol{L}\\ \boldsymbol{L}^{\mathrm{T}}\boldsymbol{P}_2 & -\boldsymbol{I}\end{bmatrix}<0.\tag{5.2.16b}$$

同时, 选取参数$\alpha_z^*<\frac{\alpha^*a_z}{b_z}$, $\kappa_z>\frac{b_z}{\underline{\lambda}_a}$, 和$\beta_z^*>\beta^*>0$ 使得下列条件成立

$$\sum_{z\in\mathbb{Z}}(\alpha_z^*-\frac{\ln\kappa_z}{\tau_{az}})T^z(\mathbf{t}_\jmath^1,\mathbf{t}_{\jmath+1})-\sum_{z\in\mathbb{Z}}\mathcal{N}_0^z\ln\kappa_z-\ln\frac{1}{\underline{\lambda}_a}-\beta_z^*(\mathbf{t}_\jmath^1-\mathbf{t}_\jmath)>0,\tag{5.2.17a}$$

$$\sum_{z\in\mathbb{Z}}(\alpha_z^*-\frac{\ln\kappa_z}{\tau_{az}})T^z(\mathbf{t}_0,\mathbf{t}_1)-\sum_{z\in\mathbb{Z}}\mathcal{N}_0^z\ln\kappa_z-\ln\frac{1}{\underline{\lambda}_a}>0,\tag{5.2.17b}$$

$$\boldsymbol{P}_1(\boldsymbol{A}+\boldsymbol{LC})+(\boldsymbol{A}+\boldsymbol{LC})^{\mathrm{T}}\boldsymbol{P}_1+\boldsymbol{CC}^{\mathrm{T}}-\beta^*\boldsymbol{P}_1<0, \tag{5.2.17c}$$

$$\boldsymbol{P}_2\boldsymbol{A}+\boldsymbol{A}^{\mathrm{T}}\boldsymbol{P}_2+\boldsymbol{P}_2\boldsymbol{LL}^{\mathrm{T}}\boldsymbol{P}_2-\beta^*\boldsymbol{P}_2<0. \tag{5.2.17d}$$

那么存在基于观测器的协调控制器(5.2.13), 使得协调误差系统(5.2.15) 中的所有闭环误差信号即使在间歇性通讯的约束下也是一致最终有界的. 同时设计的观测器的增益矩阵为$\boldsymbol{K}=-\boldsymbol{B}^{\mathrm{T}}\boldsymbol{P}_2$. 此外, 协调误差信号$\boldsymbol{\delta}(t)$最终将收敛到以下紧集中

$$\delta^*=\{\boldsymbol{\delta}(t)|\|\boldsymbol{\delta}(t)\|<\delta_1\},$$

其中$\delta_1=max\{\delta_0,\sqrt{\frac{\bar{\lambda}_b}{\underline{\lambda}_a}\delta_0^2}\}$ 和$\delta_0>0$.

证明 考虑以下拓扑依赖的分段Lyapunov函数:

$$V_{\sigma(t)}(t)=\begin{cases}\boldsymbol{\delta}^{\mathrm{T}}(t)\boldsymbol{\Upsilon}_{\sigma(t)}\boldsymbol{\delta}(t), & \text{如果}t\in\Omega_N(t),\\ \boldsymbol{\delta}^{\mathrm{T}}(t)\Lambda\boldsymbol{\delta}(t), & \text{如果}t\in\Omega_H(t),\end{cases} \tag{5.2.18}$$

其中$\boldsymbol{\Upsilon}_{\sigma(t)}=\mathrm{diag}\{\boldsymbol{L}_1^{\sigma(t)}\otimes\boldsymbol{P}_1,\boldsymbol{L}_1^{\sigma(t)}\otimes\boldsymbol{P}_2\}$和$\Lambda=\mathrm{diag}\{\boldsymbol{I}_N\otimes\boldsymbol{P}_1,\boldsymbol{I}_N\otimes\boldsymbol{P}_2\}$. 下面的证明过程分为三个部分.

第一部分: 当$t\in[\mathbf{t}_m^f,\mathbf{t}_m^{f+1}),f=1,2,\cdots,l_m-1$, 设$\sigma(t)=p$, $p\in\mathcal{P}$. 计算$V_{\sigma(t)}(t)$对时间的导数沿着误差系统(5.2.15)满足

$$\begin{aligned}\dot{V}_p(t)=&\boldsymbol{\delta}^{\mathrm{T}}(t)\begin{bmatrix}\boldsymbol{L}_1^p\otimes 2\boldsymbol{P}_1(\boldsymbol{A}+\boldsymbol{LC}) & \boldsymbol{0}\\ \boldsymbol{L}_1^p\otimes(-2\boldsymbol{P}_2\boldsymbol{LC}) & \boldsymbol{L}_1^p\otimes(2\boldsymbol{P}_2\boldsymbol{A})+2\theta(\boldsymbol{L}_1^p)^2\otimes(\boldsymbol{P}_2\boldsymbol{BK})\end{bmatrix}\boldsymbol{\delta}(t)\\ &+2\boldsymbol{\delta}^{\mathrm{T}}(t)\begin{bmatrix}\boldsymbol{0}\\ \theta\boldsymbol{L}_1^p\otimes\boldsymbol{P}_2\boldsymbol{B}\end{bmatrix}\boldsymbol{F}(e)-2\boldsymbol{\delta}^{\mathrm{T}}(t)\begin{bmatrix}\boldsymbol{0}\\ \boldsymbol{L}_1^p\boldsymbol{1}_N\otimes\boldsymbol{P}_2\boldsymbol{B}\end{bmatrix}\boldsymbol{u}_0(t),\end{aligned} \tag{5.2.19}$$

根据$\|\boldsymbol{u}_0(t)\|\leqslant\bar{u}$, 可知

$$-2\boldsymbol{\delta}^{\mathrm{T}}(t)\begin{bmatrix}\boldsymbol{0}\\ \boldsymbol{L}_1^p\boldsymbol{1}_N\otimes\boldsymbol{P}_2\boldsymbol{B}\end{bmatrix}\boldsymbol{u}_0(t)\leqslant 2\bar{u}\sum_{i=1}^N\|\sum_{j=1}^N\boldsymbol{L}_{ij}^p\boldsymbol{B}^{\mathrm{T}}\boldsymbol{P}_2\tilde{\boldsymbol{\nu}}_j(t)\|. \tag{5.2.20}$$

进一步的我们考虑下面三种情况:

第(1)种情况. 当$\theta\|\boldsymbol{\omega}_i(t)\|>\pi$时, 即$f_i(\boldsymbol{\omega}_i(t))=\frac{\boldsymbol{\omega}_i(t)}{\|\boldsymbol{\omega}_i(t)\|}$, 有

$$2\boldsymbol{\delta}^{\mathrm{T}}(t)\begin{bmatrix}\boldsymbol{0}\\ \theta\boldsymbol{L}_1^p\otimes\boldsymbol{P}_2\boldsymbol{B}\end{bmatrix}\boldsymbol{F}(\boldsymbol{e})=-2\theta\sum_{i=1}^N\|\sum_{j=1}^N\boldsymbol{L}_{ij}^p\boldsymbol{B}^{\mathrm{T}}\boldsymbol{P}_2\tilde{\boldsymbol{\nu}}_j(t)\|.$$

因此, 式(5.2.19)可以被重新写为

$$\dot{V}_p(t) \leqslant \boldsymbol{\Gamma}^p(t) - 2(\theta - \bar{u}) \sum_{i=1}^{N} \| \sum_{j=1}^{N} \boldsymbol{L}_{ij}^p \boldsymbol{B}^{\mathrm{T}} \boldsymbol{P}_2 \tilde{\boldsymbol{\nu}}_j(t) \|,$$

其中

$$\boldsymbol{\Gamma}^p(t) = \boldsymbol{\delta}^{\mathrm{T}}(t) \begin{bmatrix} \boldsymbol{L}_1^p \otimes 2\boldsymbol{P}_1(\boldsymbol{A} + \boldsymbol{LC}) & \boldsymbol{0} \\ \boldsymbol{L}_1^p \otimes (-2\boldsymbol{P}_2\boldsymbol{LC}) & \boldsymbol{L}_1^p \otimes (2\boldsymbol{P}_2\boldsymbol{A}) + 2\theta(\boldsymbol{L}_1^p)^2 \otimes (\boldsymbol{P}_2\boldsymbol{BK}) \end{bmatrix} \boldsymbol{\delta}(t).$$

第(2)种情况. 当$\theta\|\boldsymbol{\omega}_i(t)\| \leqslant \pi$时, 即$f_i(\boldsymbol{\omega}_i(t)) = \frac{\theta \boldsymbol{\omega}_i(t)}{\pi}$, 可以得到

$$2\boldsymbol{\delta}^{\mathrm{T}}(t) \begin{bmatrix} \boldsymbol{0} \\ \theta \boldsymbol{L}_1^p \otimes \boldsymbol{P}_2\boldsymbol{B} \end{bmatrix} \boldsymbol{F}(\boldsymbol{\delta}) = -\frac{2\theta^2}{\pi} \sum_{i=1}^{N} \| \sum_{j=1}^{N} \boldsymbol{L}_{ij}^p \boldsymbol{B}^{\mathrm{T}} \boldsymbol{P}_2 \tilde{\boldsymbol{\nu}}_j(t) \|^2.$$

然后, 根据式(5.2.19)和式(5.2.20)可以推出以下不等式成立

$$\dot{V}_p(t) \leqslant \boldsymbol{\Gamma}^p(t) - 2(\theta - \bar{u}) \sum_{i=1}^{N} \| \sum_{j=1}^{N} \boldsymbol{L}_{ij}^p \boldsymbol{B}^{\mathrm{T}} \boldsymbol{P}_2 \tilde{\boldsymbol{\nu}}_j(t) \| + \frac{1}{2} N\pi, \tag{5.2.21}$$

这里采用了$-\frac{\theta^2}{\pi} \| \sum_{j=1}^{N} \boldsymbol{L}_{ij}^p \boldsymbol{B}^{\mathrm{T}} \boldsymbol{P}_2 \tilde{\boldsymbol{\nu}}_j(t) \|^2 + \theta \| \sum_{j=1}^{N} \boldsymbol{L}_{ij}^p \boldsymbol{B}^{\mathrm{T}} \boldsymbol{P}_2 \tilde{\boldsymbol{\nu}}_j(t) \| \leqslant \frac{1}{4}\pi$.

第(3)种情况. 设ι是一个正整数,满足$2 \leqslant \iota \leqslant N-1$, 有

$$f_i(\boldsymbol{\omega}_i(t)) = \begin{cases} \dfrac{\boldsymbol{\omega}_i(t)}{\|\boldsymbol{\omega}_i(t)\|}, \ i = 1, \cdots, \iota; \\ \dfrac{\theta \boldsymbol{\omega}_i(t)}{\pi}, \ i = \iota + 1, \cdots, N. \end{cases} \tag{5.2.22}$$

那么

$$\begin{aligned} & 2\boldsymbol{\delta}^{\mathrm{T}} \begin{bmatrix} \boldsymbol{0} \\ \theta \boldsymbol{L}_1^p \otimes \boldsymbol{P}_2\boldsymbol{B} \end{bmatrix} \boldsymbol{F}(\boldsymbol{\delta}) \\ = & -2\theta \sum_{i=1}^{\iota} \| \sum_{j=1}^{N} \boldsymbol{L}_{ij}^p \boldsymbol{B}^{\mathrm{T}} \boldsymbol{P}_2 \tilde{\boldsymbol{\nu}}_j \| - 2\frac{\theta^2}{\pi} \sum_{i=\iota+1}^{N} \| \sum_{j=1}^{N} \boldsymbol{L}_{ij}^p \boldsymbol{B}^{\mathrm{T}} \boldsymbol{P}_2 \tilde{\boldsymbol{\nu}}_j \|^2. \end{aligned}$$

因此,由式(5.2.21)和式(5.2.22)可以得出

$$\dot{V}_p(t) \leqslant \boldsymbol{\Gamma}^p(t) - 2(\theta - \bar{u}) \sum_{i=1}^{N} \| \sum_{j=1}^{N} \boldsymbol{L}_{ij}^p \boldsymbol{B}^{\mathrm{T}} \boldsymbol{P}_2 \tilde{\boldsymbol{\nu}}_j(t) \| + \bar{\iota},$$

其中$\bar{\iota} = \frac{1}{2}(N - \iota)\pi$.

鉴于以上三种情况的分析, 可以推出

$$\dot{V}_p(t) \leqslant \boldsymbol{\Gamma}^p(t) - 2(\theta - \bar{u})\sum_{i=1}^{N} \| \sum_{j=1}^{N} \boldsymbol{L}_{ij}^p \boldsymbol{B}^{\mathrm{T}} \boldsymbol{P}_2 \tilde{\boldsymbol{\nu}}_j(t) \| + \frac{1}{2}N\pi. \tag{5.2.23}$$

注意到

$$\begin{aligned}\boldsymbol{\Gamma}^p(t) \leqslant & \boldsymbol{\xi}^{\mathrm{T}}(t)[\boldsymbol{L}_1^p \otimes [\boldsymbol{P}_1(\boldsymbol{A}+\boldsymbol{LC}) + (\boldsymbol{A}+\boldsymbol{LC})^{\mathrm{T}}\boldsymbol{P}_1] + \boldsymbol{C}^{\mathrm{T}}\boldsymbol{C}]\boldsymbol{\xi}(t) \\ & + \tilde{\boldsymbol{\nu}}^{\mathrm{T}}(t)[\boldsymbol{L}_1^p \otimes (\boldsymbol{P}_2\boldsymbol{A} + \boldsymbol{A}^{\mathrm{T}}\boldsymbol{P}_2 - 2\theta a_z \boldsymbol{P}_2\boldsymbol{B}\boldsymbol{B}^{\mathrm{T}}\boldsymbol{P}_2 + \boldsymbol{P}_2\boldsymbol{L}\boldsymbol{L}^{\mathrm{T}}\boldsymbol{P}_2^{\mathrm{T}})]\tilde{\boldsymbol{\nu}}(t),\end{aligned} \tag{5.2.24}$$

这里采用了不等式$2\boldsymbol{a}^{\mathrm{T}}\boldsymbol{b} \leqslant \boldsymbol{a}^{\mathrm{T}}\boldsymbol{a} + \boldsymbol{b}^{\mathrm{T}}\boldsymbol{b}$和$\boldsymbol{K} = -\boldsymbol{B}^{\mathrm{T}}\boldsymbol{P}_2$. 然后将式(5.2.24)带入式(5.2.23)得到

$$\begin{aligned}\dot{V}_p(t) \leqslant & \boldsymbol{\xi}^{\mathrm{T}}(t)\{\boldsymbol{L}_1^p \otimes [\boldsymbol{P}_1(\boldsymbol{A}+\boldsymbol{LC}) + (\boldsymbol{A}+\boldsymbol{LC})^{\mathrm{T}}\boldsymbol{P}_1 + \boldsymbol{C}^{\mathrm{T}}\boldsymbol{C}]\}\boldsymbol{\xi}(t) \\ & + \tilde{\boldsymbol{\nu}}^{\mathrm{T}}(t)[\boldsymbol{L}_1^p \otimes (\boldsymbol{P}_2\boldsymbol{A} + \boldsymbol{A}^{\mathrm{T}}\boldsymbol{P}_2 - 2\theta a_z \boldsymbol{P}_2\boldsymbol{B}\boldsymbol{B}^{\mathrm{T}}\boldsymbol{P}_2 + \boldsymbol{P}_2\boldsymbol{L}\boldsymbol{L}^{\mathrm{T}}\boldsymbol{P}_2)]\tilde{\boldsymbol{\nu}}(t) \\ & + \frac{1}{2}N\pi - 2(\theta - \bar{u})\sum_{i=1}^{N} \|\boldsymbol{B}^{\mathrm{T}}\boldsymbol{P}_2 \sum_{j=1}^{N} \boldsymbol{L}_{ij}^p \tilde{\boldsymbol{\nu}}_j(t)\|.\end{aligned}$$

选取θ充分大使得$\theta a_z \geqslant 1$和$\theta \geqslant \bar{u}$, 同时应用式(5.2.16)和Schur补引理, 可得

$$\dot{V}_p(t) \leqslant -\alpha^* V_p(t) + \frac{1}{2}N\pi,$$

这意味着, 当$\alpha^* > \frac{N\pi}{2\rho}$时, 有

$$\dot{V}_p(t) < 0.$$

进而说明误差信号在$t \in [\mathbf{t}_m^f, \mathbf{t}_m^{f+1}), f = 1, 2, \cdots, l_m - 1$ 都是一致有界的. 然后选取正数$\alpha_z^* < \frac{\alpha^* a_z}{b_z}$和$\kappa_{z1} > \frac{b_{z1}}{\lambda_a}$, 并设$M = \frac{1}{2}N\pi$, 则对于任意的$t \in [\mathbf{t}_m^1, \mathbf{t}_m^{l_m}), m \in \mathbb{N}^+$ 可以建立以下不等式

$$\begin{aligned}&\dot{V}_p(t) \leqslant -\alpha_z^* V_p(t) + M, && \forall \mathcal{G}_p \in Q_z, z \in \mathcal{Z}, \\ &V_{p1}(t) \leqslant \kappa_{z1} V_{p2}(t), && \forall \mathcal{G}_{p1} \in Q_{z1}, \mathcal{G}_{p2} \in Q_{z2}.\end{aligned}$$

进而, 当$t \in [\mathbf{t}_m^1, \mathbf{t}_m^{l_m})$时运用以上不等式计算得到

$$
\begin{aligned}
&V_{\sigma(\mathbf{t}_m^{l_m-1})}(\mathbf{t}_m^{l_m-}) \\
\leqslant &\prod_{f=2}^{l_m-1} \kappa_{\sigma(\mathbf{t}_m^f)} \exp\{-\alpha^*_{\sigma(\mathbf{t}_m^{l_m-1})}\mathbf{t}_m^{l_m} + \sum_{f=2}^{l_m-1}(\alpha^*_{\sigma(\mathbf{t}_m^f)} - \alpha^*_{\sigma(\mathbf{t}_m^{f-1})})\mathbf{t}_m^f \\
&+ \alpha^*_{\sigma(\mathbf{t}_m^1)}\mathbf{t}_m^1\} V_{\sigma(\mathbf{t}_m^1)}(\mathbf{t}_m^1) + M\int_{t_m^{l_m-1}}^{t_m^{l_m}} \exp\{-\alpha^*_{\sigma(\mathbf{t}_m^{l_m-1})}(\mathbf{t}_m^{l_m} - \tau)\}\mathrm{d}\tau \\
&+ \kappa_{\sigma(\mathbf{t}_m^{l_m-1})} M\int_{\mathbf{t}_m^{l_m-2}}^{\mathbf{t}_m^{l_m-1}} \exp\{-\alpha^*_{\sigma(\mathbf{t}_m^{l_m-1})}(\mathbf{t}_m^{l_m} - \mathbf{t}_m^{l_m-1}) \\
&+ -\alpha^*_{\sigma(\mathbf{t}_m^{l_m-2})}(\mathbf{t}_m^{l_m-1} - \tau)\}\mathrm{d}\tau \\
&+ \cdots \\
&+ M\prod_{f=2}^{l_m-1}\kappa_{\sigma(\mathbf{t}_m^f)}\int_{\mathbf{t}_m^1}^{\mathbf{t}_m^2} \exp\{-\sum_{f=3}^{l_m}\alpha^*_{\sigma(\mathbf{t}_m^{f-1})}(\mathbf{t}_m^f - \mathbf{t}_m^{f-1}) - \alpha^*_{\sigma(\mathbf{t}_m^1)}(\mathbf{t}_m^2 - \tau)\}\mathrm{d}\tau.
\end{aligned}
\tag{5.2.25}
$$

类似的, 对于$t \in [\mathbf{t}_0, \mathbf{t}_1)$, 同样有

$$
\begin{aligned}
&V_{\sigma(\mathbf{t}_0^{l_0-1})}(\mathbf{t}_1^-) \\
\leqslant &\exp\{\sum_{f=1}^{l_0-1}\ln\kappa_{\sigma(\mathbf{t}_0^f)} - \sum_{f=1}^{l_0}\alpha^*_{\sigma(\mathbf{t}_0^{f-1})}(\mathbf{t}_0^f - \mathbf{t}_0^{f-1})\}V_{\sigma(\mathbf{t}_0)}(\mathbf{t}_0) \\
&+ M\int_{\mathbf{t}_0^{l_0-1}}^{\mathbf{t}_0^{l_0}} \exp\{-\alpha^*_{\sigma(\mathbf{t}_0^{l_0-1})}(\mathbf{t}_0^{l_0} - \tau)\}\mathrm{d}\tau + \kappa_{\sigma(\mathbf{t}_0^{l_0-1})} \\
&+ M\int_{\mathbf{t}_0^{l_0-2}}^{\mathbf{t}_0^{l_0-1}} \exp\{-\alpha^*_{\sigma(\mathbf{t}_0^{l_0-1})}(\mathbf{t}_0^{l_0} - \mathbf{t}_0^{l_0-1}) - \alpha^*_{\sigma(\mathbf{t}_0^{l_0-2})}(\mathbf{t}_0^{l_0-1} - \tau)\}\mathrm{d}\tau \\
&+ \cdots \\
&+ M\prod_{f=1}^{l_0-1}\kappa_{\sigma(\mathbf{t}_0^f)}\int_{\mathbf{t}_0^0}^{\mathbf{t}_0^1} \exp\{-\sum_{f=2}^{l_0-1}\alpha^*_{\sigma(\mathbf{t}_0^f)}(\mathbf{t}_0^f - \mathbf{t}_0^{f-1}) - \alpha^*_{\sigma(\mathbf{t}_0^1)}(\mathbf{t}_0^1 - \tau)\}\mathrm{d}\tau.
\end{aligned}
\tag{5.2.26}
$$

第二部分: 当$t \in [\mathbf{t}_m, \mathbf{t}_m^1), m \in \mathbb{N}^+$ 发生间歇性通讯时, $V_{\sigma(t)}(t)$沿着(5.2.15)对时间的导数为

$$
\begin{aligned}
\dot{V}_{\sigma(t)}(t) \leqslant &\boldsymbol{\xi}^{\mathrm{T}}(t)[\boldsymbol{I}_N \otimes (\boldsymbol{P}_1(\boldsymbol{A} + \boldsymbol{LC}) + (\boldsymbol{A} + \boldsymbol{LC})^{\mathrm{T}}\boldsymbol{P}_1 + \boldsymbol{CC}^{\mathrm{T}})]\boldsymbol{\xi}(t) \\
&+ \tilde{\boldsymbol{\nu}}^{\mathrm{T}}(t)[\boldsymbol{I}_N \otimes (\boldsymbol{P}_2\boldsymbol{A} + \boldsymbol{A}^{\mathrm{T}}\boldsymbol{P}_2 + \boldsymbol{P}_2\boldsymbol{LL}^{\mathrm{T}}\boldsymbol{P}_2)]\tilde{\boldsymbol{\nu}}(t) \\
&- 2\boldsymbol{\delta}^{\mathrm{T}}(t)\begin{bmatrix}\boldsymbol{0} \\ \boldsymbol{1}_N \otimes \boldsymbol{P}_2\boldsymbol{B}\end{bmatrix}\boldsymbol{u}_0.
\end{aligned}
$$

由式(5.2.17c)和式(5.2.17d), 有

$$
\dot{V}_{\sigma(t)}(t) \leqslant \beta^* V_{\sigma(t)}(t) + 2\|\delta_0\|\|\boldsymbol{P}_2\boldsymbol{B}\|\|\boldsymbol{u}_0\|
$$

$$\leqslant \beta_z^* V_{\sigma(t)}(t),$$

其中$\beta_z^* \geqslant \beta^* + \frac{2\|\boldsymbol{P}_2\boldsymbol{B}\|\bar{u}}{\delta_0 \underline{c}}$, $\underline{c} = \min\{\lambda_{\min}(\boldsymbol{P}_1), \lambda_{\min}(\boldsymbol{P}_2)\}$.

对于任意的$\delta_0 > 0$, 当满足$\|\boldsymbol{\delta}(t)\| > \delta_0$时, 应用$V_{\sigma(\mathbf{t}_m)}(\mathbf{t}_m) \leqslant \frac{1}{\underline{\lambda}_a} V_{\sigma(\mathbf{t}_{m-1}^{l_m-1})}(\mathbf{t}_m^{l_m}{}^{-})$, 下式成立

$$\begin{aligned} V_{\sigma(\mathbf{t}_m)}(\mathbf{t}_m^1{}^{-}) \leqslant & \exp\{\beta_z^*(\mathbf{t}_m^1 - \mathbf{t}_m)\} V_{\sigma(\mathbf{t}_m)}(\mathbf{t}_m) \\ \leqslant & \frac{1}{\underline{\lambda}_a} \exp\{\beta_z^*(\mathbf{t}_m^1 - \mathbf{t}_m)\} V_{\sigma(\mathbf{t}_{m-1}^{l_m-1})}(\mathbf{t}_m^{l_m}{}^{-}). \end{aligned} \tag{5.2.27}$$

第三部分: 最后, 在区间$t \in [\mathbf{t}_0, \mathbf{t})$上联立式(5.2.25), 式(5.2.26) 和式(5.2.27), 可以计算得到

$$\begin{aligned} & V_{\sigma(\mathbf{t}_{m+1})}(\mathbf{t}_{m+1}) \\ \leqslant & (\frac{1}{\underline{\lambda}_a})^{\mathcal{N}_\sigma^d(\mathbf{t}_0, \mathbf{t})} \exp\{\sum_{k=0}^{m} [\beta_z^*(\mathbf{t}_k^1 - \mathbf{t}_k) + \sum_{z \in \mathcal{Z}} \mathcal{N}_0^z \ln \kappa_z \\ & - \sum_{z \in \mathcal{Z}} (\alpha_z^* - \frac{\ln \kappa_z}{\tau_{az}}) T^z(\mathbf{t}_k^1, \mathbf{t}_{k+1})]\} V_{\sigma(\mathbf{t}_m)}(\mathbf{t}_m) \\ & + \sum_{k=0}^{m} [M \int_{\mathbf{t}_k^1}^{\mathbf{t}_{k+1}} \exp\{\sum_{z \in \mathcal{Z}} \mathcal{N}_0^z \ln_{\kappa_z} - \sum_{z \in \mathcal{Z}} (\alpha_z^* - \frac{\ln \kappa_z}{\tau_{az}}) T^z(\tau, \mathbf{t})\} \mathrm{d}\tau]. \end{aligned}$$

进而利用不等式(5.2.11), 可得

$$V_{\sigma(\mathbf{t}_{m+1})}(\mathbf{t}_{m+1}) \leqslant \exp\{-\sum_{\jmath=1}^{m} \Psi_\jmath - \Psi_0\} V_{\sigma(\mathbf{t}_0)}(\mathbf{t}_0) + \sum_{\jmath=1}^{m} \Delta_\jmath,$$

其中

$$\begin{aligned} \Psi_\jmath =& \sum_{z \in \mathcal{Z}} (\alpha_z^* - \frac{\ln \kappa_z}{\tau_{az}}) T^z(\mathbf{t}_\jmath^1, \mathbf{t}_{\jmath+1}) - \sum_{z \in \mathcal{Z}} \mathcal{N}_0^z \ln \kappa_z - \ln \frac{1}{\underline{\lambda}_a} - \beta_z^*(\mathbf{t}_\jmath^1 - \mathbf{t}_\jmath) \\ \Delta_\jmath =& M \int_{\mathbf{t}_\jmath^1}^{\mathbf{t}_{\jmath+1}} \exp\{\sum_{z \in \mathcal{Z}} \mathcal{N}_0^p \ln \kappa_z - \sum_{z \in \mathcal{Z}} (\alpha_z^* - \frac{\ln \kappa_z}{\tau_{az}}) T^z(\tau, \mathbf{t})\} \mathrm{d}\tau, \\ \Psi_0 =& \sum_{z \in \mathcal{Z}} (\alpha_z^* - \frac{\ln \kappa_z}{\tau_{az}}) T^z(\mathbf{t}_0^1, \mathbf{t}_1) - \sum_{z \in \mathcal{Z}} \mathcal{N}_0^p \ln \kappa_z - \ln \frac{1}{\underline{\lambda}_a}. \end{aligned}$$

注意到当$t \geqslant 0$时, 存在一个非负常数$\bar{m}$ 使得$\mathbf{t}_{\bar{m}} \leqslant t \leqslant \mathbf{t}_{\bar{m}+1}$. 设

$$\varsigma^* = \max_{m \in \mathbb{N}} (\mathbf{t}_{m+1} - \mathbf{t}_m),\ \Psi^* = \min_{\jmath \in \mathbb{N}} (\Psi_\jmath),\ \Delta^* = \max_{\jmath \in \mathbb{N}} (\Delta_\jmath),$$

将式(5.2.17a),式(5.2.17b) 及$\mu = \exp\{\beta_z^* \varsigma^* + \Psi^*\}$, $\eta = \frac{\Psi^*}{\varsigma^*}$带入,则有

$$V_{\sigma(\mathbf{t}_{\bar{m}})}(t) \leqslant \mu e^{-\eta(\mathbf{t} - \mathbf{t}_0)} V_{\sigma(\mathbf{t}_0)}(\mathbf{t}_0) + \bar{m}\Delta^*.$$

由式(5.2.18)中的Lyapunov函数定义可知, 则存在一个常数$\bar{a}>0$满足

$$0<\bar{a}\|\delta\|<V_{\sigma(t)}(t),$$

等价于

$$0\leqslant\|\boldsymbol{\delta}(t)\|\leqslant\frac{\mu}{\bar{a}}e^{-\eta(t-\mathbf{t}_0)}V_{\sigma(t_0)}(t_0)+\bar{m}\Delta^*,$$

这意味着闭环协调误差系统(5.2.15)的所有信号随着$t\rightarrow\infty$是一致最终有界的. 进一步, 我们知道

$$\|\boldsymbol{\delta}(t)\|^2\leqslant\frac{\bar{\lambda}_b}{\underline{\lambda}_a}\mu e^{-\eta(t-\mathbf{t}_0)}\|\boldsymbol{\delta}(t_0)\|^2+\bar{m}\Delta^*.$$

设$\mu^*=\frac{\bar{\lambda}_b}{\underline{\lambda}_a}\mu$, 误差信号$\boldsymbol{\delta}(t)=[\boldsymbol{\xi}^{\mathrm{T}}(t),\tilde{\boldsymbol{\nu}}^{\mathrm{T}}(t)]^{\mathrm{T}}$ 在时间区间$[\mathbf{t}_0,\mathbf{t}_0+\frac{1}{\eta}ln(\frac{\mu^*\|\boldsymbol{\delta}(t_0)\|^2}{\delta_0^2-\bar{m}\Delta^*})]$内, 进入到集合$\|\boldsymbol{\delta}(t)\|<\delta_0$中. 设$\delta_1=\max\{\delta_0,\sqrt{\frac{\bar{\lambda}_b}{\underline{\lambda}_a}\delta_0^2}\}$, 对所有的$\boldsymbol{\delta}(t_0)\in\mathbb{R}^{2nN}$, 得到协调误差$\boldsymbol{\delta}(t)$ 最终收敛到集合$\delta^*=\{\boldsymbol{\delta}(t)|\|\boldsymbol{\delta}(t)\|<\delta_1\}$. 对任意的$t\geqslant\mathbf{t}_0+T$有$T=\mathbf{t}_0+\frac{1}{\eta}\ln(\frac{\mu^*\|\boldsymbol{\delta}(t_0)\|^2}{\delta_0^2-\bar{m}\Delta^*})$ 说明误差信号$\tilde{\boldsymbol{x}}_i(t)-\tilde{\boldsymbol{\nu}}_i(t)$和$\tilde{\boldsymbol{\nu}}_i(t)$ 收敛到紧凑集δ^*. □

5.2.4 算例仿真

本节考虑由5个F-18飞行器组成的分布式多智能体系统模型 [16]. 假设所有可能的拓扑连通图给定为$\mathbf{G}=\{\mathcal{G}_1,\mathcal{G}_2,\mathcal{G}_3,\mathcal{G}_4,\mathcal{G}_5,\mathcal{G}_6,\mathcal{G}_7,\mathcal{G}_8\}$. 根据预备知识中介绍的拓扑分配策略,我们可以得到

$$S(\mathcal{G}_1)=S(\mathcal{G}_3)=S(\mathcal{G}_8)=\{0.1392,1.7459,3,4.1149\},$$

$$S(\mathcal{G}_2)=S(\mathcal{G}_4)=\{0.1729,0.6617,2.2091,3.9563\},$$

$$S(\mathcal{G}_5)=S(\mathcal{G}_7)=\{0.4094,2.4927,4.2075,4.8904\},$$

$$S(\mathcal{G}_6)=\{0.2598,1.8564,2,0.4512\}.$$

因此可以将$\mathbf{G}$的拓扑分区集划分为

$$\mathbf{G}=Q_1\bigcup Q_2\bigcup Q_3\bigcup Q_4$$

其中$Q_1=\{\mathcal{G}_1,\mathcal{G}_3,\mathcal{G}_8\}$, $Q_2=\{\mathcal{G}_2,\mathcal{G}_4\}$, $Q_3=\{\mathcal{G}_5,\mathcal{G}_7\}$, $Q_4=\{\mathcal{G}_6\}$. 正如图5.13所示,网络通信拓扑的切换规则为; $\mathcal{G}_1\rightarrow\mathcal{G}_2\rightarrow\mathcal{G}_3\rightarrow\mathcal{G}_4\rightarrow\mathcal{G}_5\rightarrow\mathcal{G}_6\rightarrow\mathcal{G}_7\rightarrow\mathcal{G}_8\rightarrow\mathcal{G}_1\rightarrow\cdots$. 图5.14显示了此仿真中的拓扑切换信号.

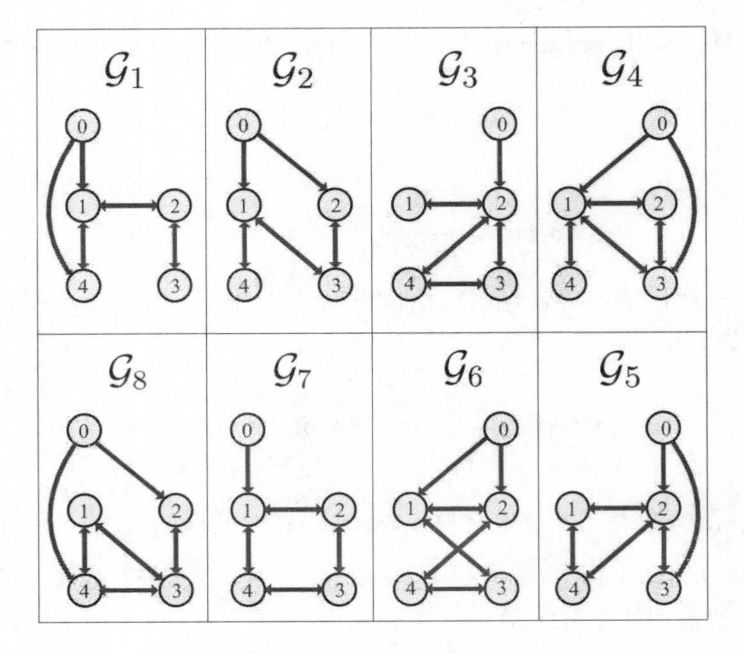

图 5.13 拓扑切换图

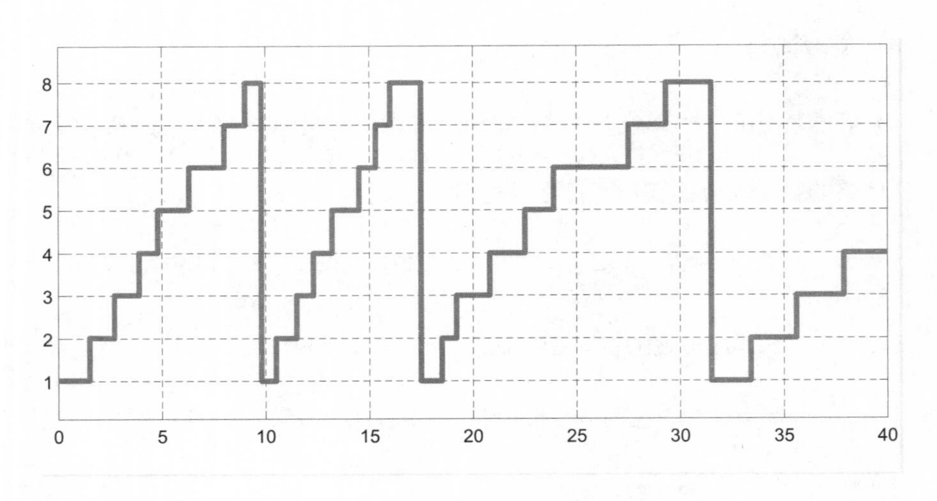

图 5.14 拓扑切换信号

F-18系统模型参数:

$$\boldsymbol{A}=\begin{bmatrix}-1.175 & 0.9871\\ -8.458 & -0.8776\end{bmatrix},\boldsymbol{B}=\begin{bmatrix}-0.194 & -0.03593\\ -19.29 & -3.803\end{bmatrix},\boldsymbol{C}=\begin{bmatrix}1 & 0\end{bmatrix}.$$

令非零输入信号$u_0(t)$为

$$\boldsymbol{u}_0 = \begin{cases} [1,4]^{\mathrm{T}}, & \text{如果} 0 < t < 8, \\ [\sin(0.5t), \cos(0.5t)]^{\mathrm{T}}, & \text{如果} 8 \leqslant t < 18, \\ [-2,-3]^{\mathrm{T}}, & \text{如果} 18 \leqslant t < 40. \end{cases}$$

同时选择初始条件为$x_0(t) = [5,-5]^{\mathrm{T}}, \boldsymbol{x}_1(0) = [-1,-2.8]^{\mathrm{T}}, \boldsymbol{x}_2(0) = [-4,1.8]^{\mathrm{T}}$, $\boldsymbol{x}_3(0) = [0,0]^{\mathrm{T}}, \boldsymbol{x}_4(0) = [5,-1.8]^{\mathrm{T}}, \boldsymbol{\nu}_0(0) = [2,-0.7]^{\mathrm{T}}, \boldsymbol{\nu}_1(0) = [5,-8]^{\mathrm{T}}$, $\boldsymbol{\nu}_2(0) = [-4,3]^{\mathrm{T}}$, $\boldsymbol{\nu}_3(0) = [-6,-3]^{\mathrm{T}}, \boldsymbol{\nu}_4(0) = [6,8]^{\mathrm{T}}, \theta = 4, \pi = 1, \alpha^* = 1$, $\beta^* = 8.2$. 通过求解不等式(5.2.16),可以得到以下反馈增益矩阵：

$$\boldsymbol{L} = \begin{bmatrix} -0.7170 \\ 0.7890 \end{bmatrix}, \boldsymbol{K} = \begin{bmatrix} 0.1788 & 17.782 \\ 0.0331 & 3.5058 \end{bmatrix}.$$

在仿真中, 考虑了三段间歇性通讯网络, 分别是$t \in [0s, 1.2s) \cup [10.5s, 11.2s) \cup [23.9, 26.2)$. 因此, 我们可以看到图5.15-5.16显示了一个领导者和四个子系统状态的轨迹. 图5.17-5.20显示了子系统的状态和其观测器估计轨迹. 显而易见,在该模型中通过应用控制方案(5.2.13) 可以解决本节提到的含有间歇性通讯的协调控制问题, 验证了所提方法的有效性.

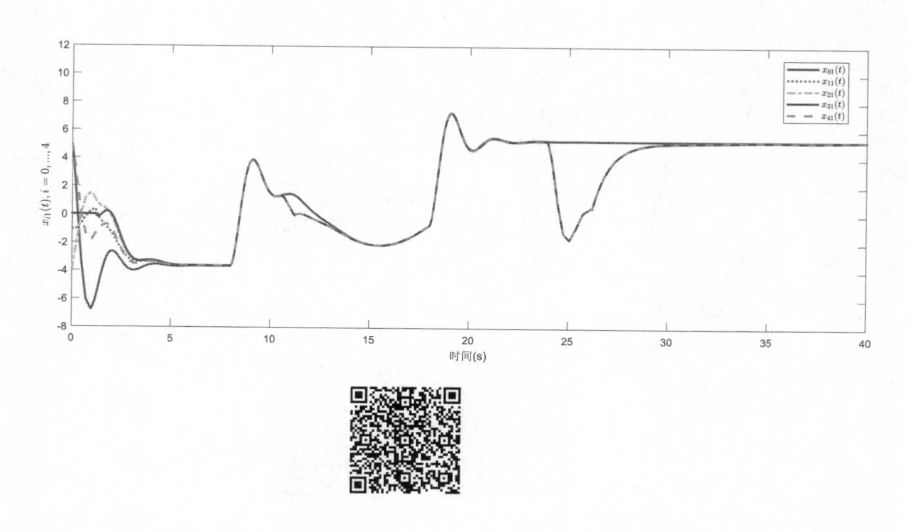

图 5.15 $x_{i1}(t), i = 0, 1, \cdots, 4$的状态轨迹

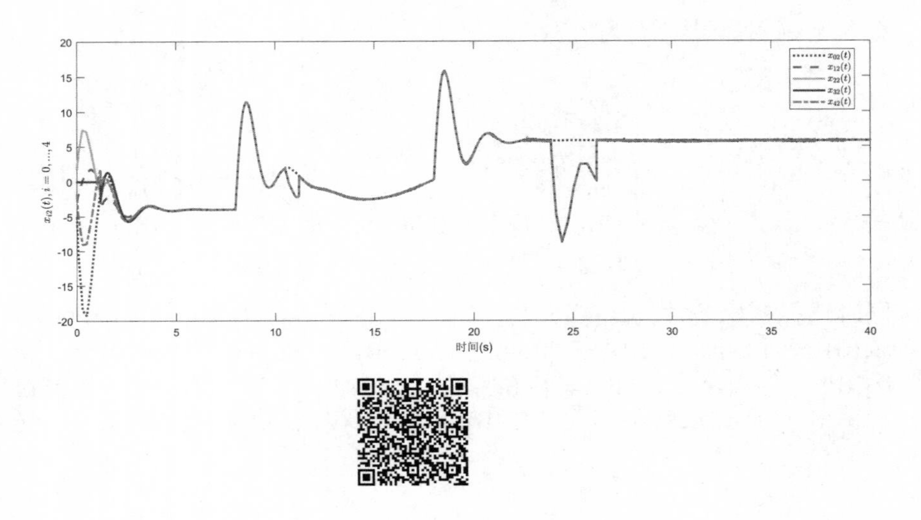

图 5.16 $x_{i2}(t), i = 0, 1, \cdots, 4$的状态轨迹

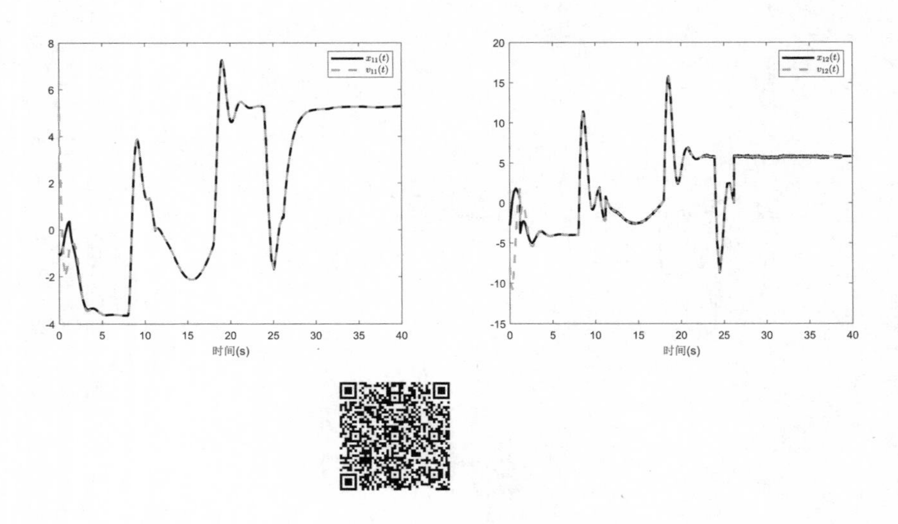

图 5.17 跟随子系统1的状态和估计值的轨迹

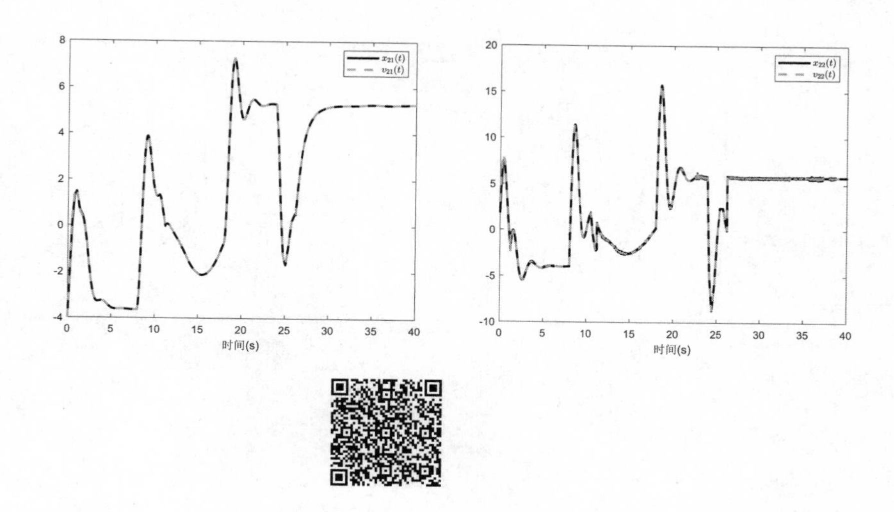

图 5.18 跟随子系统2的状态和估计值的轨迹

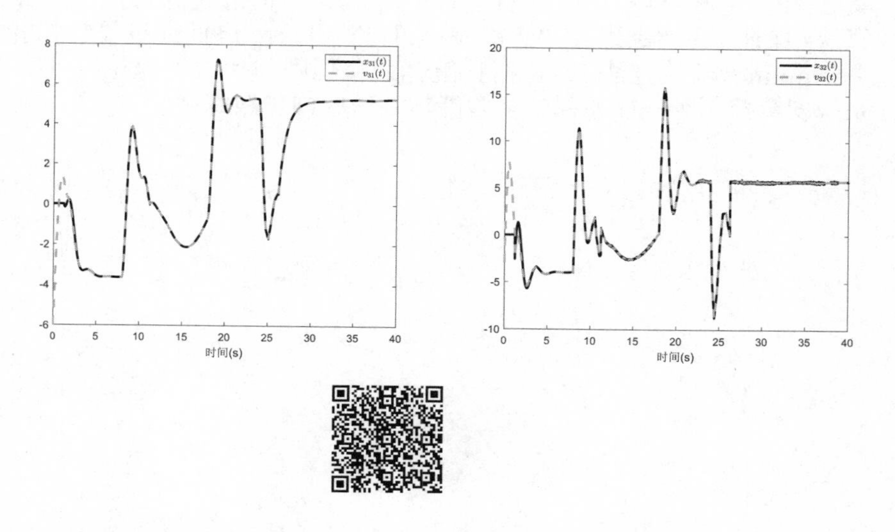

图 5.19 跟随子系统3的状态和估计值的轨迹轮廓

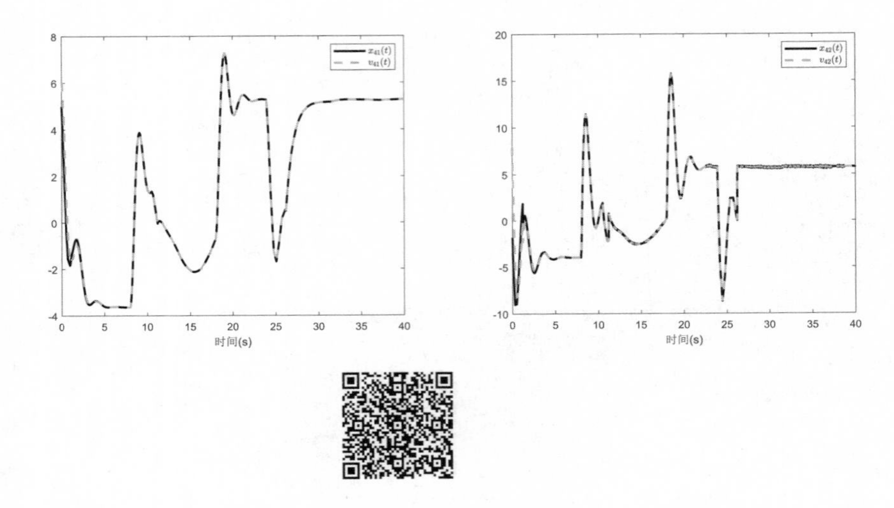

图 5.20 跟随子系统4的状态和估计值的轨迹轮廓

5.3 本章小结

本章针对分布式多智能体系统在不可靠通讯条件下的协同输出安全控制问题进行了研究, 首先在切换通讯拓扑网络下, 研究了外部干扰的不确定多智能体系统的鲁棒H_∞输出一致性控制问题, 通过对每个子系统设计基于分布式观测器的一致性控制算法确保了多智能体系统实现H_∞输出一致性的控制目标. 然后针对间歇通讯网络下的多智能体系统, 提出一种基于输出反馈的协同安全跟踪控制方法. 先利用通讯拓扑的结构性质, 提出一种拓扑集合划分规则. 再利用跟随智能体的邻域输出信息设计协同安全跟踪控制算法, 保证子系统可以完成输出跟踪的控制目标. 进而通过设计拓扑依赖的多Lyapunov函数方法, 结合拓扑集合划分规则与代数图理论,证明了设计的系统安全控制算法能够保证多智能体系统的同步跟踪性能.

第6章 交通信息物理系统中网联车辆自适应协同安全队列控制

在前文内容的基础上，本章将介绍分布式主动安全控制方法在交通信息物理系统中的应用技术. 网联车辆系统是一类典型的多智能体系统，它由多个互联自动驾驶汽车和一个领航车辆组成的车队，通过车辆通信网络交换数据信息，从而实现协同跟踪自动驾驶的目标. 在这种情况下，互联自动驾驶汽车的协同跟踪控制设计需要利用局部邻域信息，依赖于有限的感知范围、通信特征等. 但在网联车辆的实际应用环境中，复杂的通讯网络结构可能会因为恶意网络攻击而被破坏，因此，受到攻击的跟随者车辆会向邻近的跟随者车辆发送错误信息，进一步破坏队列协同跟踪目标.

基于以上考虑，本章针对同时遭受传感器攻击、执行器攻击以及DoS攻击的网联车辆系统. 在协同安全队列控制算法设计中，采用带有切换弹性转换机制的自适应估计技术来补偿车辆不确定性和信息–物理攻击的影响. 首先，由于考虑了互联自动驾驶队列处于不可靠的网络通信环境中，网联车辆系统不仅包含模型不确定性，还受到网络复合攻击的影响. 然后研究网联的协同安全队列控制，以同时应对DoS攻击、传感器和执行器攻击，提出了一种新的自适应协同安全队列跟踪控制算法，并得到了设计条件. 最后，利用所提出的拓扑依赖Lyapunov 函数方法、安全队列跟踪控制算法和切换策略，通过严格的稳定性分析可以保证网联车辆系统实现协同队列跟踪的控制目标.

6.1 网联车辆系统学模型与问题描述

本章所考虑的车队是由一组自动驾驶车辆组成的. 每辆车包括内燃机、五挡自动变速箱和液压制动系统. 这项工作主要涉及纵向动力学，包括发动机、变速箱和轮胎滑移等非线性元素.

车辆的纵向动力学数学模型为[55]:

$$m\dot{v} = -mgf - \mathrm{sign}(\mathrm{v} + \mathrm{v_{wd}})\mathrm{C_A}(\mathrm{v} + \mathrm{v_{wd}})^2 - \mathrm{mg}\ \sin(\varphi) + (\mathrm{T_d} - \mathrm{T_b})/\mathrm{r_w},$$

$$T_{es} = \boldsymbol{MAP}(\omega_e, \alpha_{thr}),$$

$$\tau_e \dot{T}_e + T_e = T_{es}/(\tau_e s + 1),$$

$$T_e = C_{TC}\omega_e^2 + J_e \dot{\omega}_e,$$

$$T_d = \eta_T i_g i_0 K_{TC} C_{TC} \omega_e^2,$$

$$\tau_b \dot{T}_b + T_b = K_b P_{brk}.$$

符号列于表6.1.

表 6.1 车辆的符号

ω_e	发动机转速
T_{es}	发动机静态扭矩
τ_e	发动机动力学的惯性时滞
T_e	发动机实际扭矩
$\boldsymbol{MAP}(\cdot,\cdot)$	发动机特性的非线性表格函数
J_e	发动机飞轮的惯性
C_{TC}	扭矩转换器的能力系数
K_{TC}	扭矩转换器的扭矩比
i_g	变速器传动比
i_0	最终传动比
η_T	传动系统的机械效率
r_w	车轮滚动半径
m	车辆质量
T_d	车轮驱动力
T_b	车轮制动力
K_b	四个车轮的总制动增益
τ_b	制动系统的惯性时滞
C_A	空气阻力系数
g	重力系数
f	滚动阻力系数
φ	路边坡
v_{wd}	环境风速

为了补偿每个节点上最显著的非线性, 如发动机静态非线性、不连续的齿轮比、二次空气阻力, 我们使用了一个逆车辆模型, 具体结果见文献 [55]. 因此, 车辆模型可以写成

$$\dot{\boldsymbol{x}}_i(t) = (\boldsymbol{A} + \Delta \boldsymbol{A}(t))\boldsymbol{x}_i(t) + \boldsymbol{B}\boldsymbol{u}_i(t), \qquad i = 0, \ldots, N. \tag{6.1.1}$$

其中

$$\boldsymbol{A} = \begin{bmatrix} 0 & 1 & 0 \\ 0 & 0 & 1 \\ 0 & 0 & -\dfrac{1}{\tau} \end{bmatrix}, \qquad \boldsymbol{B} = \begin{bmatrix} 0 \\ 0 \\ \dfrac{1}{\tau} \end{bmatrix},$$

其中时变参数不确定性用$\Delta \boldsymbol{A}(t)$ 表示, 并满足以下匹配条件

$$\Delta \boldsymbol{A}(t) = \boldsymbol{B}\boldsymbol{F}(t),$$

其中$\boldsymbol{F}(t)$是一个未知矩阵, 有$\|\boldsymbol{F}^{\mathrm{T}}(t)\boldsymbol{F}(t)\| \leqslant l^*$,并且l^*是一个未知常数. $\boldsymbol{x}_i = [p_i, v_i, a_i]^{\mathrm{T}}$ 是状态向量, 其中p表示车辆位置, v表示车辆速度, 以及a 表示车辆加速度.

假设网联车辆系统的通讯网络为时变的情况. 令图$\bar{\mathcal{G}}(t)$表示N+1个智能车辆构成的时变无向通讯拓扑图, 我们假定通信拓扑仅仅在离散时间处出现变动, 具体的来说, 令$t_1, t_2, \cdots$ 为网络拓扑的切换时刻. 切换拓扑及其对应的时变的Laplacian矩阵和邻接矩阵的具体形式由第2章给出.

假设 6.1.1 当$t \in [t_h, t_{h+1})$, $h = 1, 2, \cdots$时, 无向拓扑$\{\mathcal{G}_s : s \in \mathcal{S}\}$是一个固定且连通的图, 这意味着$\mathfrak{L}_{1s(t)}$和$\mathfrak{L}_{2s(t)}$在区间$t \in [t_h, t_{h+1})$都是时不变矩阵.

本章主要考虑在非理想网络通讯环境下的网联车辆系统协同安全队列跟踪控制问题, 假设通讯网络中的自动驾驶车辆受到恶意的复合网络攻击, 包括执行器攻击、传感器攻击以及DoS攻击. 下面将给出三种网络攻击的数学模型.

(1)执行器攻击模型: 假设第i个跟随者的控制输入已经被破坏, 因此用以下方式表示

$$\tilde{u}_i(t) = u_i(t) + \phi_i(t), \tag{6.1.2}$$

其中$\tilde{u}_i(t) \in \mathbb{R}$, $t \geqslant 0$, 代表被破坏的控制信号, $\phi_i(t) \in \mathbb{R}$, $t \geqslant 0$, 代表一个额外的执行器攻击. 因此, 被攻击的车辆控制系统可以写成

$$\dot{\boldsymbol{x}}_i(t) = (\boldsymbol{A} + \Delta \boldsymbol{A}(t))\boldsymbol{x}_i(t) + \boldsymbol{B}\tilde{\boldsymbol{u}}_i(t), \quad i = 1, \cdots, N, \tag{6.1.3}$$

领导者的动力学表示为

$$\dot{\boldsymbol{x}}_0(t) = (\boldsymbol{A} + \Delta \boldsymbol{A}(t))\boldsymbol{x}_0(t) + \boldsymbol{B}\boldsymbol{r}_0(t), \tag{6.1.4}$$

其中$\boldsymbol{x}_0(t) \in \mathbb{R}^3$, $t \geqslant 0$, 表示领导者的状态, $\boldsymbol{r}_0(t) \in \mathbb{R}^3$, $t \geqslant 0$, 表示有界的连续参考输入.

注记 6.1.1 注意到领导车辆的控制输入$\boldsymbol{r}_0$是连续且有界的, 即$\|\boldsymbol{r}_0\| \leqslant \nu$, 其中$\nu$是一个正常数. 此外, 在许多情况下, 领导者的非零控制行为可能被用来实现特定的目标, 如达成理想的一致性或避免危险的障碍.

(2)传感器攻击模型: 为了得到第i辆车的控制器, 本章假设领导者–跟随者一致性问题是利用相邻车辆之间的相对状态信息来建立的. 特别地, 对于$i=1,\cdots,N$, 状态邻域同步误差可以表示为

$$\boldsymbol{e}_{xi}(t)=\sum_{j=0}^{N} a_{ij}[\boldsymbol{x}_i(t)-\boldsymbol{x}_j(t)-\boldsymbol{D}_{i,j}]. \tag{6.1.5}$$

但在实践中, 情况可能并非如此. 特别地, 当通信信道受到攻击或测量领导者和相邻车辆状态的传感器受到攻击时, 状态邻域同步误差甚至可能无法可靠地提供给车辆. 因此, 一个更实际的场景

$$\bar{\boldsymbol{e}}_{xi}(t)=\boldsymbol{e}_{xi}(t)+\boldsymbol{\omega}_{xi}(t), \tag{6.1.6}$$

其中$\boldsymbol{\omega}_{xi}(t)$, $i=1,\cdots,N$, $t\geqslant 0$, 捕捉了状态邻域同步误差中的不确定性, 量化了跟随者车辆和领导者车辆之间的信息不确定性.

假设 6.1.2 对于$i=1,\cdots,N$和$t\geqslant 0$, 存在未知标量$\bar{\omega}_{xi}$, $\bar{\dot{\omega}}_{xi}$, $\bar{o}_i$, $\bar{\dot{o}}_i$使得$\|\dot{\boldsymbol{\omega}}_{xi}(t)\|\leqslant \bar{\dot{\omega}}_{xi}$, $\|\boldsymbol{\omega}_{xi}(t)\|\leqslant \bar{\omega}_{xi}$, $\|\dot{\boldsymbol{o}}_i(t)\|\leqslant \bar{\dot{o}}_i$, $\|\boldsymbol{o}_i(t)\|\leqslant \bar{o}_i$, 其中$\boldsymbol{o}_i(t)=\boldsymbol{\phi}_i(t)-\boldsymbol{r}_0(t)$.

注记 6.1.2 攻击$\boldsymbol{\omega}_{xi}(t)$, $i=1,\cdots,N$, 可能是由于多个不同的来源. 例如, 若每个跟随者车辆状态的测量被破坏, 即

$$\tilde{\boldsymbol{x}}_i(t)=\boldsymbol{x}_i(t)+\boldsymbol{\chi}_{xi}(t),$$

其中$\tilde{\boldsymbol{x}}_i(t)$为损坏的测量, $\boldsymbol{\chi}_{xi}(t)\in\mathbb{R}^3$ 为加性传感器攻击, 则

$$\boldsymbol{\omega}_{xi}(t)=\sum_{j=1}^{N} a_{ij}[\boldsymbol{\chi}_{xi}(t)-\boldsymbol{\chi}_{xj}(t)]+a_{i0}\boldsymbol{\chi}_{xi}(t).$$

(3)DoS攻击模型: 假设网联车辆系统由于遭受DoS攻击, 从而会在不连续的时间区间接受来自邻居的通讯信息. 根据2.3节建立的DoS攻击模型可知, 通信网络在$t\in\mathcal{H}^I$ 时失效; 相反, 每个车辆通常在$t\in\mathcal{H}^C$时进行信息交互, 其中$\mathcal{H}^I$表示所有不连通时间序列的集合, 即发生DoS攻击的时间序列集合

$$\mathcal{H}^I=\bigcup_{m\in\mathbb{N}^+}\mathcal{T}_m\bigcap[t_0,T), \tag{6.1.7}$$

其中$\mathcal{T}_m = [T_m, T_m^1)$. 此外, 对$m \in \mathbb{N}^+$, 定义如下的通信时间序列集合为

$$\begin{aligned}\bar{\mathcal{T}}_0 &= \bigcup_{n=0,1,2,\cdots,n^0-1} [T_0^n, T_0^{n+1}),\\ \bar{\mathcal{T}}_m &= \bigcup_{n=1,2,\cdots,n^m-1} [T_m^n, T_m^{n+1}),\end{aligned} \tag{6.1.8}$$

令$T_m^{n^m} = T_{m+1}^0 = T_{m+1}$, $T_m^1, T_m^2, \cdots, T_m^{n^m}$ 表示拓扑切换时刻. 因此, 整段时间区间$[t_0, T)$上的通信持续时间由$\mathcal{H}^C := \bigcup_{m\in\mathbb{N}^+} \bar{\mathcal{T}}_0 \bigcup \bar{\mathcal{T}}_m = [t_0, T)/\mathcal{H}^I$给出.

6.2 控制目标

针对网联车辆系统(6.1.1), 本章协同安全队列跟踪控制目标是设计一种协同安全队列跟踪控制算法, 使任意相邻两辆跟随的车辆之间保持理想的安全距离, 同时跟随的车辆跟踪领导者的速度. 即,

$$\lim_{t\to+\infty} \|\boldsymbol{x}_i(t) - \boldsymbol{x}_0(t) - \boldsymbol{D}_{i,0}\| \leqslant m.$$

同时在非理想通信环境下,特别是网联车辆队列遭受网络复合攻击的情况下, 实现安全跟踪的控制目标.

注记 6.2.1 队列控制的目的是在跟踪领导者速度的同时保持两个连续车辆之间的距离一致. 节点i 的期望状态为

$$\begin{cases} v_i = v_0, \\ p_i = p_{i-1} - d_{i,i-1}, \end{cases} \tag{6.2.1}$$

其中$d_{i,j}$是车辆i和j之间的期望距离. 式(6.2.1) 中表达的关系可以用一种更紧凑的方式来写

$$\boldsymbol{x}_i = \boldsymbol{x}_{i-1} - \boldsymbol{D}_{i,i-1},$$

其中$\boldsymbol{x}_i = [p_i, v_i, a_i]^{\mathrm{T}}$, $\boldsymbol{D}_{i,i-1} = [d_{i,i-1}, 0, 0]^{\mathrm{T}}$.

6.3 自适应协同安全队列跟踪控制器设计

针对第i个自主车辆, 设计具有如下切换机制的协同安全队列跟踪控制器

$$\boldsymbol{u}_i(t) = \begin{cases} -c\boldsymbol{K}_1(\bar{\boldsymbol{e}}_{xi}(t) - \hat{\boldsymbol{\omega}}_{xi}(t)) - \hat{\boldsymbol{o}}_i(t), & \text{如果} \quad t \in \mathcal{H}^C, \\ 0, & \text{如果} \quad t \in \mathcal{H}^I, \end{cases} \tag{6.3.1}$$

其中$c>0$是一个设计常数, $\mathcal{K}=(k_1,k_2,k_3)$ 为待定的控制增益, 并且$\hat{\boldsymbol{\omega}}_{xi}(t)$和$\hat{\boldsymbol{o}}_i(t)$ 分别是$\boldsymbol{\omega}_{xi}(t)$ 和$\boldsymbol{o}_i(t)$ 的估计值, $i=1,\cdots,N$ 且$t\geqslant 0$. $\hat{\boldsymbol{\omega}}_{xi}(t)\in\mathbb{R}^3$和$\hat{\boldsymbol{o}}_i(t)\in\mathbb{R}$ 的更新规律如下

$$\dot{\hat{\boldsymbol{\omega}}}_{xi}(t)=\begin{cases}-2n_{\omega_{xi}}\boldsymbol{K}_1^{\mathrm{T}}\boldsymbol{K}_1\bar{\boldsymbol{e}}_{xi}(t)-\sigma_{\omega_{xi}}\hat{\boldsymbol{\omega}}_{xi}(t), & \text{如果} \quad t\in\mathcal{H}^C,\\ 0, & \text{如果} \quad t\in\mathcal{H}^I,\end{cases}\tag{6.3.2}$$

$$\dot{\hat{o}}_i(t)=\begin{cases}2n_{o_i}\boldsymbol{K}_1\bar{\boldsymbol{e}}_{xi}(t)-\sigma_{o_i}\hat{\boldsymbol{o}}_i(t), & \text{如果} \quad t\in\mathcal{H}^C,\\ 0, & \text{如果} \quad t\in\mathcal{H}^I,\end{cases}$$

其中$n_{\omega_{xi}}$, n_{o_i}, $\sigma_{\omega_{xi}}$和σ_{o_i} 均为正常数. 定义第i辆车跟踪误差信号:

$$\boldsymbol{\varepsilon}_i(t)=\begin{bmatrix}p_i(t)-p_0(t)-d_{i0}\\ v_i(t)-v_0(t)\\ a_i(t)-a_0(t)\end{bmatrix}=\begin{bmatrix}\bar{p}_i(t)\\ \bar{v}_i(t)\\ \bar{a}_i(t)\end{bmatrix}.$$

而通过使用式(6.3.1), 第i辆车的跟踪误差动力学可以写为

$$\dot{\boldsymbol{\varepsilon}}_i(t)=\begin{cases}\boldsymbol{A}\boldsymbol{\varepsilon}_i(t)+\boldsymbol{B}\boldsymbol{F}(t)\boldsymbol{\varepsilon}_i(t)-c\boldsymbol{B}\mathcal{K}e_{xi}(t)+c\boldsymbol{B}\mathcal{K}\tilde{\boldsymbol{\omega}}_{xi}(t)\\ \quad -\boldsymbol{B}\tilde{\boldsymbol{o}}_i(t), & \text{如果} \quad t\in\mathcal{H}^C,\\ \boldsymbol{A}\boldsymbol{\varepsilon}_i(t)+\boldsymbol{B}\boldsymbol{F}(t)\boldsymbol{\varepsilon}_i(t)+\boldsymbol{B}\boldsymbol{o}_i(t), & \text{如果} \quad t\in\mathcal{H}^I,\end{cases}\tag{6.3.3}$$

其中$\tilde{\boldsymbol{\omega}}_{xi}(t)=\hat{\boldsymbol{\omega}}_{xi}(t)-\boldsymbol{\omega}_{xi}(t)$, 并且$\tilde{\boldsymbol{o}}_i(t)=\hat{\boldsymbol{o}}_i(t)-\boldsymbol{o}_i(t)$, $i\in\{1,\cdots,N\}$.

值得注意的是, 由假设6.1.2可知, 对于每个控制增益$\mathcal{K}$, 存在常数$\omega_{xi1}>0$ 和$\omega_{xi2}>0$, 使得$\|\boldsymbol{\omega}_{xi}^{\mathrm{T}}(t)\mathcal{K}^{\mathrm{T}}\mathcal{K}\|\leqslant\omega_{xi1}$, $t\geqslant 0$, $\|\mathcal{K}\boldsymbol{\omega}_{xi}(t)\|\leqslant\omega_{xi2}$, $t\geqslant 0$. 在使用自适应控制器(6.3.1)研究闭环系统的稳定性之前, 我们首先为了表述的需要创建一些符号. 记

$$\begin{aligned}M=&\sum_{i=1}^{N}\frac{1}{\gamma_1}\omega_{xi1}^2+\sum_{i=1}^{N}\frac{1}{\gamma_2}\omega_{xi2}^2+\sum_{i=1}^{N}\frac{\sigma_{\omega_{xi}}c}{2n_{\omega_{xi}}}\bar{\omega}_{xi}^2+\sum_{i=1}^{N}\frac{c}{2n_{\omega_{xi}}}\bar{\bar{\omega}}_{xi}^2\\&+\sum_{i=1}^{N}\frac{\sigma_{o_i}}{2n_{o_i}}\bar{o}_i^2+\sum_{i=1}^{N}\frac{1}{2n_{o_i}}\bar{\bar{o}}_i^2,\\ c_s=&\min\{\sigma_{\omega_{x1}}-1-2n_{\omega_{x1}}\gamma_1c,\ldots,\sigma_{\omega_{xN}}-1-2n_{\omega_{xN}}\gamma_1c,\sigma_{o_1}-1\\&-2n_{o_1}\gamma_2,\ldots,\sigma_{o_N}-1-2n_{o_N}\gamma_2,\frac{\alpha_m\lambda_{\min}(\mathfrak{L}_{1s})}{\lambda_{\max}(\mathfrak{L}_{1s}\otimes\boldsymbol{P})}\},\end{aligned}$$

$$\psi_h=\sum_{s\in\mathcal{S}}(c_s-\frac{\ln\mu_s}{\tau_{as}})\mathcal{T}^s(T_h^1,T_{h+1})-\sum_{s\in\mathcal{S}}N_0^s\ln\mu_s-\ln\frac{\varrho^*}{\underline{\lambda}_a}-\beta_s^*(T_h^1-T_h),$$

$$\psi_0=\sum_{s\in\mathcal{S}}(c_s-\frac{\ln\mu_s}{\tau_{as}})\mathcal{T}^s(T_0,T_1)-\sum_{s\in\mathcal{S}}N_0^s\ln\mu_s-\ln\frac{1}{\underline{\lambda}_a},$$

$$\Delta_h=M\int_{T_h^1}^{T_{h+1}}\exp(\sum_{s\in\mathcal{S}}N_0^s\ln\mu_s-\sum_{s\in\mathcal{S}}(c_s-\frac{\ln\mu_s}{\tau_{as}})\mathcal{T}^s(\tau,T))\mathrm{d}\tau.$$

定理 6.3.1 考虑由(6.1.3)和(6.1.4)表示的网联车辆系统, 以及(6.1.2)描述的执行器攻击和(6.1.6)描述的状态邻域同步误差. 假设存在常数α_m, $\alpha_{\tilde{m}}$和正定矩阵$\boldsymbol{P},\boldsymbol{Q}$使得下列不等式成立:

$$\begin{bmatrix} \boldsymbol{A}\boldsymbol{P}^{-1}+\boldsymbol{P}^{-1}\boldsymbol{A}^{\mathrm{T}}-(2c\lambda_{\min}(\mathfrak{L}_{1s})-\rho)\boldsymbol{B}\boldsymbol{B}^{\mathrm{T}} & \boldsymbol{P}^{-1} \\ \boldsymbol{P}^{-1} & -\dfrac{\rho}{\alpha_m\rho+l^*}\boldsymbol{I}_3 \end{bmatrix}<0,$$

$$\begin{bmatrix} \boldsymbol{A}\boldsymbol{Q}^{-1}+\boldsymbol{Q}^{-1}\boldsymbol{A}^{\mathrm{T}}+(\rho'+\gamma_3)\boldsymbol{B}\boldsymbol{B}^{\mathrm{T}}-\alpha_{\tilde{m}}\boldsymbol{Q}^{-1} & \boldsymbol{Q}^{-1} \\ \boldsymbol{Q}^{-1} & -\dfrac{\rho'}{l^*}\boldsymbol{I}_3 \end{bmatrix}<0.$$

此外, 同时选取参数c_s, $\mu_s=\max_{s_1\in\mathcal{S}}\{\mu_{s_1}\}$, $\mu_{s_1}=\max\{\frac{\lambda_{\max}(\mathfrak{L}_{1s_1}\otimes\boldsymbol{P})}{\lambda_{\min}(\mathfrak{L}_{1s_2}\otimes\boldsymbol{P})},1\}$, 使得以下条件成立:

$$\sum_{s\in\mathcal{S}}(c_s-\frac{\ln\mu_s}{\tau_{as}})\mathcal{T}^s(T_h^1,T_{h+1})-\sum_{s\in\mathcal{S}}N_0^s\ln\mu_s-\ln\frac{\varrho^*}{\underline{\lambda}_a}-\beta_s^*(T_h^1-T_h)>0. \tag{6.3.4}$$

那么, 网联车辆系统的队列跟踪误差为一致最终有界的, 控制增益设计为$\mathcal{K}=\boldsymbol{B}^{\mathrm{T}}\boldsymbol{P}$. 并且, 自适应估计误差信号$\tilde{\boldsymbol{\omega}}_i(t)$ 和$\tilde{\boldsymbol{o}}_i(t)$有界.

证明 首先构造依赖拓扑的Lyapunov函数定义如下

$$V_{s(t)}(t)=\begin{cases} \boldsymbol{\varepsilon}^{\mathrm{T}}(\mathfrak{L}_{1s(t)}\otimes\boldsymbol{P})\boldsymbol{\varepsilon}+V_2(t), & \text{如果}\quad t\in\mathcal{H}^C \\ \boldsymbol{\varepsilon}^{\mathrm{T}}(I_N\otimes\boldsymbol{Q})\boldsymbol{\varepsilon}, & \text{如果}\quad t\in\mathcal{H}^I \end{cases} \tag{6.3.5}$$

并且

$$V_2(t)=\sum_{i=1}^N\frac{1}{2n_{o_i}}\tilde{\boldsymbol{o}}_i^{\mathrm{T}}\tilde{\boldsymbol{o}}_i+\sum_{i=1}^N\frac{c}{2n_{\omega_{xi}}}\tilde{\boldsymbol{\omega}}_{xi}^{\mathrm{T}}\tilde{\boldsymbol{\omega}}_{xi}.$$

为了读者的方便, 我们把证明分为三部分.

第一部分: 当$t\in\mathcal{H}^C$时, 设定$s(t)=s$, 考虑以下Lyapunov函数来证明闭环系统(6.3.3)的最终有界性.

$$V_s(t)=\boldsymbol{\varepsilon}^{\mathrm{T}}(\mathfrak{L}_{1s}\otimes\boldsymbol{P})\boldsymbol{\varepsilon}+\sum_{i=1}^N\frac{1}{2n_{o_i}}\tilde{\boldsymbol{o}}_i^{\mathrm{T}}\tilde{\boldsymbol{o}}_i+\sum_{i=1}^N\frac{c}{2n_{\omega_{xi}}}\tilde{\boldsymbol{\omega}}_{xi}^{\mathrm{T}}\tilde{\boldsymbol{\omega}}_{xi},$$

然后, 可以得到$V_s(t)$沿(6.3.3) 的时间导数为

$$\begin{aligned}\dot{V}_s(t)=&\,2\boldsymbol{\varepsilon}^{\mathrm{T}}(\mathfrak{L}_{1s}\otimes\boldsymbol{P}\boldsymbol{A}+\mathfrak{L}_{1s}\otimes\boldsymbol{P}\boldsymbol{B}\boldsymbol{F}(t)-c\mathfrak{L}_{1s}^2\otimes\boldsymbol{P}\boldsymbol{B}\boldsymbol{B}^{\mathrm{T}}\boldsymbol{P})\boldsymbol{\varepsilon}\\&+2c\sum_{i=1}^N\boldsymbol{e}_{xi}^{\mathrm{T}}\boldsymbol{P}\boldsymbol{B}\boldsymbol{B}^{\mathrm{T}}\boldsymbol{P}\tilde{\boldsymbol{\omega}}_{xi}-2\sum_{i=1}^N\boldsymbol{e}_{xi}^{\mathrm{T}}\boldsymbol{P}\boldsymbol{B}\tilde{\boldsymbol{o}}_i\end{aligned}$$

$$+\sum_{i=1}^{N}\frac{c}{n_{\omega_{xi}}}\tilde{\boldsymbol{\omega}}_{xi}^{\mathrm{T}}(\dot{\hat{\boldsymbol{\omega}}}_{xi}-\dot{\boldsymbol{\omega}}_{xi})+\sum_{i=1}^{N}\frac{1}{n_{o_i}}\tilde{\boldsymbol{o}}_i{}^{\mathrm{T}}(\dot{\hat{\boldsymbol{o}}}_i-\dot{\boldsymbol{o}}_i).$$

利用Young不等式, 对于每一个$\rho>0$, 我们可以得到

$$\begin{aligned}2\boldsymbol{\varepsilon}^{\mathrm{T}}(\mathfrak{L}_{1s}\otimes\boldsymbol{PBF}(t))\boldsymbol{\varepsilon}\leqslant&\rho\boldsymbol{\varepsilon}^{\mathrm{T}}(\mathfrak{L}_{1s}\otimes\boldsymbol{PBB}^{\mathrm{T}}\boldsymbol{P})\boldsymbol{\varepsilon}+\frac{1}{\rho}\boldsymbol{\varepsilon}^{\mathrm{T}}(\mathfrak{L}_{1s}\otimes\boldsymbol{F}^{\mathrm{T}}(t)\boldsymbol{F}(t))\boldsymbol{\varepsilon}\\ \leqslant&\rho\boldsymbol{\varepsilon}^{\mathrm{T}}(\mathfrak{L}_{1s}\otimes\boldsymbol{PBB}^{\mathrm{T}}\boldsymbol{P})\boldsymbol{\varepsilon}+\frac{l^*}{\rho}\boldsymbol{\varepsilon}^{\mathrm{T}}(\mathfrak{L}_{1s}\otimes\boldsymbol{I}_3)\boldsymbol{\varepsilon}.\end{aligned}$$

然后, 注意到这样一个事实: 对于每一个$\gamma_1>0$ 有

$$\begin{aligned}2c\boldsymbol{e}_{xi}^{\mathrm{T}}\boldsymbol{PBB}^{\mathrm{T}}\boldsymbol{P}\tilde{\boldsymbol{\omega}}_{xi}=&2c\bar{\boldsymbol{e}}_{xi}{}^{\mathrm{T}}\boldsymbol{PBB}^{\mathrm{T}}\boldsymbol{P}\tilde{\boldsymbol{\omega}}_{xi}-2c\boldsymbol{\omega}_{xi}^{\mathrm{T}}\boldsymbol{PBB}^{\mathrm{T}}\boldsymbol{P}\tilde{\boldsymbol{\omega}}_{xi}\\ \leqslant&2c\bar{\boldsymbol{e}}_{xi}{}^{\mathrm{T}}\boldsymbol{PBB}^{\mathrm{T}}\boldsymbol{P}\tilde{\boldsymbol{\omega}}_{xi}+\frac{1}{\gamma_1}\|\boldsymbol{\omega}_{xi}^{\mathrm{T}}\boldsymbol{PBB}^{\mathrm{T}}\boldsymbol{P}\|^2+\gamma_1c^2\tilde{\boldsymbol{\omega}}_{xi}^{\mathrm{T}}\tilde{\boldsymbol{\omega}}_{xi}.\end{aligned}$$

并且, 利用式(6.3.2)有

$$\begin{aligned}\frac{c}{n_{\omega_{xi}}}\tilde{\boldsymbol{\omega}}_{xi}^{\mathrm{T}}(\dot{\hat{\boldsymbol{\omega}}}_{xi}-\dot{\boldsymbol{\omega}}_{xi})=&-2c\bar{\boldsymbol{e}}_{xi}{}^{\mathrm{T}}\boldsymbol{PBB}^{\mathrm{T}}\boldsymbol{P}\tilde{\boldsymbol{\omega}}_{xi}-\frac{\sigma_{\omega_{xi}}c}{n_{\omega_{xi}}}\tilde{\boldsymbol{\omega}}_{xi}^{\mathrm{T}}\hat{\boldsymbol{\omega}}_{xi}-\frac{c}{n_{\omega_{xi}}}\tilde{\boldsymbol{\omega}}_{xi}^{\mathrm{T}}\dot{\boldsymbol{\omega}}_{xi}\\ \leqslant&-2c\bar{\boldsymbol{e}}_{xi}{}^{\mathrm{T}}\boldsymbol{PBB}^{\mathrm{T}}\boldsymbol{P}\tilde{\boldsymbol{\omega}}_{xi}-\frac{(\sigma_{\omega_{xi}}-1)c}{2n_{\omega_{xi}}}\tilde{\boldsymbol{\omega}}_{xi}^{\mathrm{T}}\tilde{\boldsymbol{\omega}}_{xi}\\ &+\frac{\sigma_{\omega_{xi}}c}{2n_{\omega_{xi}}}\bar{\boldsymbol{\omega}}_{xi}^2+\frac{c}{2n_{\omega_{xi}}}\bar{\dot{\boldsymbol{\omega}}}_{xi}^2.\end{aligned}$$

因此,

$$\begin{aligned}&2c\boldsymbol{e}_{xi}{}^{\mathrm{T}}\boldsymbol{PBB}^{\mathrm{T}}\boldsymbol{P}\tilde{\boldsymbol{\omega}}_{xi}+\frac{c}{n_{\omega_{xi}}}\tilde{\boldsymbol{\omega}}_{xi}^{\mathrm{T}}(\dot{\hat{\boldsymbol{\omega}}}_{xi}-\dot{\boldsymbol{\omega}}_{xi})\\ \leqslant&-\frac{(\sigma_{\omega_{xi}}-1-2n_{\omega_{xi}}\gamma_1c)c}{2n_{\omega_{xi}}}\tilde{\boldsymbol{\omega}}_{xi}^{\mathrm{T}}\tilde{\boldsymbol{\omega}}_{xi}+\frac{\sigma_{\omega_{xi}}c}{2n_{\omega_{xi}}}\bar{\boldsymbol{\omega}}_{xi}^2+\frac{c}{2n_{\omega_{xi}}}\bar{\dot{\boldsymbol{\omega}}}_{xi}^2+\frac{1}{\gamma_1}\omega_{xi1}^2.\end{aligned}$$

类似的分析表明

$$\begin{aligned}&-2\boldsymbol{e}_{xi}{}^{\mathrm{T}}\boldsymbol{PB}\tilde{\boldsymbol{o}}_i+\frac{1}{n_{o_i}}\tilde{\boldsymbol{o}}_i{}^{\mathrm{T}}(\dot{\hat{\boldsymbol{o}}}_i-\dot{\boldsymbol{o}}_i)\\ \leqslant&-\frac{\sigma_{o_i}-1-2n_{o_i}\gamma_2}{2n_{o_i}}\tilde{\boldsymbol{o}}_i{}^{\mathrm{T}}\tilde{\boldsymbol{o}}_i+\frac{\sigma_{o_i}}{2n_{o_i}}\bar{\boldsymbol{o}}_i{}^2+\frac{1}{2n_{o_i}}\bar{\dot{\boldsymbol{o}}}_i^2+\frac{1}{\gamma_2}\omega_{xi2}^2.\end{aligned}$$

对于每一个$\gamma_2>0$的情况, 有

$$\begin{aligned}\dot{V}_s(t)\leqslant&\boldsymbol{\varepsilon}^{\mathrm{T}}[\mathfrak{L}_{1s}\otimes(\boldsymbol{PA}+\boldsymbol{A}^{\mathrm{T}}\boldsymbol{P})-2c\mathfrak{L}_{1s}^2\otimes\boldsymbol{PBB}^{\mathrm{T}}\boldsymbol{P}+\rho\mathfrak{L}_{1s}\otimes\boldsymbol{PBB}^{\mathrm{T}}\boldsymbol{P}\\ &+\frac{l^*}{\rho}\mathfrak{L}_{1s}\otimes\boldsymbol{I}_3]\boldsymbol{\varepsilon}-\sum_{i=1}^{N}\frac{(\sigma_{\omega_{xi}}-1-2n_{\omega_{xi}}\gamma_1c)c}{2n_{\omega_{xi}}}\tilde{\boldsymbol{\omega}}_{xi}^{\mathrm{T}}\tilde{\boldsymbol{\omega}}_{xi}\\ &-\sum_{i=1}^{N}\frac{\sigma_{o_i}-1-2n_{o_i}\gamma_2}{2n_{o_i}}\tilde{\boldsymbol{o}}_i{}^{\mathrm{T}}\tilde{\boldsymbol{o}}_i+c_0\end{aligned}$$

此外，由于$\mathfrak{L}_{1s}$是正定的，所以存在酉矩阵$\boldsymbol{T}_s$使得$\boldsymbol{T}_s^{\mathrm{T}}\mathfrak{L}_{1s}\boldsymbol{T}_s=\mathrm{diag}[\lambda_{1s},\cdots,\lambda_{Ns}]$，其中$\lambda_{is}$, $i=1,\cdots,N$，是$\mathfrak{L}_{1s}$的特征值.

$$
\begin{aligned}
\dot{V}_s(t)\leqslant&\sum_{i=1}^{N}\lambda_{is}\boldsymbol{\xi}_i^{\mathrm{T}}[\boldsymbol{A}^{\mathrm{T}}\boldsymbol{P}+\boldsymbol{P}\boldsymbol{A}-2c\lambda_{\min}(\mathfrak{L}_{1s})\boldsymbol{P}\boldsymbol{B}\boldsymbol{B}^{\mathrm{T}}\boldsymbol{P}+\rho\boldsymbol{P}\boldsymbol{B}\boldsymbol{B}\boldsymbol{B}^{\mathrm{T}}\boldsymbol{P}+\frac{l^*}{\rho}I_3]\boldsymbol{\xi}_i\\
&-\sum_{i=1}^{N}\frac{(\sigma_{\omega_{xi}}-1-2n_{\omega_{xi}}\gamma_1c)c}{2n_{\omega_{xi}}}\tilde{\boldsymbol{\omega}}_{xi}^{\mathrm{T}}\tilde{\boldsymbol{\omega}}_{xi}\\
&-\sum_{i=1}^{N}\frac{\sigma_{o_i}-1-2n_{o_i}\gamma_2}{2n_{o_i}}\tilde{\boldsymbol{o}}_i{}^{\mathrm{T}}\tilde{\boldsymbol{o}}_i+c_0\\
\leqslant&-\alpha_m\lambda_{\min}(\mathfrak{L}_{1s})\boldsymbol{\varepsilon}^{\mathrm{T}}\boldsymbol{\varepsilon}-\sum_{i=1}^{N}\frac{(\sigma_{\omega_{xi}}-1-2n_{\omega_{xi}}\gamma_1c)c}{2n_{\omega_{xi}}}\tilde{\boldsymbol{\omega}}_{xi}^{\mathrm{T}}\tilde{\boldsymbol{\omega}}_{xi}\\
&-\sum_{i=1}^{N}\frac{\sigma_{o_i}-1-2n_{o_i}\gamma_2}{2n_{o_i}}\tilde{\boldsymbol{o}}_i{}^{\mathrm{T}}\tilde{\boldsymbol{o}}_i+M
\end{aligned}
$$

然后，我们有

$$
\dot{V}_s(t)\leqslant-c_sV_s(t)+M.
$$

因此，可知所有信号都有界$t\in[T_m^f,T_m^{f+1})$, $f=1,2,\cdots,n^m-1$. 通过选择正的常数$\mu_{s_1}=\max\{\frac{\lambda_{\max}(\mathfrak{L}_{1s_1}\otimes\boldsymbol{P})}{\lambda_{\min}(\mathfrak{L}_{1s_2}\otimes\boldsymbol{P})},1\}$，对全部$s_1,s_2\in\mathcal{S}$，得到如下关系式:

$$
\begin{aligned}
&t\in[T_m^1,T_m^{n^m}),\ m\in\mathbb{N}_+,\\
&V_{s_1}(t)\leqslant\mu_{s_1}V_{s_2}(t),\ \forall s_1,s_2\in\mathcal{S}.
\end{aligned}
$$

进一步，利用上述不等式有$t\in[T_m^1,T_m^{n^m})$，可得

$$
\begin{aligned}
&V_{s(T_m^{n^m-1})}(T_{m+1}^-)\\
\leqslant&\prod_{\ell=2}^{n^m-1}\mu_{s(T_m^\ell)}\exp(-c_{s(T_m^{n^m-1})}T_m^{n^m}+\sum_{\ell=2}^{n^m-1}(c_{s(T_m^\ell)}-c_{s(T_m^{\ell-1})})T_m^\ell)\\
&\times\exp(c_{s(T_m^1)}T_m^1)V_{s(T_m^1)}(T_m^1)\\
&+M\int_{T_m^{n^m-1}}^{T_m^{n^m}}\exp(-c_{s(T_m^{n^m-1})}(T_m^{n^m}-\tau))\mathrm{d}\tau+\cdots+\mathrm{M}\prod_{\ell=2}^{\mathrm{n^m-1}}\mu_{\mathrm{s(T_m^\ell)}}\\
&\times\int_{T_m^1}^{T_m^2}\exp(-\sum_{\ell=3}^{n^m}c_{s(T_m^{\ell-1})}(T_m^\ell-T_m^{\ell-1})-c_{s(T_m^1)}(T_m^2-\tau))\mathrm{d}\tau.
\end{aligned}\tag{6.3.6}
$$

同理，对于$t\in[T_0,T_1)$，有:

$$
V_{s(T_0^{n^0-1})}(T_1^-)
$$

$$
\begin{aligned}
&\leqslant \exp(\sum_{\ell=1}^{n^0-1} \ln \mu_{s(T_0^\ell)} - \sum_{\ell=1}^{n^0} c_{s(T_0^{\ell-1})}(T_0^\ell - T_0^{\ell-1}))V_{s(T_0)}(T_0) \\
&\quad + M\int_{T_0^{n^0-1}}^{T_0^{n^0}} \exp(-c_{s(T_0^{n^0-1})}(T_0^{n^0} - \tau))\mathrm{d}\tau + \cdots + \mathrm{M}\prod_{\ell=1}^{\mathrm{n}^0-1} \mu_{\mathrm{s}(\mathrm{T}_0^\ell)} \\
&\quad \times \int_{T_0^0}^{T_0^1} \exp(-\sum_{\ell=2}^{n^0} c_{s(T_0^{\ell-1})}(T_0^\ell - T_0^{\ell-1}) - c_{s(T_0^0)}(T_0^1 - \tau))\mathrm{d}\tau. \qquad (6.3.7)
\end{aligned}
$$

第二部分: 当DoS攻击以区间$t \in [T_m, T_m^1)$, $t \in \mathbb{N}_+$发起时, $V_{s(t)}(t)$ 沿轨迹(6.3.3) 满足

$$
\dot{V}_{s(t)}(t) \leqslant \boldsymbol{\varepsilon}^{\mathrm{T}}(I_N \otimes (\boldsymbol{QA} + \boldsymbol{A}^{\mathrm{T}}\boldsymbol{Q} + (\rho' + \gamma_3)\boldsymbol{QBB}^{\mathrm{T}}\boldsymbol{Q} + \frac{l^*}{\rho'}\boldsymbol{I}_3))\boldsymbol{\varepsilon} + \frac{1}{\gamma_3}\|o\|^2
$$

它意味着

$$
\dot{V}_{s(t)}(t) \leqslant \beta^* V_{s(t)}(t) + \frac{1}{\gamma_3}\|o\|^2 \leqslant \beta_s^* V_{s(t)}(t),
$$

其中

$$
\beta_s^* \geqslant \beta^* + (\|o\|^2/[\lambda_{\min}(\boldsymbol{Q})\gamma_3\|\boldsymbol{\varepsilon}\|^2]).
$$

因此, 使用

$$
V_{s(T_m)}(T_m) \leqslant (1/\underline{\lambda}_a)V_{s(T_{m-1}^{n^{m-1}-1})}(T_{m-1}^{n^{m-1}-}),
$$

以下不等式成立:

$$
\begin{aligned}
V_{s(T_m)}(T_m^{1-}) &\leqslant \exp\left\{\beta_s^*\left(T_m^1 - T_m\right)\right\} V_{s(T_m)}(T_m) \\
&\leqslant \frac{1}{\underline{\lambda}_a}\exp\left\{\beta_s^*\left(T_m^1 - T_m\right)\right\} V_{s\left(T_{m-1}^{n^{m-1}-1}\right)}(T_{m-1}^{n^{m-1}-}). \qquad (6.3.8)
\end{aligned}
$$

第3部分: 最后, 结合式(6.3.6)、(6.3.7)和(6.3.8) 在区间上$t \in [T_0, T)$, 由此可知:

$$
\begin{aligned}
&V_{s(T_{m+1})}(T_{m+1}) \\
&\leqslant \exp(\ln\frac{\varrho^*}{\underline{\lambda}_a} + \beta_s^*\left(T_m^1 - T_m\right) + \sum_{s\in\mathcal{S}} N_0^s \ln\mu_s - \sum_{s\in\mathcal{S}}(c_s - \frac{\ln\mu_s}{\tau_{as}})) \times V_{s(T_m)}(T_m) \\
&\quad + M\int_{T_m^{n^m-1}}^{T_m^{n^m}} \exp\left\{-c_{s(T_m^{n^m-1})}\left(T_m^{n^m} - \tau\right)\right\}\mathrm{d}\tau + \cdots + \mathrm{M}\prod_{\ell=2}^{\mathrm{n}^m-1} \mu_{\mathrm{s}(\mathrm{T}_\mathrm{m}^\ell)} \\
&\quad \times \int_{T_m^1}^{T_m^2} \exp\{-\sum_{\ell=3}^{n^m} c_{s(T_m^{\ell-1})}(T_m^\ell - T_m^{\ell-1}) - c_{s(T_m^1)}\left(T_m^2 - \tau\right)\}\mathrm{d}\tau \\
&\leqslant \exp\left\{-\sum_{h=1}^m \psi_h - \psi_0\right\} V_{s(T_0)}(T_0) + \sum_{h=1}^m \Delta_h.
\end{aligned}
$$

此外, 我们知道在任意的$t \geqslant 0$处存在一个非负常数$\bar{m}$使得$T_{\bar{m}} \leqslant t \leqslant T_{\bar{m}+1}$. 记

$$\varsigma^* = \max_{m \in \boldsymbol{N}}(T_{m+1} - T_m),\ \psi^* = \min_{h \in \boldsymbol{N}}(\psi_h),\ \Delta^* = \max_{h \in \boldsymbol{N}}(\Delta_h),$$

代入(6.3.4) 得到

$$V_{s(T_{\bar{m}})}(t) \leqslant \varpi e^{-\boldsymbol{\chi}(T-T_0)} V_{s(T_0)}(T_0) + \bar{m}\Delta^*,$$

其中$\varpi = \exp\{\beta_s^* \varsigma^* + \psi^*\}$, $\boldsymbol{\chi} = (\psi^*/\varsigma^*)$. 根据式(6.3.5), 证明了存在一个标量$\bar{c} > 0$ 使得$0 < \bar{c}\|\boldsymbol{\varepsilon}\| < V_{s(t)}(t)$, 可得

$$0 \leqslant \|\boldsymbol{\varepsilon}(t)\| \leqslant \frac{\varpi}{\bar{c}} e^{-\boldsymbol{\chi}(t-T_0)} V_{s(t_0)}(t_0) + \bar{m}\Delta^*$$

因此, 网联车辆的闭环协同跟踪误差系统(6.3.3)的所有信号是一致有界. □

6.4 算例仿真

本节通过一个算例仿真来验证本章提出方法的有效性. 在仿真中, 我们考虑了四个跟随车辆和一个领航车辆. 另外, 式(6.1.4) 表示领航车辆纵向方向动力学的动力系统, 其中$x_{00} = [200\ \ 1\ \ 0]^{\mathrm{T}}$. 车辆纵向动力学系统模型系数矩阵描述如下:

$$\boldsymbol{A} = \begin{bmatrix} 0 & 1 & 0 \\ 0 & 0 & 1 \\ 0 & 0 & -6 \end{bmatrix}, \qquad \boldsymbol{B} = \begin{bmatrix} 0 \\ 0 \\ 6 \end{bmatrix}, \qquad \boldsymbol{F}(t) = \begin{bmatrix} 0 & 0 & \dfrac{1}{12}\sin(t) \end{bmatrix}$$

在仿真中, 领航车辆期望的加速度假设为

$$a_0(t) = \begin{cases} 0.5t, & 1 \leqslant t < 4 \\ 2, & 4 \leqslant t < 9 \\ -0.5t + 6.5, & 9 \leqslant t < 13 \\ 0, & \text{否则}. \end{cases}$$

跟随车辆动力学由(6.1.3)给出, 其中$\boldsymbol{x}_{10} = [150\ \ 1\ \ 0]^{\mathrm{T}}$, $\boldsymbol{x}_{20} = [100\ \ 1\ \ 0]^{\mathrm{T}}$, $\boldsymbol{x}_{30} = [50\ \ 1\ \ 0]^{\mathrm{T}}$, $\boldsymbol{x}_{40} = [0\ \ 1\ \ 0]^{\mathrm{T}}$. 执行器攻击的模型为

$$\phi_1(t) = 0.028\sin(5t), \quad \phi_2(t) = 0.028,$$

$$\phi_3(t) = 0.028\cos(5t), \quad \phi_4(t) = 0.028,$$

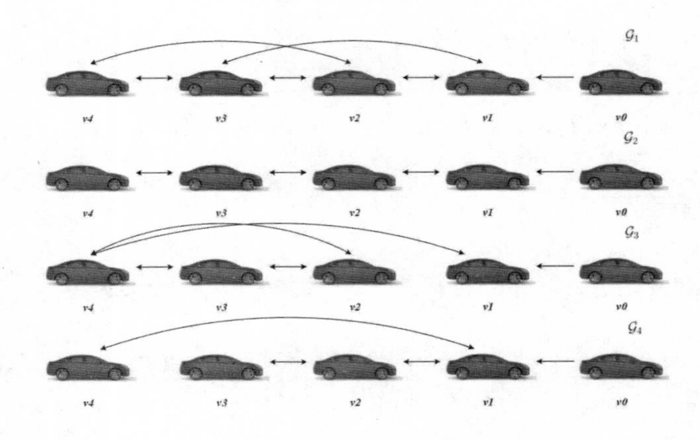

图 6.1 网联车辆系统通信拓扑图

在无限的时间范围内, 攻击会收敛到一个常数攻击. 此外, 传感器攻击选取为

$$\boldsymbol{\omega}_{x1}(t)=\begin{bmatrix}0.01\sin(5t)\\0.01\sin(5t)\\0.01\sin(5t)\end{bmatrix},\quad \boldsymbol{\omega}_{x2}(t)=\begin{bmatrix}0.01\\0\\0.01\sin(5t)\end{bmatrix},$$

$$\boldsymbol{\omega}_{x3}(t)=\begin{bmatrix}0\\0.01\sin(5t)\\0.01\sin(5t)\end{bmatrix},\quad \boldsymbol{\omega}_{x4}(t)=\begin{bmatrix}0.01\sin(5t)\\0.01\sin(5t)\\0.01\end{bmatrix}$$

我们利用定理6.3.1,有

$$\boldsymbol{P}^{-1}=\begin{bmatrix}0.0101 & -0.0073 & 0.0001\\-0.0073 & 0.0102 & -0.0186\\0.0001 & -0.0186 & 0.3176\end{bmatrix},$$

$$\boldsymbol{Q}^{-1}=\begin{bmatrix}0.9325 & -0.2768 & 0.7701\\-0.2768 & 0.8600 & -4.8187\\0.7701 & -4.8187 & 28.2392\end{bmatrix}.$$

以及设计参数$c=0.02$; $\gamma_1=1$; $\gamma_2=1$; $\rho=0.001$; $l^*=0.005$; $\alpha_m=0.5$; $n_{\omega_{xi}}=0.0015$, $\sigma_{\omega_{xi}}=750$, $n_{o_{xi}}=0.0015$, $\sigma_{o_{xi}}=750$, $i=1,2,3,4$. 图6.1表示网络通讯结构, 图6.2表示拓扑切换信号. 仿真结果如图6.3–图6.6所示. 在所提出的控制方法下, 所有车辆的位置、速度和加速度轨迹分别如图6.3–图6.5 所示. 同时, 图6.6 描述了控制器中所有自适应参数的轨迹. 仿真结果表明, 即使面对复合网络攻击, 所提出的协同安全控制方法也能有效地保障车辆协同跟踪目标.

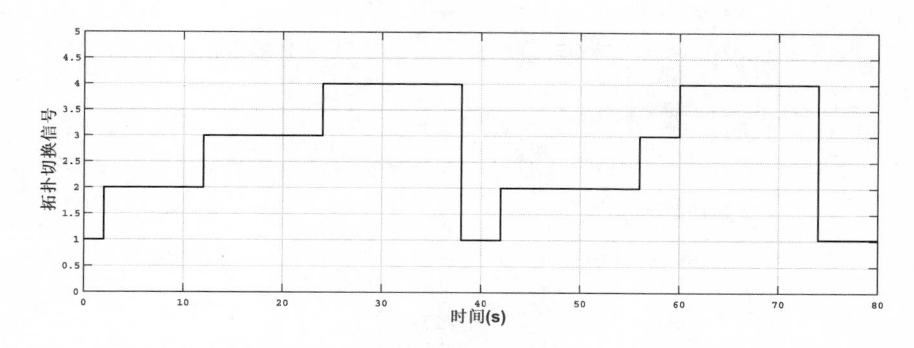

图 6.2 切换信号

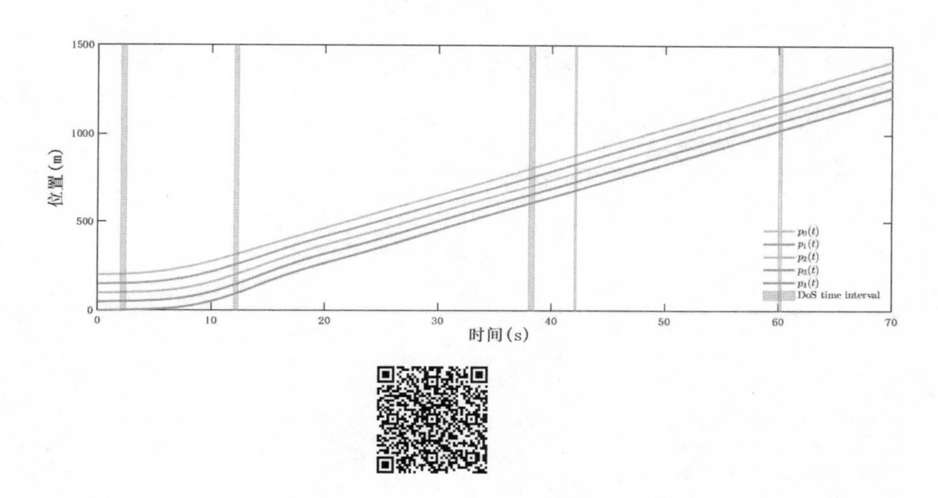

图 6.3 车辆i的位置轨迹, $i = 0, 1, 2, 3, 4$

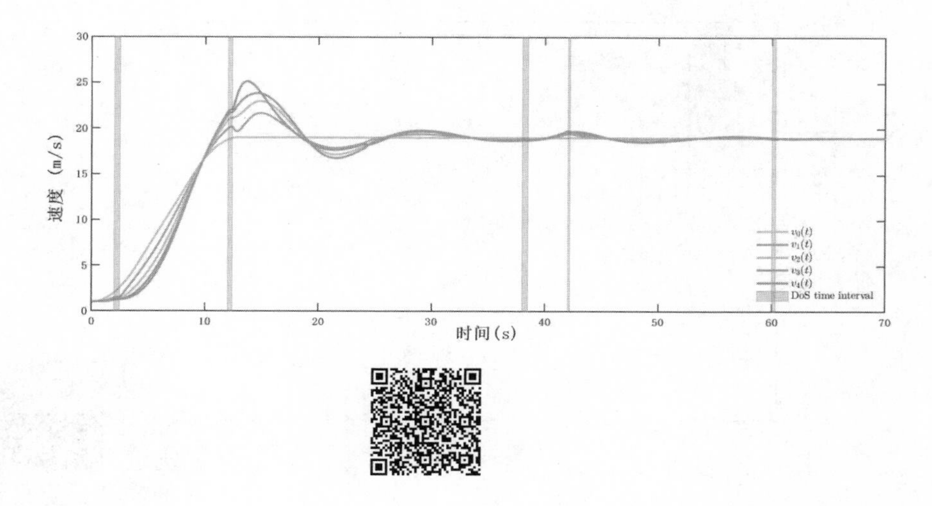

图 6.4 车辆i的速度轨迹, $i = 0, 1, 2, 3, 4$

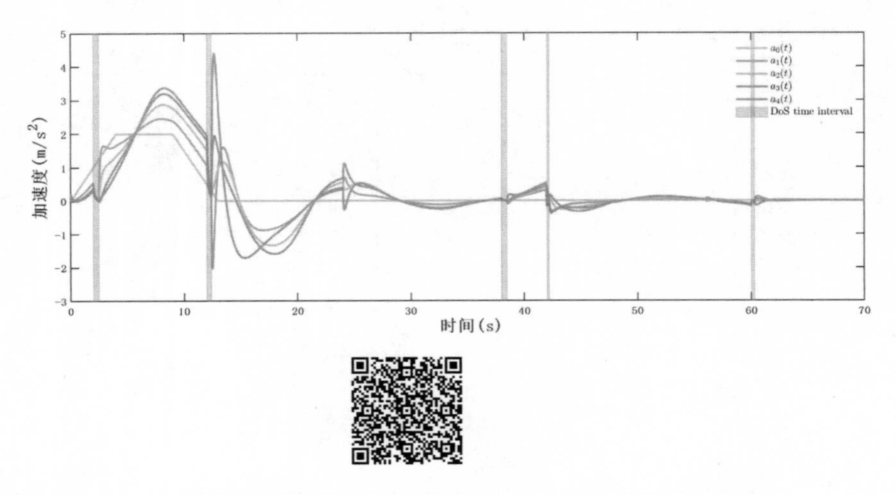

图 6.5 车辆i的加速度轨迹, $i = 0, 1, 2, 3, 4$

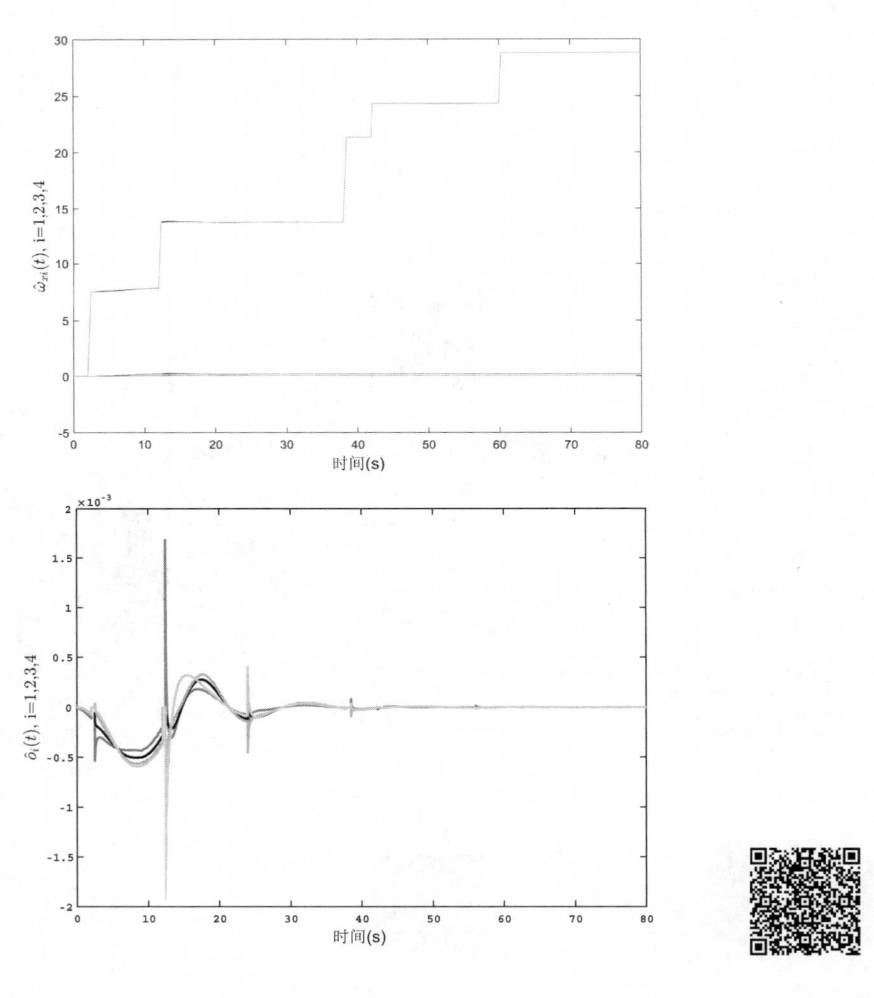

图 6.6 每辆车的自适应参数轨迹

6.5 本章小节

本章介绍了一类网联车辆系统在复合网络攻击下的协同安全队里跟踪控制方法, 基于自适应参数估计方法, 通过设计线估计和补偿执行器攻击和传感器攻击的协同安全控制策略, 保证了每个网联车辆的状态跟踪误差是一致最终有界，并借助拓扑依赖Lyapunov函数方法处理DoS攻击与切换拓扑的耦合影响. 最后, 数值结果证实了理论方法的有效性.

第7章 DoS攻击下非线性异构网联车辆系统嵌入式协同安全队列控制

在网联车辆的实际行驶过程中, 车辆的节气门/制动器的死区输入非线性特征是控制系统中最重要的执行器非光滑非线性之一, 会严重恶化控制系统性能甚至导致行驶事故发生. 针对上述情况, 本章将研究具有切换网络拓扑、未知执行器死区和DoS攻击下的一类非仿射非线性网联车辆系统的协同安全队列控制问题. 通过构造信号参考生成器和分散跟踪控制器, 提出了一种嵌入式协同安全控制方案. 此外, 利用隐函数定理将多车系统的非仿射形式转化为相应的仿射形式. 然后, 利用无向通信拓扑和相邻车辆的状态信息, 为每辆车设计了具有相应参数更新律的自适应模糊控制器. 通过稳定性分析保证了所有闭环信号保持有界, 并且在发生DoS攻击和未知死区输入的情况下, 网联车辆依然实现队列跟踪的目标.

7.1 网联车辆系统模型与问题描述

本章考虑由N辆跟随车辆和一个领航车辆组成的网联车辆系统, 领航车辆被标记为$i=0$, 其动力学方程为:

$$\dot{p}_0(t)=v_0,\quad \dot{v}_0(t)=a_0,\quad \dot{a}_0(t)=u_0,\tag{7.1.1}$$

其中$\boldsymbol{x}_0=[p_0\ v_0\ a_0]^{\mathrm{T}}$ 是领航车辆的状态, 其中p_0, v_0, 和a_0 分别表示领航车辆的位置、速度和加速度, $u_0\in\mathbb{R}$表示一个有界的参考输入信号. 此外, 第i个$(i=1,2,\cdots,N)$ 跟随车辆的动力学方程为:

$$\dot{p}_i(t)=v_i,\quad \dot{v}_i(t)=a_i,\quad \dot{a}_i(t)=f(\boldsymbol{x}_i,D(u_i))+d_i,\tag{7.1.2}$$

其中$\boldsymbol{x}_i=[p_i,\ v_i,\ a_i]^{\mathrm{T}}$ 是第i个跟随车辆的状态, $u_i\in\mathbb{R}$ 是待设计的控制输入, $d_i\in\mathbb{R}$是车辆i的未知有界外部干扰, $D(u_i)$表示非对称死区输入, 其定义如下 [58–61]:

$$D(u_i)=\begin{cases} m_{il}(u_i-b_{il}), & u_i<b_{il},\\ 0, & b_{il}\leqslant u_i\leqslant b_{ir},\\ m_{ir}(u_i-b_{ir}), & u_i>b_{ir},\end{cases}$$

其中m_{ir}和m_{il}分别代表死区特性的右斜率和左斜率, b_{ir}和b_{il}代表输入非线性的断点.

然后, 为了确保跟踪目标的实现, 需要对非线性多车辆系统(7.1.2)进行必要的假设.

假设 7.1.1 对于第i个车辆系统(7.1.2)中的所有$\boldsymbol{x}_i \in \mathbb{R}^3$和$u_i \in \mathbb{R}$, 总是存在正的常数$f_{i1}$ 和f_{i2}, 从而使以下不等式成立

$$0 < f_{i1} \leqslant \frac{\partial f(\boldsymbol{x}_i, u_i)}{\partial u_i} \leqslant f_{i2}, \quad i = 1, 2, \cdots, N.$$

假设 7.1.2 对于领航车辆和第i辆车的系统(7.1.2), 存在未知的正常数$\beta_i, \varphi_i, \bar{d}_i$, 分别使得$|u_0(t)| \leqslant \beta_i$, $|\hat{u}_i(t)| \leqslant \varphi_i$ 和$|d_i(t)| \leqslant \bar{d}_i$, $i = 1, 2, \cdots, N$.

本章考虑的网络通讯环境与上一章相同, 令图$\bar{\mathcal{G}}(t)$表示$N+1$个智能车辆构成的时变无向通讯拓扑图, 我们假定通信拓扑仅仅在离散时间处出现变动, 具体地来说, 令$t_1, t_2, \cdots$ 为网络拓扑的切换时刻. 切换拓扑及其对应的时变的Laplacian矩阵和邻接矩阵的具体形式由第2章给出. 同时考虑网联车辆的通讯网络遭受DoS攻击, 导致智能车辆之间的信息传输是不连续的. 根据2.3 节建立的DoS攻击模型可知, 通信网络在$t \in \mathcal{H}^I$ 时失效; 相反, 每个车辆在$t \in \mathcal{H}^C$ 时进行信息传输.

假设 7.1.3 网联车辆系统通过通讯网络传输信息, 假设其通讯网络为无向切换拓扑. 当$t \in [t_j, t_{j+1})$, $j = 1, 2, \cdots$, 时, 无向拓扑图$\{\mathcal{G}_p : p \in \mathcal{P}\}$是一个固定且联通的.

7.2 控制目标

针对一类非线性网联车辆系统(7.1.1)-(7.1.2), 同时考虑通讯网络发生DoS攻击, 智能车辆系统带有的非仿射非线性特征以及执行器死区情况, 本节协同安全队列跟踪控制目标是设计一种嵌入式自适应安全队列跟踪控制算法, 使任意相邻两辆跟随的车辆之间保持理想的安全距离, 同时跟随的车辆跟踪领导者的速度, 实现安全跟踪的控制目标, 即,

$$\lim_{t \to +\infty} \|\boldsymbol{x}_i(t) - \boldsymbol{x}_0(t) - \boldsymbol{D}_{i,0}\| \leqslant m.$$

7.3 嵌入式协同安全队列控制方案设计

本节提出一种嵌入式的自适应安全队里跟踪控制方案, 设计过程主要分两部分: 首先利用相邻车辆的状态交互信息, 针对每一辆智能车设计参考信

号生成器设计估计出可以跟踪领航车辆的虚拟轨迹. 然后, 利用参考信号生成的虚拟状态设计自适应队列跟踪控制器, 保证跟踪误差一致最终有界.

7.3.1 参考信号生成器设计

首先, 为每个跟随车辆车辆设计了一个参考信号生成器来估计领航车辆的状态轨迹. 通过利用相邻车辆的局部信息, 为节点i, $i=1,\ldots,N$设计了以下信号生成器

$$\begin{cases} \dot{\hat{\boldsymbol{x}}}_i(t)=\boldsymbol{A}\hat{\boldsymbol{x}}_i(t)+\boldsymbol{B}\left(c_0\boldsymbol{S}_1\boldsymbol{e}_i^{\sigma(t)}(t)+\boldsymbol{S}_{2,i}(t)\right), & \text{如果} \quad t\in\mathcal{H}^C, \\ \dot{\hat{\boldsymbol{x}}}_i(t)=\boldsymbol{A}\hat{\boldsymbol{x}}_i(t), & \text{如果} \quad t\in\mathcal{H}^I, \end{cases} \tag{7.3.1}$$

其中$\hat{\boldsymbol{x}}_i(t)$表示第$i$个跟随车辆的参考状态估计, $\hat{\boldsymbol{u}}_i(t)=c_0\boldsymbol{S}_1\boldsymbol{e}_i^{\sigma(t)}(t)+\boldsymbol{S}_{2,i}(t)$是虚拟输入信号, 并且$c_0$ 是一个设计常数. 同时$\boldsymbol{S}_1$表示估计增益矩阵, $\boldsymbol{e}_i^{\sigma(t)}(t)\in\mathbb{R}^3$表示邻域状态估计误差, 其定义如下:

$$\boldsymbol{e}_i^{\sigma(t)}(t)=\sum_{j\in\mathcal{N}_i(t)}a_{ij}(t)(\hat{\boldsymbol{x}}_i(t)-\hat{\boldsymbol{x}}_j(t)-\boldsymbol{D}_{i,j})+g_i(t)(\hat{\boldsymbol{x}}_i(t)-\boldsymbol{x}_0(t)-\boldsymbol{D}_{i,0}), \tag{7.3.2}$$

其中$\boldsymbol{D}_{i,j}=\left[d_{i,j}\ 0\ 0\right]^{\mathrm{T}}$, $d_{i,j}$ 是车辆i和车辆j之间的期望距离. 在(7.3.1)中, $\boldsymbol{S}_{2,i}(t)$ 是第i个信号生成器的辅助控制函数, 形式如下:

$$\boldsymbol{S}_{2,i}(t)=-\frac{\hat{\beta}_i^2(t)\boldsymbol{B}^{\mathrm{T}}\boldsymbol{P}\boldsymbol{e}_i^{\sigma(t)}(t)}{\|\boldsymbol{e}_i^{\sigma(t)T}(t)\boldsymbol{P}\boldsymbol{B}\|\,\hat{\beta}_i(t)+\eta_i(t)}, \tag{7.3.3}$$

其中$\eta_i(t)\in\mathbb{R}^+$是任意正的一致连续且有界的函数, 满足$\lim_{t\to\infty}\int_{t_0}^{t}\eta_i(\tau)\mathrm{d}\tau<\bar{\eta}_{\mathrm{i}}<\infty$, $\bar{\eta}_i$ 是一个正的有界常数. 此外, $\hat{\beta}_i(t)$ 是由以下自适应律决定的:

$$\dot{\hat{\beta}}_i(t)=-\xi_i\eta_i(t)\hat{\beta}_i(t)+\xi_i\|\boldsymbol{e}_i^{\sigma(t)\mathrm{T}}(t)\boldsymbol{P}\boldsymbol{B}\|, \tag{7.3.4}$$

式中ξ_i为给定常数. 注意到$\hat{\beta}_i(t)$ 表示β_i的估计, 未知常数β_i的定义如下:

$$\|u_0\|\leqslant\beta_i. \tag{7.3.5}$$

记$\tilde{\beta}_i(t)=\hat{\beta}_i(t)-\beta_i$. 定义参考估计误差$\tilde{\boldsymbol{x}}(t)=[\tilde{\boldsymbol{x}}_1^{\mathrm{T}}(t),\tilde{\boldsymbol{x}}_2^{\mathrm{T}}(t),\cdots,\tilde{\boldsymbol{x}}_N^{\mathrm{T}}(t)]^{\mathrm{T}}$, $\tilde{\boldsymbol{x}}_i(t)=\hat{\boldsymbol{x}}_i(t)-\boldsymbol{x}_0(t)-\boldsymbol{D}_{i,0}$. 那么, 虚拟队列跟踪误差动力学满足

$$\dot{\tilde{\boldsymbol{x}}}(t)=\begin{cases} (\boldsymbol{I}_N\otimes\boldsymbol{A}+c_0\boldsymbol{H}_{\sigma(t)}\otimes\boldsymbol{B}\boldsymbol{S}_1)\tilde{\boldsymbol{x}}(t)+(\boldsymbol{I}_N\otimes\boldsymbol{B}) & \\ \quad\cdot(\boldsymbol{S}_2(t)-\boldsymbol{U}_0), & \text{如果 } t\in\mathcal{H}^C, \\ (\boldsymbol{I}_N\otimes\boldsymbol{A})\tilde{\boldsymbol{x}}(t)-(\boldsymbol{I}_N\otimes\boldsymbol{B})\boldsymbol{U}_0, & \text{如果 } t\in\mathcal{H}^I, \end{cases} \tag{7.3.6}$$

其中$\boldsymbol{U}_0=\mathbf{1}_N\otimes u_0$, $\boldsymbol{S}_2(t)=[\boldsymbol{S}_{2,1}^{\mathrm{T}}(t),\boldsymbol{S}_{2,2}^{\mathrm{T}}(t),\cdots,\boldsymbol{S}_{2,N}^{\mathrm{T}}(t)]^{\mathrm{T}}$.

在下面的定理中, 我们将证明, 通过采用信号生成器(7.3.1)和选择合适的增益和参数, 估计跟踪误差(7.3.6) 将会渐进收敛到原点.

定理 7.3.1 考虑闭环虚拟跟踪误差系统(7.3.6)满足假设7.1.2和7.1.3, 对于给定的标量$\nu > 0$, 和$\beta_p^* > \beta^* > 0$, 如果存在正定矩阵$\boldsymbol{P}$, 使得以下不等式成立

$$\boldsymbol{A}^{\mathrm{T}}\boldsymbol{P} + \boldsymbol{P}\boldsymbol{A} - \boldsymbol{P}\boldsymbol{B}\boldsymbol{B}^{\mathrm{T}}\boldsymbol{P} < 0, \tag{7.3.7a}$$

$$\boldsymbol{P}\boldsymbol{A} + \boldsymbol{A}^{\mathrm{T}}\boldsymbol{P} + \nu\boldsymbol{P}\boldsymbol{B}\boldsymbol{B}^{\mathrm{T}}\boldsymbol{P} - \beta^*\boldsymbol{P} < 0, \tag{7.3.7b}$$

此外, 我们选择参数

$$\alpha_p = \min\left\{\frac{\lambda_{\min}(\boldsymbol{Q})\lambda_{\min}(\boldsymbol{H}_p)}{\lambda_{\max}(\boldsymbol{H}_p \otimes \boldsymbol{P})}, \min_{1\leqslant i\leqslant N}\xi_i\eta_i\right\},$$

$$\mu_{p_1} = \max\left\{\frac{\lambda_{\max}(\boldsymbol{H}_{p_1} \otimes \boldsymbol{P})}{\lambda_{\min}(\boldsymbol{H}_{p_2} \otimes \boldsymbol{P})}, 1\right\},$$

$$\mu_p = \max_{p_1\in\mathcal{P}}\{\mu_{p_1}\},$$

使得以下条件成立

$$\sum_{p\in\mathcal{P}}(\alpha_p - \frac{\ln\mu_p}{\tau_{ap}})T^p(t_h^1, t_{h+1}) - \sum_{p\in\mathcal{P}}N_0^p\ln\mu_p - \ln\frac{\varrho^*}{\underline{\lambda}_a} - \beta_p^*(t_h^1 - t_h) > 0, \tag{7.3.8a}$$

$$\sum_{p\in\mathcal{P}}(\alpha_p - \frac{\ln\mu_p}{\tau_{ap}})T^p(t_0, t_1) - \sum_{p\in\mathcal{P}}N_0^p\ln\mu_p - \ln\frac{1}{\underline{\lambda}_a} > 0, \tag{7.3.8b}$$

那么, 通过采用信号生成器(7.3.1) 和生成器增益$\boldsymbol{S}_1 = -\boldsymbol{B}^{\mathrm{T}}\boldsymbol{P}$, 虚拟队列跟踪误差是一致最终有界.

证明 针对误差系统(7.3.6)建立拓扑依赖的Lyapunov函数:

$$V_{\sigma(t)}(t) = \begin{cases} \dfrac{1}{2}\tilde{\boldsymbol{x}}^{\mathrm{T}}(\boldsymbol{H}_{\sigma(t)} \otimes \boldsymbol{P})\tilde{\boldsymbol{x}} + \dfrac{1}{2}\displaystyle\sum_{i=1}^{N}\xi_i^{-1}\tilde{\beta}_i^2, & \text{如果 } t \in \mathcal{H}^C, \\ \dfrac{1}{2}\tilde{\boldsymbol{x}}^{\mathrm{T}}(\boldsymbol{I}_N \otimes \boldsymbol{P})\tilde{\boldsymbol{x}}, & \text{如果 } t \in \mathcal{H}^I, \end{cases}$$

以下证明分为三部分.

第一部分: 当$t \in [t_j^f, t_j^{f+1})$时, $\sigma(t) = p$, $p \in \mathcal{P}$, $f = 1, 2, \cdots, l_j - 1$, 则$V_{\sigma(t)}(t)$沿误差系统(7.3.6) 在每个区间上的时间导数满足:

$$\begin{aligned} \dot{V}_p(t) = &\ \frac{1}{2}\tilde{\boldsymbol{x}}^{\mathrm{T}}(t)(\boldsymbol{H}_p \otimes (\boldsymbol{A}^{\mathrm{T}}\boldsymbol{P} + \boldsymbol{P}\boldsymbol{A}) - 2c_0\boldsymbol{H}_p^2 \otimes \boldsymbol{P}\boldsymbol{B}\boldsymbol{B}^{\mathrm{T}}\boldsymbol{P})\tilde{\boldsymbol{x}}(t) \\ &+ \tilde{\boldsymbol{x}}^{\mathrm{T}}(t)(\boldsymbol{H}_p \otimes \boldsymbol{P}\boldsymbol{B})(\boldsymbol{S}_2(t) - \boldsymbol{U}_0) + \sum_{i=1}^{N}\xi_i^{-1}\tilde{\beta}_i\dot{\tilde{\beta}}_i, \end{aligned} \tag{7.3.9}$$

同时, 根据邻域状态估计误差(7.3.2)和$\tilde{\boldsymbol{x}}_i$的定义, 可以得到

$$\boldsymbol{e}_i^p(t)=\sum_{j\in\mathcal{N}_i}a_{ij}(\tilde{\boldsymbol{x}}_i(t)-\tilde{\boldsymbol{x}}_j(t))+g_i\tilde{\boldsymbol{x}}_i(t),$$

即$\boldsymbol{e}^p(t)=(\boldsymbol{H}_p\otimes\boldsymbol{I}_3)\tilde{\boldsymbol{x}}$. 利用

$$\tilde{\boldsymbol{x}}^{\mathrm{T}}(t)(\boldsymbol{H}_p\otimes\boldsymbol{PB})=\tilde{\boldsymbol{x}}^{\mathrm{T}}(t)(\boldsymbol{H}_p\otimes\boldsymbol{I}_3)(\boldsymbol{I}_N\otimes\boldsymbol{PB})=\boldsymbol{e}^{p\mathrm{T}}(t)(\boldsymbol{I}_N\otimes\boldsymbol{PB}).$$

计算式(7.3.9)得到

$$\begin{aligned}\dot{V}_p(t)=&\frac{1}{2}\tilde{\boldsymbol{x}}^{\mathrm{T}}(t)(\boldsymbol{H}_p\otimes(\boldsymbol{A}^{\mathrm{T}}\boldsymbol{P}+\boldsymbol{PA})-2c_0\boldsymbol{H}_p^2\otimes\boldsymbol{PBB}^{\mathrm{T}}\boldsymbol{P})\tilde{\boldsymbol{x}}(t)\\&+\sum_{i=1}^N\boldsymbol{e}_i^{p\mathrm{T}}(t)\boldsymbol{PB}F_{2,i}(t)+\sum_{i=1}^N\boldsymbol{e}_i^{p\mathrm{T}}(t)\boldsymbol{PB}(-u_0)\\&+\sum_{i=1}^N\xi_i^{-1}\tilde{\beta}_i\dot{\tilde{\beta}}_i.\end{aligned}$$

接下来, 从式(7.3.3)-(7.3.5), 有

$$\begin{aligned}\dot{V}_p(t)\leqslant&\ \frac{1}{2}\tilde{\boldsymbol{x}}^{\mathrm{T}}(t)(\boldsymbol{H}_p\otimes(\boldsymbol{A}^{\mathrm{T}}\boldsymbol{P}+\boldsymbol{PA})-2c_0\boldsymbol{H}_p^2\otimes\boldsymbol{PBB}^{\mathrm{T}}\boldsymbol{P})\tilde{\boldsymbol{x}}(t)\\&+\sum_{i=1}^N\boldsymbol{e}_i^{p\mathrm{T}}(t)\boldsymbol{PB}\left(-\frac{\hat{\beta}_i^2(t)\boldsymbol{B}^{\mathrm{T}}\boldsymbol{P}\boldsymbol{e}_i^p(t)}{\|\boldsymbol{e}_i^{p\mathrm{T}}(t)\boldsymbol{PB}\|\hat{\beta}_i(t)+\eta_i(t)}\right)\\&+\sum_{i=1}^N\|\boldsymbol{e}_i^{pT}(t)\boldsymbol{PB}\|\beta_i+\sum_{i=1}^N\xi_i^{-1}\tilde{\beta}_i\dot{\tilde{\beta}}_i.\end{aligned}$$

此外, 应用式(7.3.4) 中的自适应律, 我们有

$$\begin{aligned}\dot{V}_p(t)\leqslant&\ \frac{1}{2}\tilde{\boldsymbol{x}}^{\mathrm{T}}(t)(\boldsymbol{H}_p\otimes(\boldsymbol{A}^{\mathrm{T}}\boldsymbol{P}+\boldsymbol{PA})-2c_0\boldsymbol{H}_p^2\otimes\boldsymbol{PBB}^{\mathrm{T}}\boldsymbol{P})\tilde{\boldsymbol{x}}(t)\\&-\sum_{i=1}^N\frac{\boldsymbol{e}_i^{p\mathrm{T}}(t)\boldsymbol{PBB}^{\mathrm{T}}\boldsymbol{P}\boldsymbol{e}_i^p(t)\,\hat{\beta}_i^2(t)}{\|\boldsymbol{e}_i^{p\mathrm{T}}(t)\boldsymbol{PB}\|\hat{\beta}_i(t)+\eta_i(t)}+\sum_{i=1}^N\|\boldsymbol{e}_i^{p\mathrm{T}}(t)\boldsymbol{PB}\|\beta_i\\&+\sum_{i=1}^N\|\boldsymbol{e}_i^{p\mathrm{T}}(t)\boldsymbol{PB}\|\tilde{\beta}_i+\sum_{i=1}^N\eta_i(t)[-\tilde{\beta}_i\hat{\beta}_i].\end{aligned}\tag{7.3.10}$$

由假设7.1.3, 可知$\boldsymbol{H}_p=\boldsymbol{L}_p+\boldsymbol{G}_p$是正定的, 并且存在一个酉矩阵$\boldsymbol{U}_p$, 使得$\boldsymbol{U}_p^{\mathrm{T}}\boldsymbol{H}_p\boldsymbol{U}_p=\mathrm{diag}\{\lambda_1(\boldsymbol{H}_p),\lambda_2(\boldsymbol{H}_p),\cdots,\lambda_N(\boldsymbol{H}_p)\}$. 因此, 引入状态变换$\boldsymbol{\epsilon}=(\boldsymbol{U}_p^{\mathrm{T}}\otimes\boldsymbol{I}_3)\tilde{\boldsymbol{x}}$, 其中$\boldsymbol{\epsilon}=[\boldsymbol{\epsilon}_1^{\mathrm{T}},\boldsymbol{\epsilon}_2^{\mathrm{T}},\cdots,\boldsymbol{\epsilon}_N^{\mathrm{T}}]^{\mathrm{T}}$.

$$\dot{V}_p(t)\leqslant\ \frac{1}{2}\sum_{i=1}^N\lambda_i(\boldsymbol{H}_p)\boldsymbol{\epsilon}_i^{\mathrm{T}}(\boldsymbol{A}^{\mathrm{T}}\boldsymbol{P}+\boldsymbol{PA}-2c_0\lambda_{\min}(\boldsymbol{H}_p)\boldsymbol{PBB}^{\mathrm{T}}\boldsymbol{P})\boldsymbol{\epsilon}_i$$

$$
\begin{aligned}
&-\sum_{i=1}^{N}\frac{\boldsymbol{e}_i^{p\mathrm{T}}(t)\boldsymbol{PBB}^{\mathrm{T}}\boldsymbol{Pe}_i^{p}(t)\,\hat{\beta}_i^2(t)}{\|\boldsymbol{e}_i^{p\mathrm{T}}(t)\boldsymbol{PB}\|\,\hat{\beta}_i(t)+\eta_i(t)}+\sum_{i=1}^{N}\|\boldsymbol{e}_i^{p\mathrm{T}}(t)\boldsymbol{PB}\|\,\beta_i\\
&+\sum_{i=1}^{N}\|\boldsymbol{e}_i^{p\mathrm{T}}(t)\boldsymbol{PB}\|\,\tilde{\beta}_i+\sum_{i=1}^{N}\eta_i(t)[-\tilde{\beta}_i\hat{\beta}_i]. \qquad (7.3.11)
\end{aligned}
$$

然后, 利用不等式$0\leqslant\frac{xy}{x+y}\leqslant x,\forall x,y>0$, 并表示$-\boldsymbol{Q}=\boldsymbol{A}^{\mathrm{T}}\boldsymbol{P}+\boldsymbol{PA}-\boldsymbol{PBB}^{\mathrm{T}}\boldsymbol{P}$, $\boldsymbol{Q}>0$ 是一个正定矩阵. 那么, 如果耦合强度c_0 满足$c_0>\frac{1}{2\varrho_0}$, 而$\varrho_0=\min_{p\in\mathcal{P}}\{\lambda_{\min}(\boldsymbol{H}_p)\}$, 我们有

$$
\begin{aligned}
\dot{V}_p(t)\leqslant&-\frac{1}{2}\lambda_{\min}(\boldsymbol{Q})\lambda_{\min}(\boldsymbol{H}_p)\tilde{\boldsymbol{x}}^{\mathrm{T}}\tilde{\boldsymbol{x}}-\frac{1}{2}\sum_{i=1}^{N}\eta_i\,\tilde{\beta}_i^2+\sum_{i=1}^{N}\eta_i\kappa_i\\
\leqslant&-\alpha_pV_p+C, \qquad (7.3.12)
\end{aligned}
$$

其中

$$
\begin{aligned}
\kappa_i=&\frac{1}{2}\beta_i^2+1,\\
\alpha_p=&\min\{\frac{\lambda_{\min}(\boldsymbol{Q})\lambda_{\min}(\boldsymbol{H}_p)}{\lambda_{\max}(\boldsymbol{H}_p\otimes\boldsymbol{P})},\min_{1\leqslant i\leqslant N}\xi_i\eta_i\},\\
C=&\frac{1}{2}\sum_{i=1}^{N}\eta_i[2+\beta_i^2].
\end{aligned}
$$

因此对于$t\in[t_j^f,t_j^{f+1})$, $f=1,2,\ldots,l_j-1$所有的信号都是有界的. 通过选择正常数$\mu_{p_1}=\max\{\frac{\lambda_{\max}(\boldsymbol{H}_{p_1}\otimes\boldsymbol{P})}{\lambda_{\min}(\boldsymbol{H}_{p_2}\otimes\boldsymbol{P})},1\}$, 对于所有$p_1,p_2\in\mathcal{P}$, 对于任意$t\in[t_j^1,t_j^{l_j})$, $j\in\mathbb{N}_+$, 可以得到以下关系:

$$
\begin{aligned}
\dot{V}_p(t)\leqslant-\alpha_pV_p(t)+C,\ \forall p\in\mathcal{P},\\
V_{p_1}(t)\leqslant\mu_{p_1}V_{p_2}(t),\ \forall p_1,p_2\in\mathcal{P}.
\end{aligned}
$$

利用上述不等式, 对于$t\in[t_j^1,t_j^{l_j})$, 我们可以得到:

$$
\begin{aligned}
V_{\sigma(t_j^{l_j-1})}(t_{j+1}^-)\leqslant&\exp(-\alpha_{\sigma(t_j^{l_j-1})}(t_{j+1}-t_j^{l_j-1}))V_{\sigma(t_j^{l_j-1})}(t_j^{l_j-1})\\
&+C\int_{t_j^{l_j-1}}^{t_j^{l_j}}\exp(-\alpha_{\sigma(t_j^{l_j-1})}(t_j^{l_j}-\tau))\mathrm{d}\tau\\
\leqslant&\mu_{\sigma(t_j^{l_j-1})}\exp(-\alpha_{\sigma(t_j^{l_j-1})}(t_{j+1}-t_j^{l_j-1})\\
&-\alpha_{\sigma(t_j^{l_j-2})}(t_j^{l_j-1}-t_j^{l_j-2}))V_{\sigma(t_j^{l_j-2})}(t_j^{l_j-2})\\
&+\mu_{\sigma(t_j^{l_j-1})}\exp(-\alpha_{\sigma(t_j^{l_j-1})}(t_{j+1}-t_j^{l_j-1}))C
\end{aligned}
$$

$$
\begin{aligned}
&\times \int_{t_j^{l_j-2}}^{t_j^{l_j-1}} \exp(-\alpha_{\sigma(t_j^{l_j-2})}(t_j^{l_j-1}-\tau))\mathrm{d}\tau \\
&+ C\int_{t_j^{l_j-1}}^{t_j^{l_j}} \exp(-\alpha_{\sigma(t_j^{l_j-1})}(t_j^{l_j}-\tau))\mathrm{d}\tau \\
\leqslant{}& \cdots \\
\leqslant{}& \prod_{\ell=2}^{l_j-1}\mu_{\sigma(t_j^\ell)}\exp(-\alpha_{\sigma(t_j^{l_j-1})}t_j^{l_j}+\sum_{\ell=2}^{l_j-1}(\alpha_{\sigma(t_j^\ell)}-\alpha_{\sigma(t_j^{\ell-1})})t_j^\ell \\
&+\alpha_{\sigma(t_j^1)}t_j^1)V_{\sigma(t_j^1)}(t_j^1) \\
&+ C\int_{t_j^{l_j-1}}^{t_j^{l_j}} \exp(-\alpha_{\sigma(t_j^{l_j-1})}(t_j^{l_j}-\tau))\mathrm{d}\tau+\cdots+\mathrm{C}\prod_{\ell=2}^{\mathrm{l_j}-1}\mu_{\sigma(\mathrm{t_j^\ell})} \\
&\times\int_{t_j^1}^{t_j^2}\exp(-\sum_{\ell=3}^{l_j}\alpha_{\sigma(t_j^{\ell-1})}(t_j^\ell-t_j^{\ell-1})-\alpha_{\sigma(t_j^1)}(t_j^2-\tau))\mathrm{d}\tau.
\end{aligned}
\tag{7.3.13}
$$

类似地, 对于$t\in[t_0,t_1)$, 可以得出:

$$
\begin{aligned}
V_{\sigma(t_0^{l_0-1})}(t_1^-)\leqslant{}&\exp(\sum_{\ell=1}^{l_0-1}\ln\mu_{\sigma(t_0^\ell)}-\sum_{\ell=1}^{l_0}\alpha_{\sigma(t_0^{\ell-1})}(t_0^\ell-t_0^{\ell-1}))V_{\sigma(t_0)}(t_0) \\
&+C\int_{t_0^{l_0-1}}^{t_0^{l_0}}\exp(-\alpha_{\sigma(t_0^{l_0-1})}(t_0^{l_0}-\tau))\mathrm{d}\tau+\cdots+\mathrm{C}\prod_{\ell=1}^{\mathrm{l_0}-1}\mu_{\sigma(\mathrm{t_0^\ell})} \\
&\times\int_{t_0^0}^{t_0^1}\exp(-\sum_{\ell=2}^{l_0}\alpha_{\sigma(t_0^{\ell-1})}(t_0^\ell-t_0^{\ell-1})-\alpha_{\sigma(t_0^0)}(t_0^1-\tau))\mathrm{d}\tau.
\end{aligned}
\tag{7.3.14}
$$

第二部分: 当DoS攻击在区间$t\in[t_j,t_j^1)$, $j\in\mathbb{N}_+$时, $V_{\sigma(t)}(t)$沿(7.3.6) 的轨迹的时间导数满足以下条件

$$
\dot{V}_{\sigma(t)}(t)\leqslant\frac{1}{2}\tilde{\boldsymbol{x}}^{\mathrm{T}}(t)[\boldsymbol{I}_N\otimes(\boldsymbol{PA}+\boldsymbol{A}^{\mathrm{T}}\boldsymbol{P}+\nu\boldsymbol{PBB}^{\mathrm{T}}\boldsymbol{P})]\tilde{\boldsymbol{x}}(t)+\frac{1}{2\nu}\|\boldsymbol{U}_0\|^2.
$$

这意味着

$$
\dot{V}_{\sigma(t)}(t)\leqslant\beta^*V_{\sigma(t)}(t)+\frac{1}{2\nu}\|\boldsymbol{U}_0\|^2\leqslant\beta_p^*V_{\sigma(t)}(t),
$$

其中$\beta_p^*\geqslant\beta^*+(\|\boldsymbol{U}_0\|^2/[\lambda_{\min}(\boldsymbol{P})\nu\|\tilde{\boldsymbol{x}}\|^2])$. 因此, 利用

$$
V_{\sigma(t_j)}(t_j)\leqslant(1/\underline{\lambda}_a)V_{\sigma(t_{j-1}^{l_{j-1}-1})}(t_{j-1}^{l_{j-1}-}),
$$

下列不等式成立

$$\begin{aligned} V_{\sigma(t_j)}(t_j^{1-}) &\leqslant \exp(\beta_p^*(t_j^1 - t_j))V_{\sigma(t_j)}(t_j) \\ &\leqslant \frac{1}{\underline{\lambda}_a}\exp(\beta_p^*(t_j^1 - t_j))V_{\sigma(t_{j-1}^{l_{j-1}-1})}(t_{j-1}^{l_{j-1}-}). \end{aligned} \tag{7.3.15}$$

第三部分: 最后, 在区间$t \in [t_0, t)$ 上将(7.3.13)和(7.3.14)与(7.3.15) 结合起来, 可以得出:

$$\begin{aligned} V_{\sigma(t_{j+1})}(t_{j+1}) &\leqslant \frac{1}{\underline{\lambda}_a}V_{\sigma(t_j^{l_j-1})}(t_j^{l_j-}) \\ &\leqslant \exp(\ln\frac{\varrho^*}{\underline{\lambda}_a} + \beta_p^*(t_j^1 - t_j) + \sum_{p\in\mathcal{P}} N_0^p \ln\mu_p) \\ &\quad\times \exp(-\sum_{p\in\mathcal{P}}(\alpha_p - \frac{\ln\mu_p}{\tau_{ap}})T^p(t_j^1, t_{j+1}))V_{\sigma(t_j)}(t_j) \\ &\quad + C\int_{t_j^{l_j-1}}^{t_j^{l_j}} \exp(-\alpha_{\sigma(t_j^{l_j-1})}(t_j^{l_j} - \tau))\mathrm{d}\tau + \cdots + \mathrm{C}\prod_{\ell=2}^{\mathrm{l_j}-1}\mu_{\sigma(\mathrm{t}_j^\ell)} \\ &\quad\times \int_{t_j^1}^{t_j^2} \exp(-\sum_{\ell=3}^{l_j}\alpha_{\sigma(t_j^{\ell-1})}(t_j^\ell - t_j^{\ell-1}) - \alpha_{\sigma(t_j^1)}(t_j^2 - \tau))\mathrm{d}\tau \\ &\leqslant \exp(-\sum_{h=1}^{j}\psi_h - \psi_0)V_{\sigma(t_0)}(t_0) \end{aligned}$$

其中

$$\begin{aligned} \psi_h &= \sum_{p\in\mathcal{P}}(\alpha_p - [\ln\mu_p/\tau_{ap}])T^p(t_h^1, t_{h+1}) - \sum_{p\in\mathcal{P}} N_0^p\ln\mu_p - \ln(\varrho^*/\underline{\lambda}_a) - \beta_p^*(t_h^1 - t_h), \\ \psi_0 &= \sum_{p\in\mathcal{P}}(\alpha_p - [\ln\mu_p/\tau_{ap}])T^p(t_0, t_1) - \sum_{p\in\mathcal{P}} N_0^p\ln\mu_p - \ln(1/\underline{\lambda}_a). \end{aligned}$$

因此, 可知Lyapunov函数$V_{\sigma(t)}(t)$是一致有界的. 最后, 应用定理3.3.3 的证明方法, 可以推出虚拟队列跟踪误差是最终一致有界. □

7.3.2 自适应队列跟踪控制器设计

在本节中, 我们将为所有跟随车辆设计自适应队列跟踪控制器$\boldsymbol{u}_i(t)$, 使所有跟随车辆的状态向量$\boldsymbol{x}_i(t)$ 渐进地跟踪参考状态$\hat{\boldsymbol{x}}_i(t)$.

首先, 令$\boldsymbol{\delta}_i(t) = \boldsymbol{x}_i(t) - \hat{\boldsymbol{x}}_i(t)$表示每辆车的局部跟踪误差. 为了方便控制系统从非仿射形式到仿射形式的设计, 在后面的部分中, 将使用以下引理

引理 7.3.1 对于第i个带有干扰和死区非线性的非仿射非线性车辆系统(7.1.2) 可表示为

$$\dot{p}_i = v_i, \quad \dot{v}_i = a_i, \quad \dot{a}_i = \mu_i u_i + \boldsymbol{\theta}_i^{*\mathrm{T}} \boldsymbol{\phi}_i(\boldsymbol{x}_i) + D_i, \tag{7.3.16}$$

其中$\boldsymbol{x}_i \in \Omega_{xi} \subset \mathbb{R}^n$, 且$\Omega_{xi}$ 是紧集, $D_i = d_i(t) + \delta_i^*(\boldsymbol{x}_i) + \bar{f}_{u_{i\varsigma}} M_i$ 是定义在(7.3.2) 中的复合扰动.

证明 死区非线性可以改写为$D(u_i(t)) = m_i(t)u_i(t) + M_i(t)$, 其中$m_i(t) = m_{il}$ 或m_{ir}, 并且$|M_i(t)| \leqslant \bar{M}_i = \max\{m_{il}, m_{ir}\} \cdot \max\{b_{il}, b_{ir}\}$. 相应地, 式(7.1.2)中的非仿射项$f(\boldsymbol{x}_i, D(u_i)) = f(\boldsymbol{x}_i, m_i u_i + M_i)$可表示为

$$\begin{aligned} f(\boldsymbol{x}_i, D(u_i)) &= f(\boldsymbol{x}_i, u_i) + f(\boldsymbol{x}_i, m_i u_i + M_i) - f(\boldsymbol{x}_i, u_i) \\ &= f(\boldsymbol{x}_i, u_i) + \Delta f(\boldsymbol{x}_i, u_i), \end{aligned} \tag{7.3.17}$$

其中$\Delta f(\boldsymbol{x}_i, u_i) = f(\boldsymbol{x}_i, m_i u_i + M_i) - f(\boldsymbol{x}_i, u_i)$.

现在, 对于式(7.3.17)右边的第一个表达式$f(\boldsymbol{x}_i, u_i)$, 利用假设7.1.1中的隐函数定理, 可以得到存在唯一且连续的理想控制$u_i^* = U_i(\boldsymbol{x}_i) \in \Omega_{u_i} \subset \mathbb{R}$使得对所有的$\boldsymbol{x}_i \in \Omega_{x_i} \subset \mathbb{R}^n$ 有$f(\boldsymbol{x}_i, u_i^*) = f(\boldsymbol{x}_i, U_i(\boldsymbol{x}_i)) = 0$, 其中$\Omega_{x_i}$和$\Omega_{u_i}$是两个紧集. 此外, 通过调用中值定理, 可以得到

$$\begin{aligned} f(\boldsymbol{x}_i, u_i) &= f(\boldsymbol{x}_i, u_i^*) + (u_i - u_i^*)\bar{f}_{u_{i\lambda}} \\ &= (u_i - u_i^*)\bar{f}_{u_{i\lambda}} \\ &= \mu_i u_i + (\bar{f}_{u_{i\lambda}} - \mu_i)u_i - \bar{f}_{u_{i\lambda}} u_i^*, \end{aligned} \tag{7.3.18}$$

其中$\bar{f}_{u_{i\lambda}} = \frac{\partial f(\boldsymbol{x}_i, u_i)}{\partial u_i}|_{u_i = u_{i\lambda}}$, $u_{i\lambda} = \lambda u_i + (1-\lambda)u_i^*$, $\lambda \in (0,1)$ 且$\mu_i > 0$.

另一方面, 对于式(7.3.17) 的右边第二个表达式$\Delta f(\boldsymbol{x}_i, u_i)$, 再次调用中值定理将得到如下等式

$$\begin{aligned} \Delta f(\boldsymbol{x}_i, u_i) &= \bar{f}_{u_{i\varsigma}}(D(u_i) - u_i) \\ &= \bar{f}_{u_{i\varsigma}}(m_i - 1)u_i + \bar{f}_{u_{i\varsigma}} M_i, \end{aligned} \tag{7.3.19}$$

其中$\bar{f}_{u_{i\varsigma}} = \frac{\partial f(\boldsymbol{x}_i, u_i)}{\partial u_i}|_{u_i = u_{i\varsigma}}$, 且$u_{i\varsigma} = \varsigma D(u_i) + (1-\varsigma)u_i$, 且$\varsigma \in (0,1)$. 于是, 将式(7.3.18)和式(7.3.19)代入式(7.3.17)可得

$$\begin{aligned} f(\boldsymbol{x}_i, D(u_i)) = \mu_i u_i + (\bar{f}_{u_{i\lambda}} - \mu_i)u_i - \bar{f}_{u_{i\lambda}} u_i^* \\ + \bar{f}_{u_{i\varsigma}}(m_i - 1)u_i + \bar{f}_{u_{i\varsigma}} M_i. \end{aligned} \tag{7.3.20}$$

此外, 非线性函数$(\bar{f}_{u_{i\lambda}} - \mu_i)u_i - \bar{f}_{u_{i\lambda}} u_i^* + \bar{f}_{u_{i\varsigma}}(m_i - 1)u_i$ 可以用如下形式来逼近

$$(\bar{f}_{u_{i\lambda}} - \mu_i)u_i - \bar{f}_{u_{i\lambda}} u_i^* + \bar{f}_{u_{i\varsigma}}(m_i - 1)u_i = \boldsymbol{\theta}_i^{*\mathrm{T}} \boldsymbol{\phi}_i(\boldsymbol{x}_i) + \delta_i^*(\boldsymbol{x}_i).$$

对于所有的$\boldsymbol{x}_i \in \Omega_{xi} \subset \mathbb{R}^n$, Ω_{xi}是一个紧集. 因此, 将(7.3.20)和(7.3.2)代入(7.1.2)得到

$$\dot{p}_i = v_i, \quad \dot{v}_i = a_i, \quad \dot{a}_i = \mu_i u_i + \boldsymbol{\theta}_i^{*\mathrm{T}} \boldsymbol{\phi}_i(\boldsymbol{x}_i) + D_i,$$

其中$D_i = d_i(t) + \delta_i^*(\boldsymbol{x}_i) + \bar{f}_{u_{i\zeta}} M_i$ 定义为复合扰动. 因此可以将非仿射系统(7.1.2)转化为系统(7.3.16). □

此外, 由引理7.3.1, 系统(7.3.16)可以改写为如下形式:

$$\dot{\boldsymbol{x}}_i = \boldsymbol{A}\boldsymbol{x}_i + \boldsymbol{B}(\mu_i u_i + \boldsymbol{\theta}_i^{*\mathrm{T}} \boldsymbol{\phi}_i(\boldsymbol{x}_i) + D_i),$$

其中

$$\boldsymbol{A} = \begin{bmatrix} 0 & 1 & 0 \\ 0 & 0 & 1 \\ 0 & 0 & 0 \end{bmatrix}, \quad \boldsymbol{B} = \begin{bmatrix} 0 \\ 0 \\ 1 \end{bmatrix}.$$

考虑到$\boldsymbol{A}$和$\boldsymbol{B}$的结构, 存在正定矩阵$\boldsymbol{P}_1$ 使得下列不等式成立

$$\boldsymbol{A}^{\mathrm{T}}\boldsymbol{P}_1 + \boldsymbol{P}_1\boldsymbol{A} - 2c\boldsymbol{P}_1\boldsymbol{B}\boldsymbol{B}^{\mathrm{T}}\boldsymbol{P}_1 + \boldsymbol{Q}_1 < 0. \tag{7.3.21}$$

为了制定协同自适应渐进跟踪控制方案, 引入以下概念. 由假设7.1.2可知$|\boldsymbol{D}_i(t)| \leqslant D_i^*$. 不失一般性, 记$\rho_i^* = \varphi_i + D_i^*$, 其中$\rho_i^*$为未知常数. 按照这一步骤, 对于第$i$个跟随者车辆, 我们提出了自适应控制器的形式

$$\boldsymbol{u}_i(t) = \mu_i^{-1}\left[c\boldsymbol{K}_0\boldsymbol{\delta}_i(t) + \boldsymbol{K}_{i1} + \boldsymbol{K}_{i2}\right], \tag{7.3.22}$$

其中$c > 0$为设计常数, 控制增益定义如下

$$\boldsymbol{K}_0 = -\boldsymbol{B}^{\mathrm{T}}\boldsymbol{P}_1,$$

$$\boldsymbol{K}_{i1} = -\frac{\hat{\bar{\rho}}_i^2(t)\boldsymbol{B}^{\mathrm{T}}\boldsymbol{P}_1\boldsymbol{\delta}_i(t)}{\|\boldsymbol{\delta}_i^{\mathrm{T}}(t)\boldsymbol{P}_1\boldsymbol{B}\|\hat{\bar{\rho}}_i(t) + \eta_i(t)},$$

$$\boldsymbol{K}_{i2} = -\frac{\boldsymbol{B}^{\mathrm{T}}\boldsymbol{P}_1\boldsymbol{\delta}_i(t)\hat{\bar{\theta}}_i^2(t)l^4}{\|\boldsymbol{\delta}_i^{\mathrm{T}}(t)\boldsymbol{P}_1\boldsymbol{B}\boldsymbol{\phi}_i^{\mathrm{T}}\|\hat{\bar{\theta}}_i(t) + \eta_i(t)}.$$

此外, $\dot{\hat{\bar{\theta}}}_i(t)$, $\dot{\hat{\bar{\rho}}}_i(t)$ 通过以下自适应律进行更新

$$\begin{aligned} \dot{\hat{\bar{\rho}}}_i(t) &= -\gamma_{i1}\eta_i(t)\hat{\bar{\rho}}_i(t) + \gamma_{i1}\|\boldsymbol{\delta}_i^{\mathrm{T}}(t)\boldsymbol{P}_1\boldsymbol{B}\|, \\ \dot{\hat{\bar{\theta}}}_i(t) &= -\gamma_{i2}\eta_i(t)\hat{\bar{\theta}}_i(t) + \gamma_{i2}\|\boldsymbol{\delta}_i^{\mathrm{T}}(t)\boldsymbol{P}_1\boldsymbol{B}\boldsymbol{\phi}_i^{\mathrm{T}}\|. \end{aligned} \tag{7.3.23}$$

其中γ_{i1}和γ_{i2} $(i = 1, 2, \cdots, N)$ 是需要设计的正常数.

那么, 具有协同自适应控制器(7.3.22) 和相应控制律(7.3.23) 的整体闭环动力学可以写为

$$\dot{\boldsymbol{x}}_i(t) = \boldsymbol{A}\boldsymbol{x}_i + \boldsymbol{B}\left[c\boldsymbol{K}_0\boldsymbol{\delta}_i(t) + \boldsymbol{K}_{i1} + \boldsymbol{K}_{i2} + \boldsymbol{\theta}_i^{*\mathrm{T}}\boldsymbol{\phi}_i(\boldsymbol{x}_i) + D_i\right].$$

然后, 可以得到闭环误差系统如下:

$$\dot{\boldsymbol{\delta}}_i(t)=\boldsymbol{A}\boldsymbol{\delta}_i(t)+\boldsymbol{B}\left[c\boldsymbol{K}_0\boldsymbol{\delta}_i(t)+\boldsymbol{K}_{i1}+\boldsymbol{K}_{i2}+\boldsymbol{\theta}_i^{*\mathrm{T}}\boldsymbol{\phi}_i(\boldsymbol{x}_i)+D_i-\hat{\boldsymbol{u}}_i(t).\right] \tag{7.3.24}$$

此外, 为了得到整个跟踪误差系统的动力学方程, 令

$$\boldsymbol{\delta}=[\boldsymbol{\delta}_1^{\mathrm{T}},\boldsymbol{\delta}_2^{\mathrm{T}},\cdots,\boldsymbol{\delta}_N^{\mathrm{T}}]^{\mathrm{T}},$$

$$\bar{\boldsymbol{D}}=[D_1,D_2,\cdots,D_N]^{\mathrm{T}},$$

$$\bar{\boldsymbol{F}}=[\boldsymbol{\theta}_1^{*\mathrm{T}}\boldsymbol{\phi}_1(\boldsymbol{x}_1),\cdots,\boldsymbol{\theta}_N^{*\mathrm{T}}\boldsymbol{\phi}_N(\boldsymbol{x}_N)]^{\mathrm{T}},$$

$$\boldsymbol{K}_1=[K_{11},K_{21},\cdots,K_{N1}]^{\mathrm{T}},$$

$$\boldsymbol{K}_2=[K_{12},K_{22},\cdots,K_{N2}]^{\mathrm{T}}.$$

且$\boldsymbol{R}=\boldsymbol{1}\otimes\hat{\boldsymbol{u}}_i$. 那么, 全局跟踪误差$\boldsymbol{\delta}(t)$的动力学可以写为

$$\dot{\boldsymbol{\delta}}(t)=(\boldsymbol{I}_N\otimes\boldsymbol{A}+c\boldsymbol{I}_N\otimes\boldsymbol{B}\boldsymbol{K}_0)\boldsymbol{\delta}(t)+(\boldsymbol{I}_N\otimes\boldsymbol{B})(\boldsymbol{K}_1+\boldsymbol{K}_2+\bar{\boldsymbol{D}}+\bar{\boldsymbol{F}}-\boldsymbol{R}).$$

在本节中, 我们将证明针对无向图提出的协作自适应跟踪控制方案(7.3.22) 和(7.3.23)的有效性. 首先, 定义估计误差为

$$\tilde{\bar{\rho}}_i(t)=\hat{\bar{\rho}}_i(t)-\bar{\rho}_i^* \quad \tilde{\bar{\theta}}_i(t)=\hat{\bar{\theta}}_i(t)-\bar{\theta}_i^*,$$

其中$\hat{\bar{\rho}}_i(t)$和$\hat{\bar{\theta}}_i(t)$ 分别是$\bar{\rho}_i^*$和$\bar{\theta}_i^*$ 的估计. 在假设7.1.2 的条件下, 我们得到

$$(i)\ \|\boldsymbol{D}_i^*+\boldsymbol{\varphi}_i\|\leqslant\bar{\rho}_i^*; \qquad (ii)\ \|\theta_i^*\|\leqslant\bar{\boldsymbol{\theta}}_i^*,$$

式中$\bar{\theta}_i^*$和$\bar{\rho}_i^*$为正的常数.

定理 7.3.2 若假设7.1.2-7.1.3 成立, 则具有自适应律(7.3.23) 的自适应队列跟踪控制器(7.3.22)保证闭环系统(7.3.24) 中所有信号全局有界, 并且跟踪误差$\boldsymbol{\delta}_i(t)$ 渐进收敛到零, 即$\lim_{t\to\infty}\|\boldsymbol{x}_i(t)-\hat{\boldsymbol{x}}_i(t)\|=0$, $i=1,2,\cdots,N$.

证明 首先, 选择以下Lyapunov函数:

$$\mathcal{V}(t)=\sum_{i=1}^{N}\mathcal{V}_i(t)=\frac{1}{2}\sum_{i=1}^{N}\boldsymbol{\delta}_i^{\mathrm{T}}(t)\boldsymbol{P}_1\boldsymbol{\delta}_i(t)+\frac{1}{2}\sum_{i=1}^{N}\gamma_{i1}^{-1}\tilde{\bar{\rho}}_i^2+\frac{1}{2}\sum_{i=1}^{N}\gamma_{i1}^{-1}\tilde{\bar{\theta}}_i^2. \tag{7.3.25}$$

利用式(7.3.26), (7.3.23)和(7.3.24) 可以得到

$$\dot{\mathcal{V}}(t)=\frac{1}{2}\sum_{i=1}^{N}\boldsymbol{\delta}_i^{\mathrm{T}}(t)(\boldsymbol{P}_1\boldsymbol{A}+\boldsymbol{A}^{\mathrm{T}}\boldsymbol{P}_1)\boldsymbol{\delta}_i(t)-\sum_{i=1}^{N}c\|\boldsymbol{B}^{\mathrm{T}}\boldsymbol{P}_1\boldsymbol{\delta}_i(t)\|^2$$

$$
\begin{aligned}
&+\sum_{i=1}^{N}\boldsymbol{\delta}_i^{\mathrm{T}}(t)\boldsymbol{P}_1\boldsymbol{B}\boldsymbol{K}_{i1}(t)+\sum_{i=1}^{N}\boldsymbol{\delta}_i^{\mathrm{T}}(t)\boldsymbol{P}_1\boldsymbol{B}\boldsymbol{K}_{i2}(t)\\
&+\sum_{i=1}^{N}\boldsymbol{\delta}_i^{\mathrm{T}}(t)\boldsymbol{P}_1\boldsymbol{B}\boldsymbol{\theta}_i^{*\mathrm{T}}\boldsymbol{\phi}_i(\boldsymbol{x}_i)+\sum_{i=1}^{N}\boldsymbol{\delta}_i^{\mathrm{T}}(t)\boldsymbol{P}_1\boldsymbol{B}(\boldsymbol{D}_i-\hat{\boldsymbol{u}}_i(t))\\
&+\sum_{i=1}^{N}\|\boldsymbol{\delta}_i^{\mathrm{T}}(t)\boldsymbol{P}_1\boldsymbol{B}\|\tilde{\bar{\rho}}_i+\sum_{i=1}^{N}\|\boldsymbol{\delta}_i^{\mathrm{T}}(t)\boldsymbol{P}_1\boldsymbol{B}\boldsymbol{\phi}_i^{\mathrm{T}}\|\tilde{\bar{\theta}}_i\\
&+\sum_{i=1}^{N}\eta_i(t)\left[-\tilde{\bar{\rho}}_i\hat{\bar{\rho}}_i-\tilde{\bar{\theta}}_i\hat{\bar{\theta}}_i\right].
\end{aligned}
\tag{7.3.26}
$$

此外, 应用不等式$\boldsymbol{\phi}_i^{\mathrm{T}}\boldsymbol{\phi}_i\leqslant l^4I$. 因此,

$$
\begin{aligned}
\dot{\mathcal{V}}(t)\leqslant&\frac{1}{2}\sum_{i=1}^{N}\boldsymbol{\delta}_i^{\mathrm{T}}(t)(\boldsymbol{P}_1\boldsymbol{A}+\boldsymbol{A}^{\mathrm{T}}\boldsymbol{P}_1)\boldsymbol{\delta}_i(t)-\sum_{i=1}^{N}c\|\boldsymbol{B}^{\mathrm{T}}\boldsymbol{P}_1\boldsymbol{\delta}_i(t)\|^2\\
&-\sum_{i=1}^{N}\frac{\boldsymbol{\delta}_i^{\mathrm{T}}(t)\boldsymbol{P}_1\boldsymbol{B}\boldsymbol{B}^{\mathrm{T}}\boldsymbol{P}_1\boldsymbol{\delta}_i(t)\hat{\bar{\rho}}_i^2}{\|\boldsymbol{\delta}_i^{\mathrm{T}}(t)\boldsymbol{P}_1\boldsymbol{B}\|\hat{\bar{\rho}}_i+\eta_i(t)}-\sum_{i=1}^{N}\frac{\boldsymbol{\delta}_i^{\mathrm{T}}(t)\boldsymbol{P}_1\boldsymbol{B}\boldsymbol{\phi}_i^{\mathrm{T}}\boldsymbol{\phi}_i\boldsymbol{B}^{\mathrm{T}}\boldsymbol{P}_1\boldsymbol{\delta}_i(t)\hat{\bar{\theta}}_i^2}{\|\boldsymbol{\delta}_i^{\mathrm{T}}(t)\boldsymbol{P}_1\boldsymbol{B}\boldsymbol{\phi}_i^{\mathrm{T}}\|\hat{\bar{\theta}}_i+\eta_i(t)}\\
&+\sum_{i=1}^{N}\|\boldsymbol{\delta}_i^{\mathrm{T}}(t)\boldsymbol{P}_1\boldsymbol{B}\boldsymbol{\phi}_i^{\mathrm{T}}(\boldsymbol{x}_i)\|\bar{\theta}_i^*+\sum_{i=1}^{N}\|\boldsymbol{\delta}_i^{\mathrm{T}}(t)\boldsymbol{P}_1\boldsymbol{B}\|\bar{\rho}_i^*\\
&+\sum_{i=1}^{N}\|\boldsymbol{\delta}_i^{\mathrm{T}}(t)\boldsymbol{P}_1\boldsymbol{B}\|\tilde{\bar{\rho}}_i+\sum_{i=1}^{N}\|\boldsymbol{\delta}_i^{\mathrm{T}}(t)\boldsymbol{P}_1\boldsymbol{B}\boldsymbol{\phi}_i^{\mathrm{T}}\|\tilde{\bar{\theta}}_i\\
&+\sum_{i=1}^{N}\eta_i(t)\left[-\tilde{\bar{\rho}}_i\hat{\bar{\rho}}_i-\tilde{\bar{\theta}}_i\hat{\bar{\theta}}_i\right].
\end{aligned}
$$

根据不等式(7.3.21) 和$0\leqslant(xy/[x+y])\leqslant x$, $(\forall x,y>0)$, 可得

$$
\begin{aligned}
\dot{\mathcal{V}}(t)\leqslant&\frac{1}{2}\sum_{i=1}^{N}\boldsymbol{\delta}_i^{\mathrm{T}}(t)\left(\boldsymbol{P}_1\boldsymbol{A}+\boldsymbol{A}^{\mathrm{T}}\boldsymbol{P}_1-2c\boldsymbol{P}_1\boldsymbol{B}\boldsymbol{B}^{\mathrm{T}}\boldsymbol{P}_1\right)\boldsymbol{\delta}_i(t)\\
&+\sum_{i=1}^{N}\left(2+\frac{1}{4}\bar{\rho}_i^{*2}+\frac{1}{4}\bar{\theta}_i^{*2}\right)\eta_i\\
\leqslant&-\frac{1}{2}\lambda_{\min}\left(\boldsymbol{Q}_1\right)\sum_{i=1}^{N}\|\boldsymbol{\delta}_i(t)\|^2+\sum_{i=1}^{N}\eta_i\kappa_i'
\end{aligned}
$$

其中$\kappa_i'=2+\left[\bar{\rho}_i^{*2}/4\right]+\left[\bar{\theta}_i^{*2}/4\right]$. 然后应用定理3.3.2的证明过程, 可知闭环跟踪误差系统(7.3.2) 是有界的. 最后利用Barbalat可以推出

$$
\lim_{t\to\infty}\|\boldsymbol{x}_i(t)-\hat{\boldsymbol{x}}_i(t)\|=0,
$$

即跟踪误差$\boldsymbol{\delta}_i(t)$ 渐进收敛到零. □

7.4 算例仿真

各数值如表7.1-7.2所示

表 7.1 车辆动力学仿真参数值对于$i \in \mathcal{V}_N$

参数名称	数值
Specific mass of the air	$\rho_{mi} = 1\text{N/m}^3$
Cross-sectional area	$H_i = 2.2\text{m}^2$
Drag coefficient	$c_i = 0.35$
Mechanical drag	$d_{mi} = 5\text{N}$

表 7.2 $\hat{p}_i(0), p_i(0), \hat{v}_i(0), v_i(0), \hat{a}_i(0)$, 和$a_i(0)$ 的值对于$i \in \mathcal{V}_N \cup \{0\}$

i	0	1	2	3	4	5	6	7	8	9	10
$\hat{p}_i(0)/p_i(0)$	150	135	125.5	112.5	99.5	87	75.5	63.5	51.5	38.5	26
$\hat{v}_i(0)/v_i(0)$	1	4	2	0	5	3	1	2	1	3	2
$\hat{a}_i(0)/a_i(0)$	0	1	5	2	1	3	1	2	1	2	-1

在本节中，考虑由10辆跟随车辆与1辆领航车辆基于通信网络组成的网联汽车队列控制系统，其中第i辆车的非线性动力学模型描述如下:

$$\begin{aligned}
\dot{p}_i &= v_i, \\
\dot{v}_i &= a_i, \\
\dot{a}_i &= f_i(v_i, a_i) + g(x_i, D(u_i)) + \omega_i, \\
f_i(v_i, a_i) &= -\frac{1}{\tau_i}(a_i + \frac{\rho_{mi} H_i c_i}{2m_i} v_i^2 + \frac{d_{mi}}{m_i}) - \frac{\rho_{mi} H_i c_i v_i a_i}{m_i}.
\end{aligned}$$

其中m_i 为车辆质量，ρ_{mi}为空气的比质量，c_i为气动阻力系数，H_i为横截面积，$\frac{\rho_{mi} H_i c_i}{2m_i}$为空气阻力，$d_{mi}$ 为机械阻力，τ_i为发动机时间常数，$g(x_i, u_i) = u_i + 0.5\cos(u_i)$，外部干扰$\omega_i = 0.1\sin(t)$，$1 \leqslant i \leqslant 10$且期望加速度为

$$a_0(t) = \begin{cases} 0.5t, & 1 \leqslant t < 4 \\ 2, & 4 \leqslant t < 9 \\ -0.5t + 6.5, & 9 \leqslant \mathrm{t} < 13 \\ 0, & t > 13. \end{cases}$$

在仿真研究，图7.1所示的通信切换拓扑，切换规则为:

(1) 当$0 < t < 14$时，$\mathcal{G}_{\sigma(t)} = \mathcal{G}_1$.

(2) 当$t \geqslant 14$时，$\mathcal{G}_{\sigma(t)} = \mathcal{G}_2$.

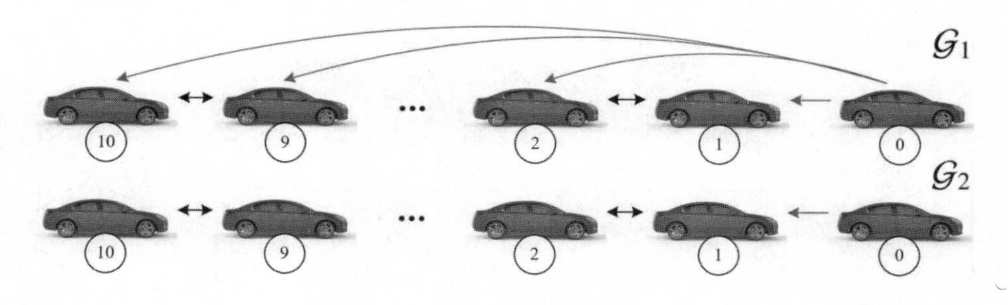

图 7.1 车辆系统的通信拓扑图

同时, 我们假设DoS攻击发生在时间间隔$t \in [2, 4.5) \cup [14, 15.5)$. $m_i = 1500$, $\tau_i = 0.1$. 此外, 表7.2中列出了领航车辆和跟随车辆的初始间距、速度和加速度, 对于所有节点, 选择了仿真参数$v = 0.4$, $\beta^* = 1$, $c = 50$, $\eta_i(t) = e^{-15t}$, $\xi_i = 2.5$, $\gamma_{i1} = \gamma_{i2} = 1$, 并选取这10辆车的初始值为$\hat{\beta}_1(0) = 0$, $\hat{\beta}_2(0) = -0.5$, $\hat{\beta}_3(0) = 0.5$, $\hat{\beta}_4(0) = 1$, $\hat{\beta}_5(0) = 0.01$, $\hat{\beta}_6(0) = -0.5$, $\hat{\beta}_7(0) = 2$, $\hat{\beta}_8(0) = -1.8$, $\hat{\beta}_9(0) = -2$, $\hat{\beta}_{10}(0) = 0.8$, $\hat{\rho}_i(0) = 1$, $\hat{\bar{\theta}}_i(0) = 0.1$. 并给出死区参数为$m_{ir} = 2$, $m_{il} = 1.5$, $b_{ir} = 0.2$, $b_{il} = -0.6$, $1 \leqslant i \leqslant 10$.

此外, 根据式(7.3.7) 和式(7.3.21), 得到正定矩阵:

$$\boldsymbol{P} = \begin{bmatrix} 0.0078 & 0.0174 & 0.0395 \\ 0.0174 & 0.1362 & 0.2501 \\ 0.0395 & 0.2501 & 0.8839 \end{bmatrix}, \boldsymbol{P}_1 = \begin{bmatrix} 0.0060 & 0.0078 & 0.0077 \\ 0.0078 & 0.0231 & 0.0185 \\ 0.0077 & 0.0185 & 0.0267 \end{bmatrix},$$

仿真结果如图7.2–图7.13所示. 其中,图7.2–图7.7分别描绘了每一智能网联车的状态参考估计曲线和状态真实响应曲线,可以看出使用本章所提方法得到的跟随车辆的状态可以跟踪到领航车辆的状态轨迹。图7.8–图7.10分别给出了跟随车辆控制器参数的估计曲线, 不难看出这些估计曲线都是有界的, 仿真结果表明，本章的设计方法可以保证非线性网联车辆系统即使在有DoS攻击以及子系统执行器死区影响下仍然能够完成协同队列跟踪的控制目标.

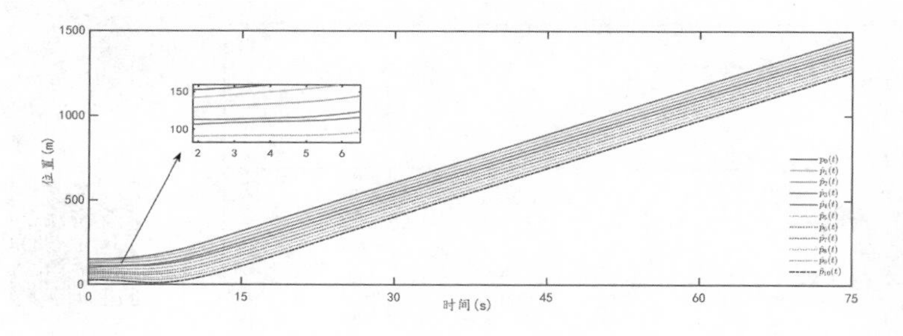

图 7.2 车辆i的位置估计轨迹, $i = 0, 1, \cdots, 10$

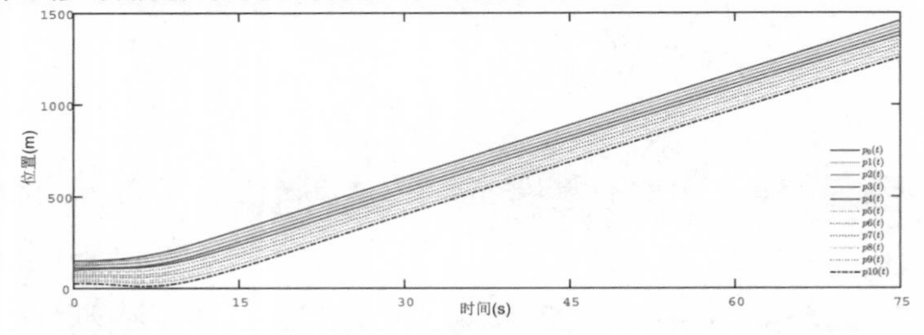

图 7.3 车辆i的真实位置轨迹, $i=0,1,\cdots,10$

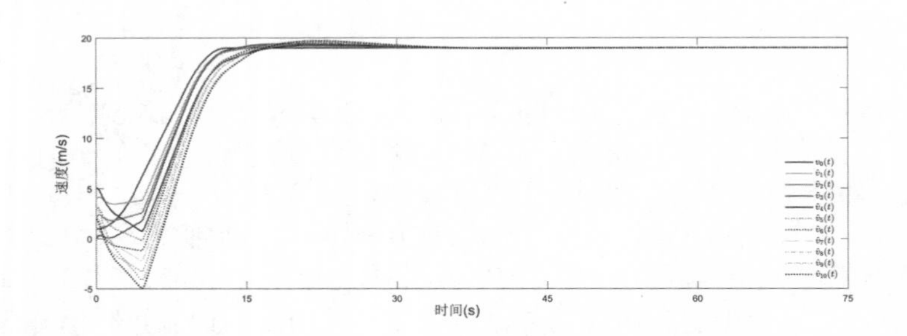

图 7.4 车辆i的速度估计轨迹, $i=0,1,\cdots,10$

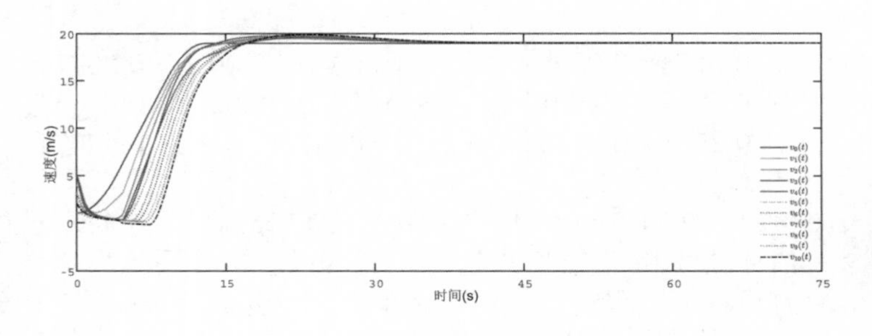

图 7.5 车辆i的真实速度轨迹, $i=0,1,\cdots,10$

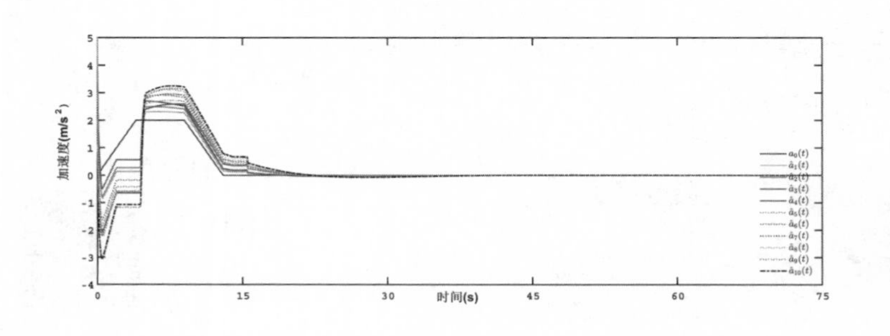

图 7.6 车辆i的加速度估计轨迹, $i=0,1,\cdots,10$

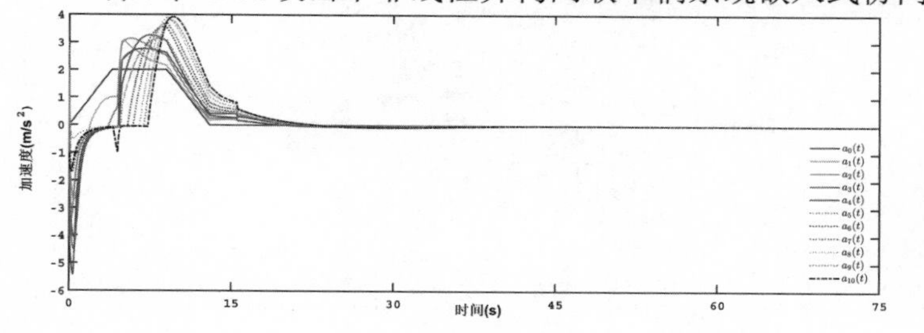

图 7.7 车辆i的真实加速度轨迹, $i = 0, 1, \cdots, 10$

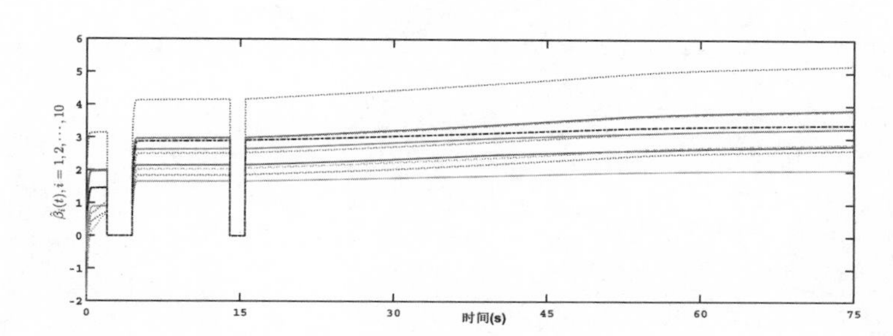

图 7.8 自适应估计参数$\hat{\beta}_i(t)$响应曲线, $i = 0, 1, \cdots, 10$

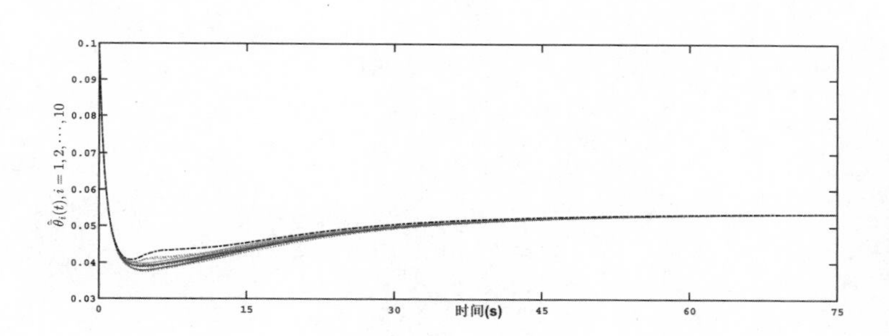

图 7.9 自适应估计参数$\hat{\hat{\theta}}_i(t)$响应曲线, $i = 0, 1, \cdots, 10$

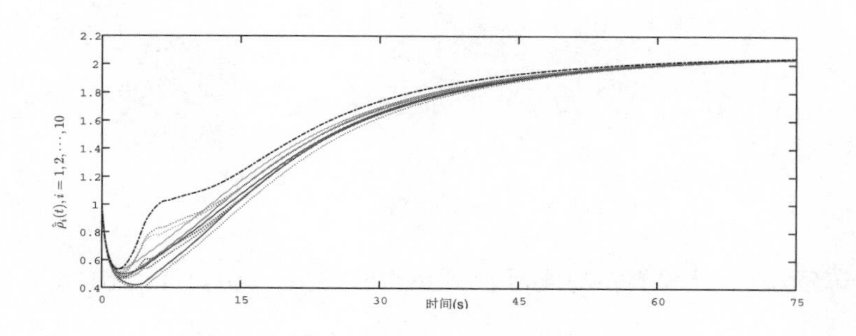

图 7.10 自适应估计参数$\hat{\rho}_i(t)$响应曲线, $i = 0, 1, \cdots, 10$

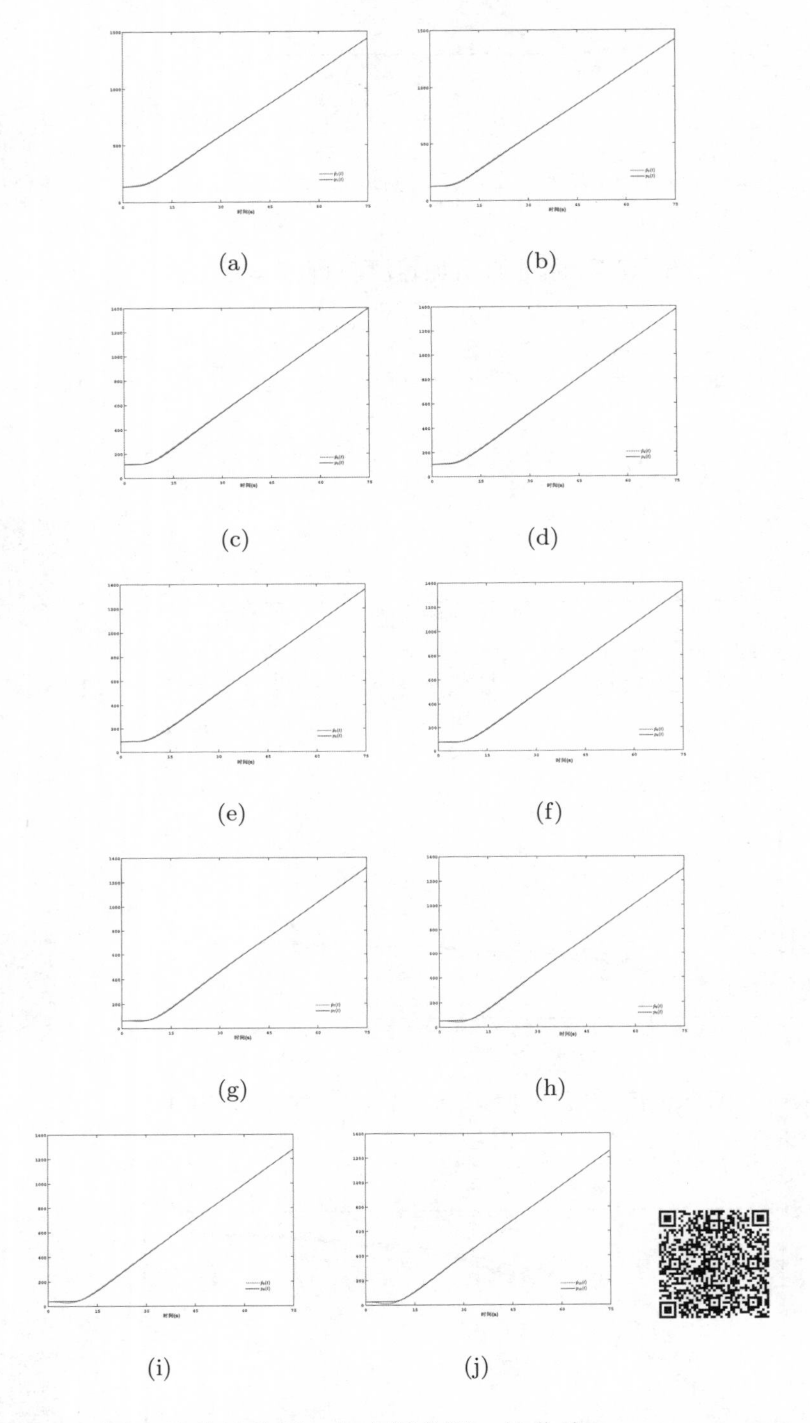

图 7.11 车辆i的估计位置$\hat{p}_i$与实际位置p_i的曲线, $i = 0, 1, \cdots, 10$.

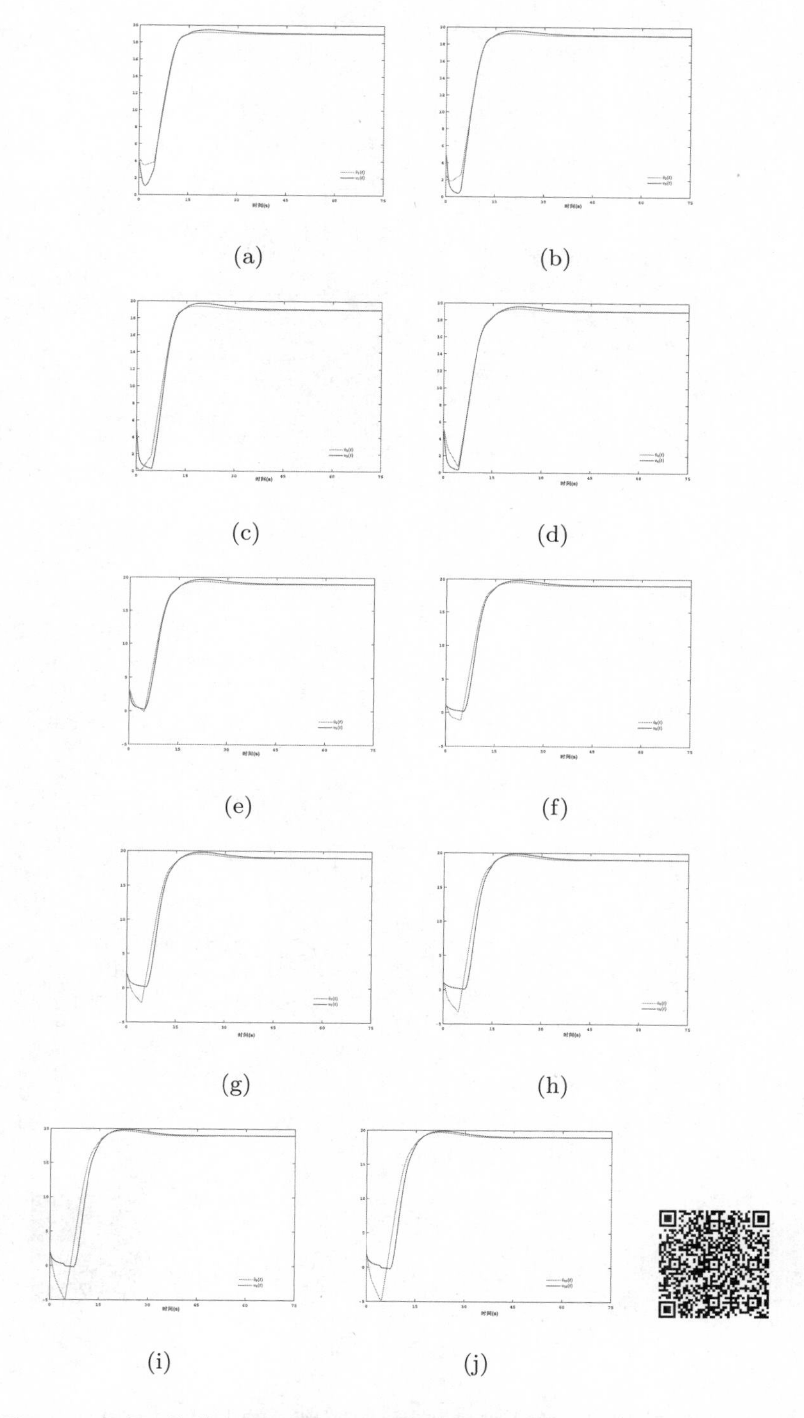

图 7.12 车辆i的估计速度$\hat{v}_i$与实际速度v_i的曲线, $i = 0, 1, \cdots, 10$.

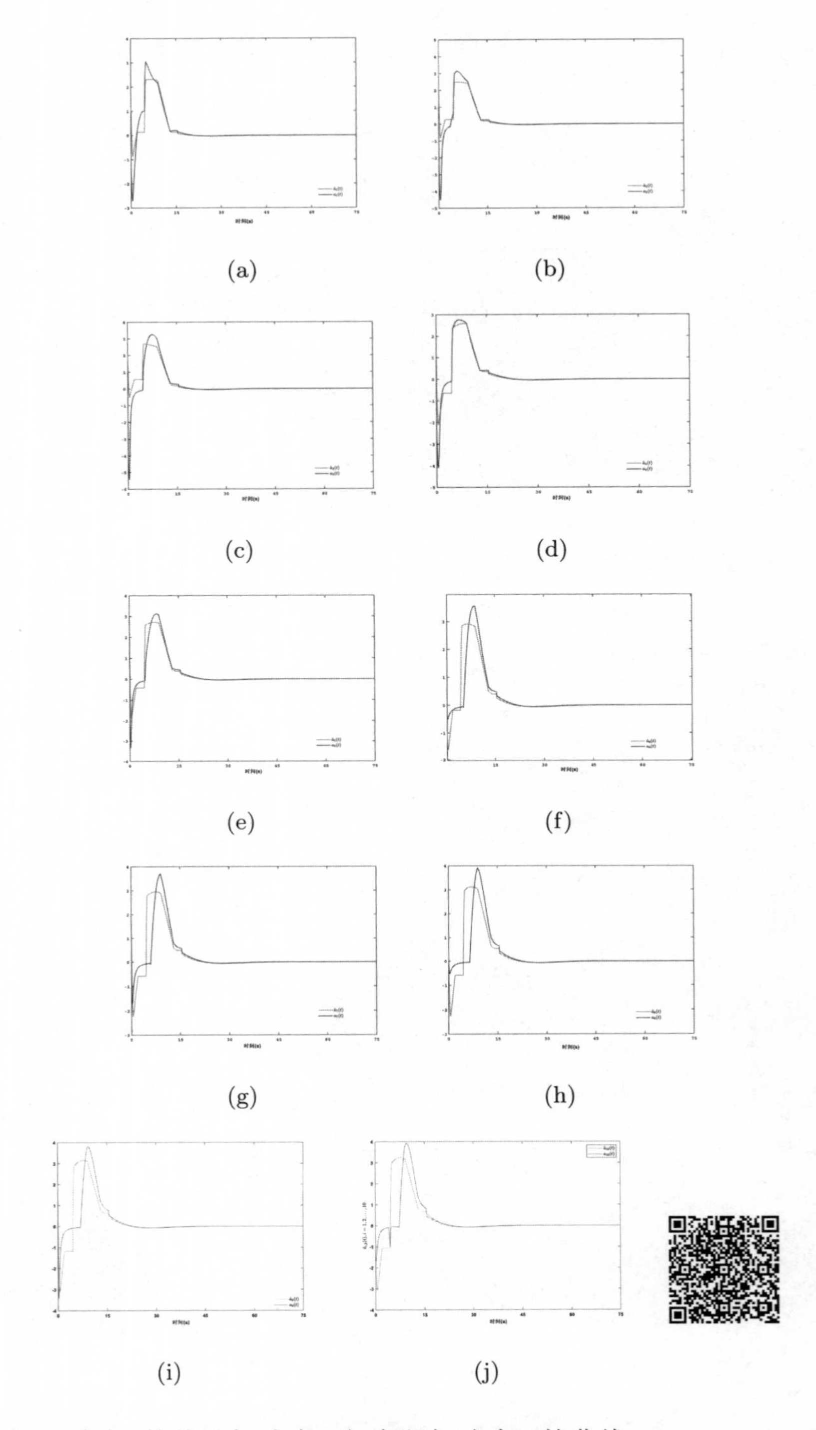

(a) (b) (c) (d) (e) (f) (g) (h) (i) (j)

图 7.13 车辆i的估计加速度$\hat{a}_i$与实际加速度a_i的曲线, $i = 0, 1, \cdots, 10$.

7.5 本章小节

本章研究了在DoS攻击下带有未知执行器死区的非线性网联车辆系统自适应安全队列控制问题, 提出了一种基于信号生成器的嵌入式安全队列控制方法. 利用无向通信拓扑和相邻车辆的状态信息, 为每辆车设计了具有控制参数更新机制的自适应模糊控制器. 通过稳定性分析保证了所有闭环信号保持有界, 并且在发生DoS 攻击和未知死区输入的情况下, 网联车辆系统依然实现队列跟踪的目标.

参考文献

[1] Ren W, Beard R W. Consensus seeking in multiagent systems under dynamically changing interaction topologies[J]. IEEE Transactions on automatic control, 2005, 50(5): 655-661.

[2] Ren W, Beard R W. Distributed consensus in multi-vehicle cooperative control[M]. Springer-Verlag, London, 2008.

[3] Olfati-Saberr R, Murray R M. Consensus problems in networks of agents with switching topology and time delays[J]. IEEE Transactions on Automatic Control, 2004, 49(9): pp. 1520-1533.

[4] Hong Y G, Hu J, Gao L. Tracking control for multi-agent consensus with an active leader and variable topology[J]. Automatica, 2006, 42(7): 1177-1182.

[5] 陈关荣. 复杂动态网络环境下控制理论遇到的问题与挑战[J]. 自动化学报, 2013, 39(4): 312-321.

[6] Zhang H W, Li Z K, Qu Z H, Lewis F L. On constructing Lyapunov functions for multi-agent systems[J]. Automatica, 2015, 58: 39-42.

[7] Semsar-Kazerooni E, Khorasani K. Optimal consensus algorithms for cooperative team of agents subject to partial information[J]. Automatica, 2008, 44(11): 2766-2777.

[8] Wang X, Li S, Yu X, et al. Distributed active anti-disturbance consensus for leader-follower higher-order multi-agent systems with mismatched disturbances[J]. IEEE Transactions on Automatic Control, 2017, 62(11): 5795-5801.

[9] Yang, G H, Ye D. Reliable H_∞ control for linear systems with adaptive mechanism[J]. IEEE Transanctions Automatic Control, 2010, 55(1): 242-247.

[10] Semsar-Kazerooni E, Khorasani K. Team consensus for a network of unmanned vehicles in presence of actuator faults[J]. IEEE Transactions on Control Systems Technology, 2010, 18(5): 1155-1161.

[11] Zhu J W, Gu C Y, Ding S X, et al. A new observer-based cooperative fault-tolerant tracking control method with application to networked multiaxis motion control system[J]. IEEE Transactions on Industrial Electronics, 2020, 68(8): 7422-7432.

[12] Chen G, Song Y D. Fault-tolerant output synchronisation control of multi-vehicle systems[J]. IET Control Theory & Applactions, 2014, 8(8): 574-584.

[13] Chen S, Ho D W C, Li L L, Liu M. Fault-tolerant consensus of multi-agent system with distributed adaptive protocol[J]. IEEE Transaction on Cybernetics, 2015, 45(10): 2142-2155.

[14] Zuo Z Q, Zhang J, Wang J Y. Adaptive fault tolerant tracking control for linear and lipschitz nonlinear multi-agent systems[J]. IEEE Transactions on Industrial Electronics, 2015, 62(6): 3923-3931.

[15] Shen Q K, Jiang B, Shi P, Zhao J. Cooperative adaptive fuzzy tracking control for networked unknown nonlinear multi-agent systems with time-varying actuator faults[J]. IEEE Transactions on Fuzzy Systems, 2014, 22(3): 494-504.

[16] Wang X, Yang G H. Adaptive reliable coordination control for linear agent networks with intermittent communication constraints[J]. IEEE Transactions on Control of Network Systems, 2018, 5(3): 1120-1131.

[17] Li Z, Wen G, Duan Z, et al. Designing fully distributed consensus protocols for linear multi-agent systems with directed graphs[J]. IEEE Transactions on Automatic Control, 2015, 60(4): 1152-1157.

[18] Deng H, Krstić M. Miroslav. Stochastic nonlinear stabilization-I: A backstepping design[J]. Systems Control Letters, 1997, 32(3): 143-150.

[19] Movric K H, Lewis F L. Cooperative optimal control for multi-agent systems on directed graph topologies[J]. IEEE Transactions on Automatic Control, 2014, 59(3): 769-774.

[20] Lewis F L, Vrabie D. Reinforcement learning and adaptive dynamic programming for feedback control[J]. IEEE circuits and systems magazine, 2009, 9(3): 32-50.

[21] Zhang H G, Zhang X, Yan-Hong L, et al. An overview of research on adaptive dynamic programming[J]. Acta Automatica Sinica, 2013, 39(4): 303-311.

[22] Gallehdari Z, Meskin N, Khorasani K. Cost performance based control reconfiguration in multi-agent systems[C]. American Control Conference. IEEE, 2014: 509-516.

[23] Xie C H, Yang G H. Cooperative guaranteed cost fault-tolerant control for multi-agent systems with time-varying actuator faults[J]. Neurocomputing, 2016, 214: 382-390.

[24] Wang X, Yang G H. Fault-tolerant consensus tracking control for linear multiagent systems under switching directed network[J]. IEEE Transactions on Cybernetics, 2020, 50(5): 1921-1930.

[25] Zhang Z, Zhang Z, Zhang H. Distributed attitude control for multi-spacecraft via Takagi–Sugeno fuzzy approach[J]. IEEE Transactions on Aerospace and Electronic Systems, 2017, 54(2): 642-654.

[26] Belykh V N, Verichev N N, Kocarev L. On chaotic synchronization in a Linear array of Chua's circuits[J]. J. Circuits Syst. Comput., 1993, 3(2): 579-590.

[27] Zhao H, Park J H. Group consensus of discrete-time multi-agent systems with fixed and stochastic switching topologies[J]. Nonlinear Dynamics, 2014, 77: 1297-1307.

[28] Werbos P. Advanced forecasting methods for global crisis warning and models of intelligence[J]. General System Yearbook, 1977: 25-38.

[29] Li X, Dong L, Xue L, et al. Hybrid reinforcement learning for optimal control of non-linear switching system[J]. IEEE Transactions on Neural Networks and Learning Systems, 2022, in press, doi: 10.1109/TNNLS.2022.3156287.

[30] Wei Q, Liu D, Lewis F L. Optimal distributed synchronization control for continuous-time heterogeneous multi-agent differential graphical games[J]. Information Sciences, 2015, 317: 96-113.

[31] Jiang Y, Jiang Z P. Computational adaptive optimal control for continuous-time linear systems with completely unknown dynamics[J]. Automatica, 2012, 48(10): 2699-2704.

[32] Deng C, Yang G H. Distributed adaptive fault-tolerant control approach to cooperative output regulation for linear multi-agent systems[J]. Automatica, 2019, 103: 62-68.

[33] Acharya D S, Mishra S K. Optimal consensus recovery of multi-agent system subjected to agent failure[J]. International Journal on Artificial Intelligence Tools, 2020, 29(06): 2050017.

[34] Sader M, Chen Z, Liu Z, et al. Distributed robust fault-tolerant consensus control for a class of nonlinear multi-agent systems with intermittent communications[J]. Applied Mathematics and Computation, 2021, 403: 126166.

[35] Zhang Z, Yan W, Li H. Distributed optimal control for linear multiagent systems on general digraphs[J]. IEEE Transactions on Automatic Control, 2020, 66(1): 322-328.

[36] Zhao L, Yang G H. Cooperative adaptive fault-tolerant control for multi-agent systems with deception attacks[J]. Journal of the Franklin Institute, 2020, 357(6): 3419-3433.

[37] Sader M, Chen Z, Liu Z, et al. Distributed robust fault-tolerant consensus control for a class of nonlinear multi-agent systems with intermittent communications[J]. Applied Mathematics and Computation, 2021, 403: 126166.

[38] Meng X, Chen T. Event based agreement protocols for multi-agent networks[J]. Automatica, 2013, 49(7): 2125-2132.

[39] Wang X, Yang G H. Distributed reliable H_∞ consensus control for a class of multi-agent systems under switching networks: A topology-based average dwell time approach[J]. International Journal of Robust and Nonlinear Control, 2016, 26(13): 2767-2787.

[40] Li H P, Shi Y, Yan W S, Liu F Q, Receding horizon consensus of general linear multi-agent systems with input constraints: An inverse optimality approach[J]. Automatica, 2018, 91: 10-16.

[41] Xu Y, Dong J G , Lu R Q, Xie L H. Stability of continuous-time positive switched linear systems: A weak common copositive Lyapunov functions approach[J]. Automatica, 2018, 97: 278-285.

[42] Wen G H, Yu W W, Xia Y Q, et al., Distributed tracking of nonlinear multiagent systems under directed switching topology: An observer-based protocol[J]. IEEE Transactions on Systems Man and Cybernetics Systems, 2017, 47(5): 869-881.

[43] An L, Yang G H, Decentralized adaptive fuzzy secure control for nonlinear uncertain interconnected systems against intermittent DoS attacks[J]. IEEE Transactions on Cybernetics, 2018, 49(3): 827-838.

[44] Zheng Y, Li S E, Wang J, et al. Stability and scalability of homogeneous vehicular platoon: Study on the influence of information flow topologies[J]. IEEE Transactions on intelligent transportation systems, 2015, 17(1): 14–26.

[45] Zheng Y, Li S E, Li K, et al. Platooning of connected vehicles with undirected topologies: Robustness analysis and distributedh_∞ controller synthesis[J]. IEEE Transactions on Intelligent Transportation Systems, 2017, 19(5): 1353–1364.

[46] Wang X, Park J H, Liu H, et al. Cooperative output-feedback secure control of distributed linear cyber-physical systems resist intermittent dos attacks[J]. IEEE Transactions on Cybernetics, 2020, 51(10): 4924–4933.

[47] Wen S, Guo G. Sampled-data control for connected vehicles with markovian switching topologies and communication delay[J]. IEEE Transactions on Intelligent Transportation Systems, 2019, 21(7): 2930–2942.

[48] Guo X G, Wang J L, Liao F. Adaptive fuzzy fault-tolerant control for multiple high-speed trains with proportional and integral-based sliding mode[J]. IET Control Theory & Applications, 2017, 11(8): 1234–1244.

[49] Guo G, Li P, Hao L Y. Adaptive fault-tolerant control of platoons with guaranteed traffic flow stability[J]. IEEE Transactions on Vehicular Technology, 2020, 69(7): 6916–6927.

[50] Guo H, Liu J, Dai Q, et al. A distributed adaptive triple-step nonlinear control for a connected automated vehicle platoon with dynamic uncertainty[J]. IEEE Internet of Things Journal, 2020, 7(5): 3861–3871.

[51] Amoozadeh M, Raghuramu A, Chuah C N, et al. Security vulnerabilities of connected vehicle streams and their impact on cooperative driving[J]. IEEE Communications Magazine, 2015, 53(6): 126–132.

[52] Zhang D, Shen Y P, Zhou S Q, et al. Distributed secure platoon control of connected vehicles subject to dos attack: Theory and application[J]. IEEE Transactions on Systems, Man, and Cybernetics: Systems, 2020, 51(11): 7269–7278.

[53] Wen S, Guo G. Sampled-data control for connected vehicles with markovian switching topologies and communication delay[J]. IEEE Transactions on Intelligent Transportation Systems, 2019, 21(7): 2930–2942.

[54] Li S E, Qin X, Zheng Y, et al. Distributed platoon control under topologies with complex eigenvalues: Stability analysis and controller synthesis[J]. IEEE Transactions on Control Systems Technology, 2017, 27(1): 206–220.

[55] Li S E, Qin X, Li K, et al. Robustness analysis and controller synthesis of homogeneous vehicular platoons with bounded parameter uncertainty[J]. IEEE/ASME Transactions on Mechatronics, 2017, 22(2): 1014–1025.

[56] Parkinson S, Ward P, Wilson K, et al. Cyber threats facing autonomous and connected vehicles: Future challenges[J]. IEEE transactions on intelligent transportation systems, 2017, 18(11): 2898–2915.

[57] Guo X, Wang J, Liao F, et al. Neuroadaptive quantized pid sliding-mode control for heterogeneous vehicular platoon with unknown actuator deadzone[J]. International Journal of Robust and Nonlinear Control, 2019, 29(1): 188–208.

[58] Hua C C, Wang Q G, Guan X P. Adaptive tracking controller design of nonlinear systems with time delays and unknown dead-zone input[J]. IEEE Transactions on Automatic Control, 2008, 53(7): 1753–1759.

[59] Hu C, Yao B, Wang Q. Adaptive robust precision motion control of systems with unknown input dead-zones: A case study with comparative experiments[J]. IEEE Transactions on Industrial Electronics, 2010, 58(6): 2454–2464.

[60] Li Y X, Yang G H. Adaptive fuzzy decentralized control for a class of large-scale nonlinear systems with actuator faults and unknown dead zones[J]. IEEE Transactions on Systems, Man, and Cybernetics: Systems, 2016, 47(5): 729–740.

[61] Tong S, Zhang L, Li Y. Observed-based adaptive fuzzy decentralized tracking control for switched uncertain nonlinear large-scale systems with dead zones[J]. IEEE Transactions on Systems, Man, and Cybernetics: Systems, 2015, 46(1): 37–47.

[62] Khalil H K. Nonlinear Control. New York, NY, USA:Pearson Education, 2015.

[63] Zhou K M, Doyle J C. Essentials of robust control[M]. Prentice-Hall: Englewood Cliffs, NJ, 1998.

[64] 俞立. 鲁棒控制一线性矩阵不等式[M]. 北京: 清华大学出版社，2002.

[65] Hao L Y, Yang G H. Fault-tolerant control via sliding-mode output feedback for uncertain linear systems with quantisation[J]. IET Control Theory & Applications, 2013, 7(16): 1992-2006.

[66] Wu L B, Yang G H, Ye D. Robust adaptive fault-tolerant control for linear systems with actuator failures and mismatched parameter uncertainties[J]. IET Control Theory & Applications, 2014, 8(6): 441-449.

[67] Jech T. Set theory[M]. Springer Science & Business Media, 2013.

刘培杰数学工作室

已出版(即将出版)图书目录——高等数学

书　　名	出版时间	定　价	编号
距离几何分析导引	2015－02	68.00	446
大学几何学	2017－01	78.00	688
关于曲面的一般研究	2016－11	48.00	690
近世纯粹几何学初论	2017－01	58.00	711
拓扑学与几何学基础讲义	2017－04	58.00	756
物理学中的几何方法	2017－06	88.00	767
几何学简史	2017－08	28.00	833
微分几何学历史概要	2020－07	58.00	1194
解析几何学史	2022－03	58.00	1490
曲面的数学	2024－01	98.00	1699

书　　名	出版时间	定　价	编号
复变函数引论	2013－10	68.00	269
伸缩变换与抛物旋转	2015－01	38.00	449
无穷分析引论(上)	2013－04	88.00	247
无穷分析引论(下)	2013－04	98.00	245
数学分析	2014－04	28.00	338
数学分析中的一个新方法及其应用	2013－01	38.00	231
数学分析例选:通过范例学技巧	2013－01	88.00	243
高等代数例选:通过范例学技巧	2015－06	88.00	475
基础数论例选:通过范例学技巧	2018－09	58.00	978
三角级数论(上册)(陈建功)	2013－01	38.00	232
三角级数论(下册)(陈建功)	2013－01	48.00	233
三角级数论(哈代)	2013－06	48.00	254
三角级数	2015－07	28.00	263
超越数	2011－03	18.00	109
三角和方法	2011－03	18.00	112
随机过程(Ⅰ)	2014－01	78.00	224
随机过程(Ⅱ)	2014－01	68.00	235
算术探索	2011－12	158.00	148
组合数学	2012－04	28.00	178
组合数学浅谈	2012－03	28.00	159
分析组合学	2021－09	88.00	1389
丢番图方程引论	2012－03	48.00	172
拉普拉斯变换及其应用	2015－02	38.00	447
高等代数.上	2016－01	38.00	548
高等代数.下	2016－01	38.00	549
高等代数教程	2016－01	58.00	579
高等代数引论	2020－07	48.00	1174
数学解析教程.上卷.1	2016－01	58.00	546
数学解析教程.上卷.2	2016－01	38.00	553
数学解析教程.下卷.1	2017－04	48.00	781
数学解析教程.下卷.2	2017－06	48.00	782
数学分析.第1册	2021－03	48.00	1281
数学分析.第2册	2021－03	48.00	1282
数学分析.第3册	2021－03	28.00	1283
数学分析精选习题全解.上册	2021－03	38.00	1284
数学分析精选习题全解.下册	2021－03	38.00	1285
数学分析专题研究	2021－11	68.00	1574
实分析中的问题与解答	2024－06	98.00	1737
函数构造论.上	2016－01	38.00	554
函数构造论.中	2017－06	48.00	555
函数构造论.下	2016－09	48.00	680
函数逼近论(上)	2019－02	98.00	1014
概周期函数	2016－01	48.00	572
变叙的项的极限分布律	2016－01	18.00	573
整函数	2012－08	18.00	161
近代拓扑学研究	2013－04	38.00	239
多项式和无理数	2008－01	68.00	22
密码学与数论基础	2021－01	28.00	1254

刘培杰数学工作室
已出版(即将出版)图书目录——高等数学

书　　名	出版时间	定　价	编号
模糊数据统计学	2008－03	48.00	31
模糊分析学与特殊泛函空间	2013－01	68.00	241
常微分方程	2016－01	58.00	586
平稳随机函数导论	2016－03	48.00	587
量子力学原理.上	2016－01	38.00	588
图与矩阵	2014－08	40.00	644
钢丝绳原理:第二版	2017－01	78.00	745
代数拓扑和微分拓扑简史	2017－06	68.00	791
半序空间泛函分析.上	2018－06	48.00	924
半序空间泛函分析.下	2018－06	68.00	925
概率分布的部分识别	2018－07	68.00	929
Cartan 型单模李超代数的上同调及极大子代数	2018－07	38.00	932
纯数学与应用数学若干问题研究	2019－03	98.00	1017
数理金融学与数理经济学若干问题研究	2020－07	98.00	1180
清华大学"工农兵学员"微积分课本	2020－09	48.00	1228
力学若干基本问题的发展概论	2023－04	58.00	1262
Banach 空间中前后分离算法及其收敛率	2023－06	98.00	1670
基于广义加法的数学体系	2024－03	168.00	1710
向量微积分、线性代数和微分形式:统一方法:第 5 版	2024－03	78.00	1707
向量微积分、线性代数和微分形式:统一方法:第 5 版:习题解答	2024－03	48.00	1708
受控理论与解析不等式	2012－05	78.00	165
不等式的分拆降维降幂方法与可读证明(第 2 版)	2020－07	78.00	1184
石焕南文集:受控理论与不等式研究	2020－09	198.00	1198
实变函数论	2012－06	78.00	181
复变函数论	2015－08	38.00	504
非光滑优化及其变分分析(第 2 版)	2024－05	68.00	230
疏散的马尔科夫链	2014－01	58.00	266
马尔科夫过程论基础	2015－01	28.00	433
初等微分拓扑学	2012－07	18.00	182
方程式论	2011－03	38.00	105
Galois 理论	2011－03	18.00	107
古典数学难题与伽罗瓦理论	2012－11	58.00	223
伽罗华与群论	2014－01	28.00	290
代数方程的根式解及伽罗瓦理论	2011－03	28.00	108
代数方程的根式解及伽罗瓦理论(第二版)	2015－01	28.00	423
线性偏微分方程讲义	2011－03	18.00	110
几类微分方程数值方法的研究	2015－05	38.00	485
分数阶微分方程理论与应用	2020－05	95.00	1182
N 体问题的周期解	2011－03	28.00	111
代数方程式论	2011－05	18.00	121
线性代数与几何:英文	2016－06	58.00	578
动力系统的不变量与函数方程	2011－07	48.00	137
基于短语评价的翻译知识获取	2012－02	48.00	168
应用随机过程	2012－04	48.00	187
概率论导引	2012－04	18.00	179
矩阵论(上)	2013－06	58.00	250
矩阵论(下)	2013－06	48.00	251
对称锥互补问题的内点法:理论分析与算法实现	2014－08	68.00	368
抽象代数:方法导引	2013－06	38.00	257
集论	2016－01	48.00	576
多项式理论研究综述	2016－01	38.00	577
函数论	2014－11	78.00	395
反问题的计算方法及应用	2011－11	28.00	147
数阵及其应用	2012－02	28.00	164
绝对值方程—折边与组合图形的解析研究	2012－07	48.00	186
代数函数论(上)	2015－07	38.00	494
代数函数论(下)	2015－07	38.00	495

刘培杰数学工作室
已出版(即将出版)图书目录——高等数学

书　　名	出版时间	定　价	编号
偏微分方程论:法文	2015－10	48.00	533
粒子图像测速仪实用指南:第二版	2017－08	78.00	790
数域的上同调	2017－08	98.00	799
图的正交因子分解(英文)	2018－01	38.00	881
图的度因子和分支因子:英文	2019－09	88.00	1108
点云模型的优化配准方法研究	2018－07	58.00	927
锥形波入射粗糙表面反散射问题理论与算法	2018－03	68.00	936
广义逆的理论与计算	2018－07	58.00	973
不定方程及其应用	2018－12	58.00	998
几类椭圆型偏微分方程高效数值算法研究	2018－08	48.00	1025
现代密码算法概论	2019－05	98.00	1061
模形式的 p－进性质	2019－06	78.00	1088
混沌动力学:分形、平铺、代换	2019－09	48.00	1109
微分方程,动力系统与混沌引论:第3版	2020－05	65.00	1144
分数阶微分方程理论与应用	2020－05	95.00	1187
应用非线性动力系统与混沌导论:第2版	2021－05	58.00	1368
非线性振动,动力系统与向量场的分支	2021－06	55.00	1369
遍历理论引论	2021－11	46.00	1441
动力系统与混沌	2022－05	48.00	1485
Galois 上同调	2020－04	138.00	1131
毕达哥拉斯定理:英文	2020－03	38.00	1133
模糊可拓多属性决策理论与方法	2021－06	98.00	1357
统计方法和科学推断	2021－10	48.00	1428
有关几类种群生态学模型的研究	2022－04	98.00	1486
加性数论:典型基	2022－05	48.00	1491
加性数论:反问题与和集的几何	2023－08	58.00	1672
乘性数论:第三版	2022－07	38.00	1528
交替方向乘子法及其应用	2022－08	98.00	1553
结构元理论及模糊决策应用	2022－09	98.00	1573
随机微分方程和应用:第二版	2022－12	48.00	1580
吴振奎高等数学解题真经(概率统计卷)	2012－01	38.00	149
吴振奎高等数学解题真经(微积分卷)	2012－01	68.00	150
吴振奎高等数学解题真经(线性代数卷)	2012－01	58.00	151
高等数学解题全攻略(上卷)	2013－06	58.00	252
高等数学解题全攻略(下卷)	2013－06	58.00	253
高等数学复习纲要	2014－01	18.00	384
数学分析历年考研真题解析.第一卷	2021－04	38.00	1288
数学分析历年考研真题解析.第二卷	2021－04	38.00	1289
数学分析历年考研真题解析.第三卷	2021－04	38.00	1290
数学分析历年考研真题解析.第四卷	2022－09	68.00	1560
数学分析历年考研真题解析.第五卷	2024－10	58.00	1773
数学分析历年考研真题解析.第六卷	2024－10	68.00	1774
硕士研究生入学考试数学试题及解答.第1卷	2024－01	58.00	1703
硕士研究生入学考试数学试题及解答.第2卷	2024－04	68.00	1704
硕士研究生入学考试数学试题及解答.第3卷	即将出版		1705
超越吉米多维奇.数列的极限	2009－11	48.00	58
超越普里瓦洛夫.留数卷	2015－01	48.00	437
超越普里瓦洛夫.无穷乘积与它对解析函数的应用卷	2015－05	28.00	477
超越普里瓦洛夫.积分卷	2015－06	18.00	481
超越普里瓦洛夫.基础知识卷	2015－06	28.00	482
超越普里瓦洛夫.数项级数卷	2015－07	38.00	489
超越普里瓦洛夫.微分、解析函数、导数卷	2018－01	48.00	852
统计学专业英语(第三版)	2015－04	68.00	465
代换分析:英文	2015－07	38.00	499

刘培杰数学工作室
已出版(即将出版)图书目录——高等数学

书　　名	出版时间	定　价	编号
历届美国大学生数学竞赛试题集.第一卷(1938—1949)	2015－01	28.00	397
历届美国大学生数学竞赛试题集.第二卷(1950—1959)	2015－01	28.00	398
历届美国大学生数学竞赛试题集.第三卷(1960—1969)	2015－01	28.00	399
历届美国大学生数学竞赛试题集.第四卷(1970—1979)	2015－01	18.00	400
历届美国大学生数学竞赛试题集.第五卷(1980—1989)	2015－01	28.00	401
历届美国大学生数学竞赛试题集.第六卷(1990—1999)	2015－01	28.00	402
历届美国大学生数学竞赛试题集.第七卷(2000—2009)	2015－08	18.00	403
历届美国大学生数学竞赛试题集.第八卷(2010—2012)	2015－01	18.00	404
超越普特南试题:大学数学竞赛中的方法与技巧	2017－04	98.00	758
历届国际大学生数学竞赛试题集(1994－2020)	2021－01	58.00	1252
历届美国大学生数学竞赛试题集(全3册)	2023－10	168.00	1693
全国大学生数学夏令营数学竞赛试题及解答	2007－03	28.00	15
全国大学生数学竞赛辅导教程	2012－07	28.00	189
全国大学生数学竞赛复习全书(第2版)	2017－05	58.00	787
历届美国大学生数学竞赛试题集	2009－03	88.00	43
前苏联大学生数学奥林匹克竞赛题解(上编)	2012－04	28.00	169
前苏联大学生数学奥林匹克竞赛题解(下编)	2012－04	38.00	170
大学生数学竞赛讲义	2014－09	28.00	371
大学生数学竞赛教程——高等数学(基础篇、提高篇)	2018－09	128.00	968
普林斯顿大学数学竞赛	2016－06	38.00	669
高等数学竞赛:1962—1991年米克洛什·施外策竞赛	2024－09	128.00	1743
考研高等数学高分之路	2020－10	45.00	1203
考研高等数学基础必刷	2021－01	45.00	1251
考研概率论与数理统计	2022－06	58.00	1522
越过211,刷到985:考研数学二	2019－10	68.00	1115
初等数论难题集(第一卷)	2009－05	68.00	44
初等数论难题集(第二卷)(上、下)	2011－02	128.00	82,83
数论概貌	2011－03	18.00	93
代数数论(第二版)	2013－08	58.00	94
代数多项式	2014－06	38.00	289
初等数论的知识与问题	2011－02	28.00	95
超越数论基础	2011－03	28.00	96
数论初等教程	2011－03	28.00	97
数论基础	2011－03	18.00	98
数论基础与维诺格拉多夫	2014－03	18.00	292
解析数论基础	2012－08	28.00	216
解析数论基础(第二版)	2014－01	48.00	287
解析数论问题集(第二版)(原版引进)	2014－05	88.00	343
解析数论问题集(第二版)(中译本)	2016－04	88.00	607
解析数论基础(潘承洞,潘承彪著)	2016－07	98.00	673
解析数论导引	2016－07	58.00	674
数论入门	2011－03	38.00	99
代数数论入门	2015－03	38.00	448
数论开篇	2012－07	28.00	194
解析数论引论	2011－03	48.00	100
Barban Davenport Halberstam 均值和	2009－01	40.00	33
基础数论	2011－03	28.00	101
初等数论100例	2011－05	18.00	122
初等数论经典例题	2012－07	18.00	204
最新世界各国数学奥林匹克中的初等数论试题(上、下)	2012－01	138.00	144,145
初等数论(Ⅰ)	2012－01	18.00	156
初等数论(Ⅱ)	2012－01	18.00	157
初等数论(Ⅲ)	2012－01	28.00	158

刘培杰数学工作室
已出版(即将出版)图书目录——高等数学

书　　名	出版时间	定　价	编号
Gauss,Euler,Lagrange 和 Legendre 的遗产:把整数表示成平方和	2022-06	78.00	1540
平面几何与数论中未解决的新老问题	2013-01	68.00	229
代数数论简史	2014-11	28.00	408
代数数论	2015-09	88.00	532
代数、数论及分析习题集	2016-11	98.00	695
数论导引提要及习题解答	2016-01	48.00	559
素数定理的初等证明. 第 2 版	2016-09	48.00	686
数论中的模函数与狄利克雷级数(第二版)	2017-11	78.00	837
数论:数学导引	2018-01	68.00	849
域论	2018-04	68.00	884
代数数论(冯克勤　编著)	2018-04	68.00	885
范氏大代数	2019-02	98.00	1016
高等算术:数论导引:第八版	2023-04	78.00	1689
新编 640 个世界著名数学智力趣题	2014-01	88.00	242
500 个最新世界著名数学智力趣题	2008-06	48.00	3
400 个最新世界著名数学最值问题	2008-09	48.00	36
500 个世界著名数学征解问题	2009-06	48.00	52
400 个中国最佳初等数学征解老问题	2010-01	48.00	60
500 个俄罗斯数学经典老题	2011-01	28.00	81
1000 个国外中学物理好题	2012-04	48.00	174
300 个日本高考数学题	2012-05	38.00	142
700 个早期日本高考数学试题	2017-02	88.00	752
500 个前苏联早期高考数学试题及解答	2012-05	28.00	185
546 个早期俄罗斯大学生数学竞赛题	2014-03	38.00	285
548 个来自美苏的数学好问题	2014-11	28.00	396
20 所苏联著名大学早期入学试题	2015-02	18.00	452
161 道德国工科大学生必做的微分方程习题	2015-05	28.00	469
500 个德国工科大学生必做的高数习题	2015-06	28.00	478
360 个数学竞赛问题	2016-08	58.00	677
德国讲义日本考题. 微积分卷	2015-04	48.00	456
德国讲义日本考题. 微分方程卷	2015-04	38.00	457
二十世纪中叶中、英、美、日、法、俄高考数学试题精选	2017-06	38.00	783
博弈论精粹	2008-03	58.00	30
博弈论精粹. 第二版(精装)	2015-01	88.00	461
数学 我爱你	2008-01	28.00	20
精神的圣徒　别样的人生——60 位中国数学家成长的历程	2008-09	48.00	39
数学史概论	2009-06	78.00	50
数学史概论(精装)	2013-03	158.00	272
数学史选讲	2016-01	48.00	544
斐波那契数列	2010-02	28.00	65
数学拼盘和斐波那契魔方	2010-07	38.00	72
斐波那契数列欣赏	2011-01	28.00	160
数学的创造	2011-02	48.00	85
数学美与创造力	2016-01	48.00	595
数海拾贝	2016-01	48.00	590
数学中的美	2011-02	38.00	84
数论中的美学	2014-12	38.00	351
数学王者　科学巨人——高斯	2015-01	28.00	428
振兴祖国数学的圆梦之旅:中国初等数学研究史话	2015-06	98.00	490
二十世纪中国数学史料研究	2015-10	48.00	536
数字谜、数阵图与棋盘覆盖	2016-01	58.00	298
时间的形状	2016-01	38.00	556
数学发现的艺术:数学探索中的合情推理	2016-07	58.00	671
活跃在数学中的参数	2016-07	48.00	675

刘培杰数学工作室
已出版(即将出版)图书目录——高等数学

书　　名	出版时间	定　价	编号
格点和面积	2012—07	18.00	191
射影几何趣谈	2012—04	28.00	175
斯潘纳尔引理——从一道加拿大数学奥林匹克试题谈起	2014—01	28.00	228
李普希兹条件——从几道近年高考数学试题谈起	2012—10	18.00	221
拉格朗日中值定理——从一道北京高考试题的解法谈起	2015—10	18.00	197
闵科夫斯基定理——从一道清华大学自主招生试题谈起	2014—01	28.00	198
哈尔测度——从一道冬令营试题的背景谈起	2012—08	28.00	202
切比雪夫逼近问题——从一道中国台北数学奥林匹克试题谈起	2013—04	38.00	238
伯恩斯坦多项式与贝齐尔曲面——从一道全国高中数学联赛试题谈起	2013—03	38.00	236
卡塔兰猜想——从一道普特南竞赛试题谈起	2013—06	18.00	256
麦卡锡函数和阿克曼函数——从一道前南斯拉夫数学奥林匹克试题谈起	2012—08	18.00	201
贝蒂定理与拉姆贝克莫斯尔定理——从一个拣石子游戏谈起	2012—08	18.00	217
皮亚诺曲线和豪斯道夫分球定理——从无限集谈起	2012—08	18.00	211
平面凸图形与凸多面体	2012—10	28.00	218
斯坦因豪斯问题——从一道二十五省市自治区中学数学竞赛试题谈起	2012—07	18.00	196
纽结理论中的亚历山大多项式与琼斯多项式——从一道北京市高一数学竞赛试题谈起	2012—07	28.00	195
原则与策略——从波利亚"解题表"谈起	2013—04	38.00	244
转化与化归——从三大尺规作图不能问题谈起	2012—08	28.00	214
代数几何中的贝祖定理(第一版)——从一道 IMO 试题的解法谈起	2013—08	18.00	193
成功连贯理论与约当块理论——从一道比利时数学竞赛试题谈起	2012—04	18.00	180
素数判定与大数分解	2014—08	18.00	199
置换多项式及其应用	2012—10	18.00	220
椭圆函数与模函数——从一道美国加州大学洛杉矶分校(UCLA)博士资格考题谈起	2012—10	28.00	219
差分方程的拉格朗日方法——从一道 2011 年全国高考理科试题的解法谈起	2012—08	28.00	200
力学在几何中的一些应用	2013—01	38.00	240
高斯散度定理、斯托克斯定理和平面格林定理——从一道国际大学生数学竞赛试题谈起	即将出版		
康托洛维奇不等式——从一道全国高中联赛试题谈起	2013—03	28.00	337
拉克斯定理和阿廷定理——从一道 IMO 试题的解法谈起	2014—01	58.00	246
毕卡大定理——从一道美国大学数学竞赛试题谈起	2014—07	18.00	350
拉格朗日乘子定理——从一道 2005 年全国高中联赛试题的高等数学解法谈起	2015—05	28.00	480
雅可比定理——从一道日本数学奥林匹克试题谈起	2013—04	48.00	249
李天岩一约克定理——从一道波兰数学竞赛试题谈起	2014—06	28.00	349
受控理论与初等不等式:从一道 IMO 试题的解法谈起	2023—03	48.00	1601
布劳维不动点定理——从一道前苏联数学奥林匹克试题谈起	2014—01	38.00	273
莫德尔一韦伊定理——从一道日本数学奥林匹克试题谈起	2024—10	48.00	1602
斯蒂尔杰斯积分——从一道国际大学生数学竞赛试题的解法谈起	2024—10	68.00	1605

刘培杰数学工作室
已出版(即将出版)图书目录——高等数学

书　　名	出版时间	定　价	编号
切博塔廖夫猜想——从一道 1978 年全国高中数学竞赛试题谈起	2024—10	38.00	1606
卡西尼卵形线——从一道高中数学期中考试试题谈起	2024—10	48.00	1607
格罗斯问题——亚纯函数的唯一性问题	2024—10	48.00	1608
布格尔问题——从一道第 6 届全国中学生物理竞赛预赛试题谈起	2024—09	68.00	1609
多项式逼近问题——从一道美国大学生数学竞赛试题谈起	2024—10	48.00	1748
中国剩余定理:总数法构建中国历史年表	2015—01	28.00	430
牛顿程序与方程求根——从一道全国高考试题解法谈起	即将出版		
库默尔定理——从一道 IMO 预选试题谈起	即将出版		
卢丁定理——从一道冬令营试题的解法谈起	即将出版		
沃斯滕霍姆定理——从一道 IMO 预选试题谈起	即将出版		
卡尔松不等式——从一道莫斯科数学奥林匹克试题谈起	即将出版		
信息论中的香农熵——从一道近年高考压轴题谈起	即将出版		
约当不等式——从一道希望杯竞赛试题谈起	即将出版		
拉比诺维奇定理	即将出版		
刘维尔定理——从一道《美国数学月刊》征解问题的解法谈起	即将出版		
卡塔兰恒等式与级数求和——从一道 IMO 试题的解法谈起	即将出版		
勒让德猜想与素数分布——从一道爱尔兰竞赛试题谈起	即将出版		
天平称重与信息论——从一道基辅市数学奥林匹克试题谈起	即将出版		
哈密尔顿—凯莱定理:从一道高中数学联赛试题的解法谈起	2014—09	18.00	376
艾思特曼定理——从一道 CMO 试题的解法谈起	即将出版		
一个爱尔特希问题——从一道西德数学奥林匹克试题谈起	即将出版		
有限群中的爱丁格尔问题——从一道北京市初中二年级数学竞赛试题谈起	即将出版		
糖水中的不等式——从初等数学到高等数学	2019—07	48.00	1093
帕斯卡三角形	2014—03	18.00	294
蒲丰投针问题——从 2009 年清华大学的一道自主招生试题谈起	2014—01	38.00	295
斯图姆定理——从一道“华约”自主招生试题的解法谈起	2014—01	18.00	296
许瓦兹引理——从一道加利福尼亚大学伯克利分校数学系博士生试题谈起	2014—08	18.00	297
拉姆塞定理——从王诗宬院士的一个问题谈起	2016—04	48.00	299
坐标法	2013—12	28.00	332
数论三角形	2014—04	38.00	341
毕克定理	2014—07	18.00	352
数林掠影	2014—09	48.00	389
我们周围的概率	2014—10	38.00	390
凸函数最值定理:从一道华约自主招生题的解法谈起	2014—10	28.00	391
易学与数学奥林匹克	2014—10	38.00	392
生物数学趣谈	2015—01	18.00	409
反演	2015—01	28.00	420
因式分解与圆锥曲线	2015—01	18.00	426
轨迹	2015—01	28.00	427
面积原理:从常庚哲命的一道 CMO 试题的积分解法谈起	2015—01	48.00	431
形形色色的不动点定理:从一道 28 届 IMO 试题谈起	2015—01	38.00	439
柯西函数方程:从一道上海交大自主招生的试题谈起	2015—02	28.00	440

刘培杰数学工作室
已出版(即将出版)图书目录——高等数学

书　　名	出版时间	定　价	编号
三角恒等式	2015-02	28.00	442
无理性判定:从一道 2014 年"北约"自主招生试题谈起	2015-01	38.00	443
数学归纳法	2015-03	18.00	451
极端原理与解题	2015-04	28.00	464
法雷级数	2014-08	18.00	367
摆线族	2015-01	38.00	438
函数方程及其解法	2015-05	38.00	470
含参数的方程和不等式	2012-09	28.00	213
希尔伯特第十问题	2016-01	38.00	543
无穷小量的求和	2016-01	28.00	545
切比雪夫多项式:从一道清华大学金秋营试题谈起	2016-01	38.00	583
泽肯多夫定理	2016-03	38.00	599
代数等式证题法	2016-01	28.00	600
三角等式证题法	2016-01	28.00	601
吴大任教授藏书中的一个因式分解公式:从一道美国数学邀请赛试题的解法谈起	2016-06	28.00	656
易卦——类万物的数学模型	2017-08	68.00	838
"不可思议"的数与数系可持续发展	2018-01	38.00	878
最短线	2018-01	38.00	879
从毕达哥拉斯到怀尔斯	2007-10	48.00	9
从迪利克雷到维斯卡尔迪	2008-01	48.00	21
从哥德巴赫到陈景润	2008-05	98.00	35
从庞加莱到佩雷尔曼	2011-08	138.00	136
从费马到怀尔斯——费马大定理的历史	2013-10	198.00	I
从庞加莱到佩雷尔曼——庞加莱猜想的历史	2013-10	298.00	II
从切比雪夫到爱尔特希(上)——素数定理的初等证明	2013-07	48.00	III
从切比雪夫到爱尔特希(下)——素数定理 100 年	2012-12	98.00	III
从高斯到盖尔方特——二次域的高斯猜想	2013-10	198.00	IV
从库默尔到朗兰兹——朗兰兹猜想的历史	2014-01	98.00	V
从比勃巴赫到德布朗斯——比勃巴赫猜想的历史	2014-02	298.00	VI
从麦比乌斯到陈省身——麦比乌斯变换与麦比乌斯带	2014-02	298.00	VII
从布尔到豪斯道夫——布尔方程与格论漫谈	2013-10	198.00	VIII
从开普勒到阿诺德——三体问题的历史	2014-05	298.00	IX
从华林到华罗庚——华林问题的历史	2013-10	298.00	X
数学物理大百科全书.第 1 卷	2016-01	418.00	508
数学物理大百科全书.第 2 卷	2016-01	408.00	509
数学物理大百科全书.第 3 卷	2016-01	396.00	510
数学物理大百科全书.第 4 卷	2016-01	408.00	511
数学物理大百科全书.第 5 卷	2016-01	368.00	512
朱德祥代数与几何讲义.第 1 卷	2017-01	38.00	697
朱德祥代数与几何讲义.第 2 卷	2017-01	28.00	698
朱德祥代数与几何讲义.第 3 卷	2017-01	28.00	699

 刘培杰数学工作室 已出版(即将出版)图书目录——高等数学 

书　　名	出版时间	定　价	编号
闵嗣鹤文集	2011-03	98.00	102
吴从炘数学活动三十年(1951～1980)	2010-07	99.00	32
吴从炘数学活动又三十年(1981～2010)	2015-07	98.00	491
斯米尔诺夫高等数学.第一卷	2018-03	88.00	770
斯米尔诺夫高等数学.第二卷.第一分册	2018-03	68.00	771
斯米尔诺夫高等数学.第二卷.第二分册	2018-03	68.00	772
斯米尔诺夫高等数学.第二卷.第三分册	2018-03	48.00	773
斯米尔诺夫高等数学.第三卷.第一分册	2018-03	58.00	774
斯米尔诺夫高等数学.第三卷.第二分册	2018-03	58.00	775
斯米尔诺夫高等数学.第三卷.第三分册	2018-03	68.00	776
斯米尔诺夫高等数学.第四卷.第一分册	2018-03	48.00	777
斯米尔诺夫高等数学.第四卷.第二分册	2018-03	88.00	778
斯米尔诺夫高等数学.第五卷.第一分册	2018-03	58.00	779
斯米尔诺夫高等数学.第五卷.第二分册	2018-03	68.00	780
zeta 函数,q-zeta 函数,相伴级数与积分(英文)	2015-08	88.00	513
微分形式:理论与练习(英文)	2015-08	58.00	514
离散与微分包含的逼近和优化(英文)	2015-08	58.00	515
艾伦·图灵:他的工作与影响(英文)	2016-01	98.00	560
测度理论概率导论,第 2 版(英文)	2016-01	88.00	561
带有潜在故障恢复系统的半马尔柯夫模型控制(英文)	2016-01	98.00	562
数学分析原理(英文)	2016-01	88.00	563
随机偏微分方程的有效动力学(英文)	2016-01	88.00	564
图的谱半径(英文)	2016-01	58.00	565
量子机器学习中数据挖掘的量子计算方法(英文)	2016-01	98.00	566
量子物理的非常规方法(英文)	2016-01	118.00	567
运输过程的统一非局部理论:广义波尔兹曼物理动力学,第 2 版(英文)	2016-01	198.00	568
量子力学与经典力学之间的联系在原子、分子及电动力学系统建模中的应用(英文)	2016-01	58.00	569
算术域(英文)	2018-01	158.00	821
高等数学竞赛:1962—1991 年的米洛克斯·史怀哲竞赛(英文)	2018-01	128.00	822
用数学奥林匹克精神解决数论问题(英文)	2018-01	108.00	823
代数几何(德文)	2018-04	68.00	824
丢番图逼近论(英文)	2018-01	78.00	825
代数几何学基础教程(英文)	2018-01	98.00	826
解析数论入门课程(英文)	2018-01	78.00	827
数论中的丢番图问题(英文)	2018-01	78.00	829
数论(梦幻之旅):第五届中日数论研讨会演讲集(英文)	2018-01	68.00	830
数论新应用(英文)	2018-01	68.00	831
数论(英文)	2018-01	78.00	832
测度与积分(英文)	2019-04	68.00	1059
卡塔兰数入门(英文)	2019-05	68.00	1060
多变量数学入门(英文)	2021-05	68.00	1317
偏微分方程入门(英文)	2021-05	88.00	1318
若尔当典范性:理论与实践(英文)	2021-07	68.00	1366
R 统计学概论(英文)	2023-03	88.00	1614
基于不确定静态和动态问题解的仿射算术(英文)	2023-03	38.00	1618

刘培杰数学工作室
已出版(即将出版)图书目录——高等数学

书　　名	出版时间	定　价	编号
湍流十讲(英文)	2018—04	108.00	886
无穷维李代数:第3版(英文)	2018—04	98.00	887
等值、不变量和对称性(英文)	2018—04	78.00	888
解析数论(英文)	2018—09	78.00	889
《数学原理》的演化:伯特兰·罗素撰写第二版时的手稿与笔记(英文)	2018—04	108.00	890
哈密尔顿数学论文集(第4卷):几何学、分析学、天文学、概率和有限差分等(英文)	2019—05	108.00	891
数学王子——高斯	2018—01	48.00	858
坎坷奇星——阿贝尔	2018—01	48.00	859
闪烁奇星——伽罗瓦	2018—01	58.00	860
无穷统帅——康托尔	2018—01	48.00	861
科学公主——柯瓦列夫斯卡娅	2018—01	48.00	862
抽象代数之母——埃米·诺特	2018—01	48.00	863
电脑先驱——图灵	2018—01	58.00	864
昔日神童——维纳	2018—01	48.00	865
数坛怪侠——爱尔特希	2018—01	68.00	866
当代世界中的数学.数学思想与数学基础	2019—01	38.00	892
当代世界中的数学.数学问题	2019—01	38.00	893
当代世界中的数学.应用数学与数学应用	2019—01	38.00	894
当代世界中的数学.数学王国的新疆域(一)	2019—01	38.00	895
当代世界中的数学.数学王国的新疆域(二)	2019—01	38.00	896
当代世界中的数学.数林撷英(一)	2019—01	38.00	897
当代世界中的数学.数林撷英(二)	2019—01	48.00	898
当代世界中的数学.数学之路	2019—01	38.00	899
偏微分方程全局吸引子的特性(英文)	2018—09	108.00	979
整函数与下调和函数(英文)	2018—09	118.00	980
幂等分析(英文)	2018—09	118.00	981
李群,离散子群与不变量理论(英文)	2018—09	108.00	982
动力系统与统计力学(英文)	2018—09	118.00	983
表示论与动力系统(英文)	2018—09	118.00	984
分析学练习.第1部分(英文)	2021—01	88.00	1247
分析学练习.第2部分.非线性分析(英文)	2021—01	88.00	1248
初级统计学:循序渐进的方法:第10版(英文)	2019—05	68.00	1067
工程师与科学家微分方程用书:第4版(英文)	2019—07	58.00	1068
大学代数与三角学(英文)	2019—06	78.00	1069
培养数学能力的途径(英文)	2019—07	38.00	1070
工程师与科学家统计学:第4版(英文)	2019—06	58.00	1071
贸易与经济中的应用统计学:第6版(英文)	2019—06	58.00	1072
傅立叶级数和边值问题:第8版(英文)	2019—05	48.00	1073
通往天文学的途径:第5版(英文)	2019—05	58.00	1074

刘培杰数学工作室
已出版(即将出版)图书目录——高等数学

书　　名	出版时间	定　价	编号
拉马努金笔记.第1卷(英文)	2019—06	165.00	1078
拉马努金笔记.第2卷(英文)	2019—06	165.00	1079
拉马努金笔记.第3卷(英文)	2019—06	165.00	1080
拉马努金笔记.第4卷(英文)	2019—06	165.00	1081
拉马努金笔记.第5卷(英文)	2019—06	165.00	1082
拉马努金遗失笔记.第1卷(英文)	2019—06	109.00	1083
拉马努金遗失笔记.第2卷(英文)	2019—06	109.00	1084
拉马努金遗失笔记.第3卷(英文)	2019—06	109.00	1085
拉马努金遗失笔记.第4卷(英文)	2019—06	109.00	1086
数论:1976年纽约洛克菲勒大学数论会议记录(英文)	2020—06	68.00	1145
数论:卡本代尔1979:1979年在南伊利诺伊卡本代尔大学举行的数论会议记录(英文)	2020—06	78.00	1146
数论:诺德韦克豪特1983:1983年在诺德韦克豪特举行的Journees Arithmetiques数论大会会议记录(英文)	2020—06	68.00	1147
数论:1985—1988年在纽约城市大学研究生院和大学中心举办的研讨会(英文)	2020—06	68.00	1148
数论:1987年在乌尔姆举行的Journees Arithmetiques数论大会会议记录(英文)	2020—06	68.00	1149
数论:马德拉斯1987:1987年在马德拉斯安娜大学举行的国际拉马努金百年纪念大会会议记录(英文)	2020—06	68.00	1150
解析数论:1988年在东京举行的日法研讨会会议记录(英文)	2020—06	68.00	1151
解析数论:2002年在意大利切特拉罗举行的C.I.M.E.暑期班演讲集(英文)	2020—06	68.00	1152
量子世界中的蝴蝶:最迷人的量子分形故事(英文)	2020—06	118.00	1157
走进量子力学(英文)	2020—06	118.00	1158
计算物理学概论(英文)	2020—06	48.00	1159
物质,空间和时间的理论:量子理论(英文)	即将出版		1160
物质,空间和时间的理论:经典理论(英文)	即将出版		1161
量子场理论:解释世界的神秘背景(英文)	2020—07	38.00	1162
计算物理学概论(英文)	即将出版		1163
行星状星云(英文)	即将出版		1164
基本宇宙学:从亚里士多德的宇宙到大爆炸(英文)	2020—08	58.00	1165
数学磁流体力学(英文)	2020—07	58.00	1166
计算科学:第1卷,计算的科学(日文)	2020—07	88.00	1167
计算科学:第2卷,计算与宇宙(日文)	2020—07	88.00	1168
计算科学:第3卷,计算与物质(日文)	2020—07	88.00	1169
计算科学:第4卷,计算与生命(日文)	2020—07	88.00	1170
计算科学:第5卷,计算与地球环境(日文)	2020—07	88.00	1171
计算科学:第6卷,计算与社会(日文)	2020—07	88.00	1172
计算科学.别卷,超级计算机(日文)	2020—07	88.00	1173
多复变函数论(日文)	2022—06	78.00	1518
复变函数入门(日文)	2022—06	78.00	1523

刘培杰数学工作室
已出版(即将出版)图书目录——高等数学

书　　名	出版时间	定　价	编号
代数与数论:综合方法(英文)	2020-10	78.00	1185
复分析:现代函数理论第一课(英文)	2020-07	58.00	1186
斐波那契数列和卡特兰数:导论(英文)	2020-10	68.00	1187
组合推理:计数艺术介绍(英文)	2020-07	88.00	1188
二次互反律的傅里叶分析证明(英文)	2020-07	48.00	1189
旋瓦兹分布的希尔伯特变换与应用(英文)	2020-07	58.00	1190
泛函分析:巴拿赫空间理论入门(英文)	2020-07	48.00	1191
典型群,错排与素数(英文)	2020-11	58.00	1204
李代数的表示:通过 gln 进行介绍(英文)	2020-10	38.00	1205
实分析演讲集(英文)	2020-10	38.00	1206
现代分析及其应用的课程(英文)	2020-10	58.00	1207
运动中的抛射物数学(英文)	2020-10	38.00	1208
2-扭结与它们的群(英文)	2020-10	38.00	1209
概率,策略和选择:博弈与选举中的数学(英文)	2020-11	58.00	1210
分析学引论(英文)	2020-11	58.00	1211
量子群:通往流代数的路径(英文)	2020-11	38.00	1212
集合论入门(英文)	2020-10	48.00	1213
酉反射群(英文)	2020-11	58.00	1214
探索数学:吸引人的证明方式(英文)	2020-11	58.00	1215
微分拓扑短期课程(英文)	2020-10	48.00	1216
抽象凸分析(英文)	2020-11	68.00	1222
费马大定理笔记(英文)	2021-03	48.00	1223
高斯与雅可比和(英文)	2021-03	78.00	1224
π与算术几何平均:关于解析数论和计算复杂性的研究(英文)	2021-01	58.00	1225
复分析入门(英文)	2021-03	48.00	1226
爱德华·卢卡斯与素性测定(英文)	2021-03	78.00	1227
通往凸分析及其应用的简单路径(英文)	2021-01	68.00	1229
微分几何的各个方面.第一卷(英文)	2021-01	58.00	1230
微分几何的各个方面.第二卷(英文)	2020-12	58.00	1231
微分几何的各个方面.第三卷(英文)	2020-12	58.00	1232
沃克流形几何学(英文)	2020-11	58.00	1233
彷射和韦尔几何应用(英文)	2020-12	58.00	1234
双曲几何学的旋转向量空间方法(英文)	2021-02	58.00	1235
积分:分析学的关键(英文)	2020-12	48.00	1236
为有天分的新生准备的分析学基础教材(英文)	2020-11	48.00	1237

刘培杰数学工作室
已出版(即将出版)图书目录——高等数学

书　　名	出版时间	定　价	编号
数学不等式.第一卷.对称多项式不等式(英文)	2021-03	108.00	1273
数学不等式.第二卷.对称有理不等式与对称无理不等式(英文)	2021-03	108.00	1274
数学不等式.第三卷.循环不等式与非循环不等式(英文)	2021-03	108.00	1275
数学不等式.第四卷.Jensen不等式的扩展与加细(英文)	2021-03	108.00	1276
数学不等式.第五卷.创建不等式与解不等式的其他方法(英文)	2021-04	108.00	1277

书　　名	出版时间	定　价	编号
冯·诺依曼代数中的谱位移函数:半有限冯·诺依曼代数中的谱位移函数与谱流(英文)	2021-06	98.00	1308
链接结构:关于嵌入完全图的直线中链接单形的组合结构(英文)	2021-05	58.00	1309
代数几何方法.第1卷(英文)	2021-06	68.00	1310
代数几何方法.第2卷(英文)	2021-06	68.00	1311
代数几何方法.第3卷(英文)	2021-06	58.00	1312

书　　名	出版时间	定　价	编号
代数、生物信息和机器人技术的算法问题.第四卷,独立恒等式系统(俄文)	2020-08	118.00	1119
代数、生物信息和机器人技术的算法问题.第五卷,相对覆盖性和独立可拆分恒等式系统(俄文)	2020-08	118.00	1200
代数、生物信息和机器人技术的算法问题.第六卷,恒等式和准恒等式的相等问题、可推导性和可实现性(俄文)	2020-08	128.00	1201
分数阶微积分的应用:非局部动态过程,分数阶导热系数(俄文)	2021-01	68.00	1241
泛函分析问题与练习:第2版(俄文)	2021-01	98.00	1242
集合论、数学逻辑和算法论问题:第5版(俄文)	2021-01	98.00	1243
微分几何和拓扑短期课程(俄文)	2021-01	98.00	1244
素数规律(俄文)	2021-01	88.00	1245
无穷边值问题解的递减:无界域中的拟线性椭圆和抛物方程(俄文)	2021-01	48.00	1246
微分几何讲义(俄文)	2020-12	98.00	1253
二次型和矩阵(俄文)	2021-01	98.00	1255
积分和级数.第2卷,特殊函数(俄文)	2021-01	168.00	1258
积分和级数.第3卷,特殊函数补充:第2版(俄文)	2021-01	178.00	1264
几何图上的微分方程(俄文)	2021-01	138.00	1259
数论教程:第2版(俄文)	2021-01	98.00	1260
非阿基米德分析及其应用(俄文)	2021-03	98.00	1261

刘培杰数学工作室
已出版(即将出版)图书目录——高等数学

书　　名	出版时间	定　价	编号
古典群和量子群的压缩(俄文)	2021－03	98.00	1263
数学分析习题集.第 3 卷,多元函数:第 3 版(俄文)	2021－03	98.00	1266
数学习题:乌拉尔国立大学数学力学系大学生奥林匹克(俄文)	2021－03	98.00	1267
柯西定理和微分方程的特解(俄文)	2021－03	98.00	1268
组合极值问题及其应用:第 3 版(俄文)	2021－03	98.00	1269
数学词典(俄文)	2021－01	98.00	1271
确定性混沌分析模型(俄文)	2021－06	168.00	1307
精选初等数学习题和定理.立体几何.第 3 版(俄文)	2021－03	68.00	1316
微分几何习题:第 3 版(俄文)	2021－05	98.00	1336
精选初等数学习题和定理.平面几何.第 4 版(俄文)	2021－05	68.00	1335
曲面理论在欧氏空间 En 中的直接表示	2022－01	68.00	1444
维纳一霍普夫离散算子和托普利兹算子:某些可数赋范空间中的诺特性和可逆性(俄文)	2022－03	108.00	1496
Maple 中的数论:数论中的计算机计算(俄文)	2022－03	88.00	1497
贝尔曼和克努特问题及其概括:加法运算的复杂性(俄文)	2022－03	138.00	1498
复分析:共形映射(俄文)	2022－07	48.00	1542
微积分代数样条和多项式及其在数值方法中的应用(俄文)	2022－08	128.00	1543
蒙特卡罗方法中的随机过程和场模型:算法和应用(俄文)	2022－08	88.00	1544
线性椭圆型方程组:论二阶椭圆型方程的迪利克雷问题(俄文)	2022－08	98.00	1561
动态系统解的增长特性:估值、稳定性、应用(俄文)	2022－08	118.00	1565
群的自由积分解:建立和应用(俄文)	2022－08	78.00	1570
混合方程和偏差自变数方程问题:解的存在和唯一性(俄文)	2023－01	78.00	1582
拟度量空间分析:存在和逼近定理(俄文)	2023－01	108.00	1583
二维和三维流形上函数的拓扑性质:函数的拓扑分类(俄文)	2023－03	68.00	1584
齐次马尔科夫过程建模的矩阵方法:此类方法能够用于不同目的的复杂系统研究、设计和完善(俄文)	2023－03	68.00	1594
周期函数的近似方法和特性:特殊课程(俄文)	2023－04	158.00	1622
扩散方程解的矩函数:变分法(俄文)	2023－03	58.00	1623
多赋范空间和广义函数:理论及应用(俄文)	2023－03	98.00	1632
分析中的多值映射:部分应用(俄文)	2023－06	98.00	1634
数学物理问题(俄文)	2023－03	78.00	1636
函数的幂级数与三角级数分解(俄文)	2024－01	58.00	1695
星体理论的数学基础:原子三元组(俄文)	2024－01	98.00	1696
素数规律:专著(俄文)	2024－01	118.00	1697

书　　名	出版时间	定　价	编号
狭义相对论与广义相对论:时空与引力导论(英文)	2021－07	88.00	1319
束流物理学和粒子加速器的实践介绍:第 2 版(英文)	2021－07	88.00	1320
凝聚态物理中的拓扑和微分几何简介(英文)	2021－05	88.00	1321
混沌映射:动力学、分形学和快速涨落(英文)	2021－05	128.00	1322
广义相对论:黑洞、引力波和宇宙学介绍(英文)	2021－06	68.00	1323
现代分析电磁均质化(英文)	2021－06	68.00	1324
为科学家提供的基本流体动力学(英文)	2021－06	88.00	1325
视觉天文学:理解夜空的指南(英文)	2021－06	68.00	1326

刘培杰数学工作室
已出版(即将出版)图书目录——高等数学

书　　名	出版时间	定　价	编号
物理学中的计算方法(英文)	2021—06	68.00	1327
单星的结构与演化:导论(英文)	2021—06	108.00	1328
超越居里:1903 年至 1963 年物理界四位女性及其著名发现(英文)	2021—06	68.00	1329
范德瓦尔斯流体热力学的进展(英文)	2021—06	68.00	1330
先进的托卡马克稳定性理论(英文)	2021—06	88.00	1331
经典场论导论:基本相互作用的过程(英文)	2021—07	88.00	1332
光致电离量子动力学方法原理(英文)	2021—07	108.00	1333
经典域论和应力:能量张量(英文)	2021—05	88.00	1334
非线性太赫兹光谱的概念与应用(英文)	2021—06	68.00	1337
电磁学中的无穷空间并矢格林函数(英文)	2021—06	88.00	1338
物理科学基础数学. 第 1 卷,齐次边值问题、傅里叶方法和特殊函数(英文)	2021—07	108.00	1339
离散量子力学(英文)	2021—07	68.00	1340
核磁共振的物理学和数学(英文)	2021—07	108.00	1341
分子水平的静电学(英文)	2021—08	68.00	1342
非线性波:理论、计算机模拟、实验(英文)	2021—06	108.00	1343
石墨烯光学:经典问题的电解解决方案(英文)	2021—06	68.00	1344
超材料多元宇宙(英文)	2021—07	68.00	1345
银河系外的天体物理学(英文)	2021—07	68.00	1346
原子物理学(英文)	2021—07	68.00	1347
将光打结:将拓扑学应用于光学(英文)	2021—07	68.00	1348
电磁学:问题与解法(英文)	2021—07	88.00	1364
海浪的原理:介绍量子力学的技巧与应用(英文)	2021—07	108.00	1365
多孔介质中的流体:输运与相变(英文)	2021—07	68.00	1372
洛伦兹群的物理学(英文)	2021—08	68.00	1373
物理导论的数学方法和解决方法手册(英文)	2021—08	68.00	1374
非线性波数学物理学入门(英文)	2021—08	88.00	1376
波:基本原理和动力学(英文)	2021—07	68.00	1377
光电子量子计量学. 第 1 卷,基础(英文)	2021—07	88.00	1383
光电子量子计量学. 第 2 卷,应用与进展(英文)	2021—07	68.00	1384
复杂流的格子玻尔兹曼建模的工程应用(英文)	2021—08	68.00	1393
电偶极矩挑战(英文)	2021—08	108.00	1394
电动力学:问题与解法(英文)	2021—09	68.00	1395
自由电子激光的经典理论(英文)	2021—08	68.00	1397
曼哈顿计划——核武器物理学简介(英文)	2021—09	68.00	1401

刘培杰数学工作室

已出版(即将出版)图书目录——高等数学

书　　名	出版时间	定　价	编号
粒子物理学(英文)	2021—09	68.00	1402
引力场中的量子信息(英文)	2021—09	128.00	1403
器件物理学的基本经典力学(英文)	2021—09	68.00	1404
等离子体物理及其空间应用导论. 第 1 卷,基本原理和初步过程(英文)	2021—09	68.00	1405
伽利略理论力学:连续力学基础(英文)	2021—10	48.00	1416
磁约束聚变等离子体物理:理想 MHD 理论(英文)	2023—03	68.00	1613
相对论量子场论. 第 1 卷,典范形式体系(英文)	2023—03	38.00	1615
相对论量子场论. 第 2 卷,路径积分形式(英文)	2023—06	38.00	1616
相对论量子场论. 第 3 卷,量子场论的应用(英文)	2023—06	38.00	1617
涌现的物理学(英文)	2023—05	58.00	1619
量子化旋涡:一本拓扑激发手册(英文)	2023—04	68.00	1620
非线性动力学:实践的介绍性调查(英文)	2023—05	68.00	1621
静电加速器:一个多功能工具(英文)	2023—06	58.00	1625
相对论多体理论与统计力学(英文)	2023—06	58.00	1626
经典力学. 第 1 卷,工具与向量(英文)	2023—04	38.00	1627
经典力学. 第 2 卷,运动学和匀加速运动(英文)	2023—04	58.00	1628
经典力学. 第 3 卷,牛顿定律和匀速圆周运动(英文)	2023—04	58.00	1629
经典力学. 第 4 卷,万有引力定律(英文)	2023—04	38.00	1630
经典力学. 第 5 卷,守恒定律与旋转运动(英文)	2023—04	38.00	1631
对称问题:纳维尔—斯托克斯问题(英文)	2023—04	38.00	1638
摄影的物理和艺术. 第 1 卷,几何与光的本质(英文)	2023—04	78.00	1639
摄影的物理和艺术. 第 2 卷,能量与色彩(英文)	2023—04	78.00	1640
摄影的物理和艺术. 第 3 卷,探测器与数码的意义(英文)	2023—04	78.00	1641
拓扑与超弦理论焦点问题(英文)	2021—07	58.00	1349
应用数学:理论、方法与实践(英文)	2021—07	78.00	1350
非线性特征值问题:牛顿型方法与非线性瑞利函数(英文)	2021—07	58.00	1351
广义膨胀和齐性:利用齐性构造齐次系统的李雅普诺夫函数和控制律(英文)	2021—06	48.00	1352
解析数论焦点问题(英文)	2021—07	58.00	1353
随机微分方程:动态系统方法(英文)	2021—07	58.00	1354
经典力学与微分几何(英文)	2021—07	58.00	1355
负定相交形式流形上的瞬子模空间几何(英文)	2021—07	68.00	1356
广义卡塔兰轨道分析:广义卡塔兰轨道计算数字的方法(英文)	2021—07	48.00	1367
洛伦兹方法的变分:二维与三维洛伦兹方法(英文)	2021—08	38.00	1378
几何、分析和数论精编(英文)	2021—08	68.00	1380
从一个新角度看数论:通过遗传方法引入现实的概念(英文)	2021—07	58.00	1387
动力系统:短期课程(英文)	2021—08	68.00	1382

刘培杰数学工作室
已出版(即将出版)图书目录——高等数学

书　　名	出版时间	定　价	编号
几何路径:理论与实践(英文)	2021—08	48.00	1385
广义斐波那契数列及其性质(英文)	2021—08	38.00	1386
论天体力学中某些问题的不可积性(英文)	2021—07	88.00	1396
对称函数和麦克唐纳多项式:余代数结构与 Kawanaka 恒等式	2021—09	38.00	1400
杰弗里·英格拉姆·泰勒科学论文集:第1卷.固体力学(英文)	2021—05	78.00	1360
杰弗里·英格拉姆·泰勒科学论文集:第2卷.气象学、海洋学和湍流(英文)	2021—05	68.00	1361
杰弗里·英格拉姆·泰勒科学论文集:第3卷.空气动力学以及落弹数和爆炸的力学(英文)	2021—05	68.00	1362
杰弗里·英格拉姆·泰勒科学论文集:第4卷.有关流体力学(英文)	2021—05	58.00	1363
非局域泛函演化方程:积分与分数阶(英文)	2021—08	48.00	1390
理论工作者的高等微分几何:纤维丛、射流流形和拉格朗日理论(英文)	2021—08	68.00	1391
半线性退化椭圆微分方程:局部定理与整体定理(英文)	2021—07	48.00	1392
非交换几何、规范理论和重整化:一般简介与非交换量子场论的重整化(英文)	2021—09	78.00	1406
数论论文集:拉普拉斯变换和带有数论系数的幂级数(俄文)	2021—09	48.00	1407
挠理论专题:相对极大值,单射与扩充模(英文)	2021—09	88.00	1410
强正则图与欧几里得若尔当代数:非通常关系中的启示(英文)	2021—10	48.00	1411
拉格朗日几何和哈密顿几何:力学的应用(英文)	2021—10	48.00	1412
时滞微分方程与差分方程的振动理论:二阶与三阶(英文)	2021—10	98.00	1417
卷积结构与几何函数理论:用以研究特定几何函数理论方向的分数阶微积分算子与卷积结构(英文)	2021—10	48.00	1418
经典数学物理的历史发展(英文)	2021—10	78.00	1419
扩展线性丢番图问题(英文)	2021—10	38.00	1420
一类混沌动力系统的分歧分析与控制:分歧分析与控制(英文)	2021—11	38.00	1421
伽利略空间和伪伽利略空间中一些特殊曲线的几何性质(英文)	2022—01	48.00	1422
一阶偏微分方程:哈密尔顿—雅可比理论(英文)	2021—11	48.00	1424
各向异性黎曼多面体的反问题:分段光滑的各向异性黎曼多面体反边界谱问题:唯一性(英文)	2021—11	38.00	1425

刘培杰数学工作室
已出版(即将出版)图书目录——高等数学

书　　名	出版时间	定　价	编号
项目反应理论手册.第一卷,模型(英文)	2021－11	138.00	1431
项目反应理论手册.第二卷,统计工具(英文)	2021－11	118.00	1432
项目反应理论手册.第三卷,应用(英文)	2021－11	138.00	1433
二次无理数:经典数论入门(英文)	2022－05	138.00	1434
数,形与对称性:数论,几何和群论导论(英文)	2022－05	128.00	1435
有限域手册(英文)	2021－11	178.00	1436
计算数论(英文)	2021－11	148.00	1437
拟群与其表示简介(英文)	2021－11	88.00	1438
数论与密码学导论:第二版(英文)	2022－01	148.00	1423
几何分析中的柯西变换与黎兹变换:解析调和容量和李普希兹调和容量、变化和振荡以及一致可求长性(英文)	2021－12	38.00	1465
近似不动点定理及其应用(英文)	2022－05	28.00	1466
局部域的相关内容解析:对局部域的扩展及其伽罗瓦群的研究(英文)	2022－01	38.00	1467
反问题的二进制恢复方法(英文)	2022－03	28.00	1468
对几何函数中某些类的各个方面的研究:复变量理论(英文)	2022－01	38.00	1469
覆盖、对应和非交换几何(英文)	2022－01	28.00	1470
最优控制理论中的随机线性调节器问题:随机最优线性调节器问题(英文)	2022－01	38.00	1473
正交分解法:涡流流体动力学应用的正交分解法(英文)	2022－01	38.00	1475
芬斯勒几何的某些问题(英文)	2022－03	38.00	1476
受限三体问题(英文)	2022－05	38.00	1477
利用马利亚万微积分进行 Greeks 的计算:连续过程、跳跃过程中的马利亚万微积分和金融领域中的 Greeks(英文)	2022－05	48.00	1478
经典分析和泛函分析的应用:分析学的应用(英文)	2022－05	38.00	1479
特殊芬斯勒空间的探究(英文)	2022－03	48.00	1480
某些图形的施泰纳距离的细谷多项式:细谷多项式与图的维纳指数(英文)	2022－05	38.00	1481
图论问题的遗传算法:在新鲜与模糊的环境中(英文)	2022－05	48.00	1482
多项式映射的渐近簇(英文)	2022－05	38.00	1483
一维系统中的混沌:符号动力学,映射序列,一致收敛和沙可夫斯基定理(英文)	2022－05	38.00	1509
多维边界层流动与传热分析:粘性流体流动的数学建模与分析(英文)	2022－05	38.00	1510

刘培杰数学工作室
已出版(即将出版)图书目录——高等数学

书　　名	出版时间	定　价	编号
演绎理论物理学的原理:一种基于量子力学波函数的逐次置信估计的一般理论的提议(英文)	2022－05	38.00	1511
R^2 和 R^3 中的仿射弹性曲线:概念和方法(英文)	2022－08	38.00	1512
算术数列中除数函数的分布:基本内容、调查、方法、第二矩、新结果(英文)	2022－05	28.00	1513
抛物型狄拉克算子和薛定谔方程:不定常薛定谔方程的抛物型狄拉克算子及其应用(英文)	2022－07	28.00	1514
黎曼-希尔伯特问题与量子场论:可积重正化、戴森-施温格方程(英文)	2022－08	38.00	1515
代数结构和几何结构的形变理论(英文)	2022－08	48.00	1516
概率结构和模糊结构上的不动点:概率结构和直觉模糊度量空间的不动点定理(英文)	2022－08	38.00	1517
反若尔当对:简单反若尔当对的自同构(英文)	2022－07	28.00	1533
对某些黎曼一芬斯勒空间变换的研究:芬斯勒几何中的某些变换(英文)	2022－07	38.00	1534
内诣零流形映射的尼尔森数的阿诺索夫关系(英文)	2023－01	38.00	1535
与广义积分变换有关的分数次演算:对分数次演算的研究(英文)	2023－01	48.00	1536
强子的芬斯勒几何和吕拉几何(宇宙学方面):强子结构的芬斯勒几何和吕拉几何(拓扑缺陷)(英文)	2022－08	38.00	1537
一种基于混沌的非线性最优化问题:作业调度问题(英文)	即将出版		1538
广义概率论发展前景:关于趣味数学与置信函数实际应用的一些原创观点(英文)	即将出版		1539
纽结与物理学:第二版(英文)	2022－09	118.00	1547
正交多项式和q一级数的前沿(英文)	2022－09	98.00	1548
算子理论问题集(英文)	2022－03	108.00	1549
抽象代数:群、环与域的应用导论:第二版(英文)	2023－01	98.00	1550
菲尔兹奖得主演讲集:第三版(英文)	2023－01	138.00	1551
多元实函数教程(英文)	2022－09	118.00	1552
球面空间形式群的几何学:第二版(英文)	2022－09	98.00	1566
对称群的表示论(英文)	2023－01	98.00	1585
纽结理论:第二版(英文)	2023－01	88.00	1586
拟群理论的基础与应用(英文)	2023－01	88.00	1587
组合学:第二版(英文)	2023－01	98.00	1588
加性组合学:研究问题手册(英文)	2023－01	68.00	1589
扭曲、平铺与镶嵌:几何折纸中的数学方法(英文)	2023－01	98.00	1590
离散与计算几何手册:第三版(英文)	2023－01	248.00	1591
离散与组合数学手册:第二版(英文)	2023－01	248.00	1592

刘培杰数学工作室

已出版(即将出版)图书目录——高等数学

书　　名	出版时间	定　价	编号
分析学教程.第1卷,一元实变量函数的微积分分析学介绍(英文)	2023—01	118.00	1595
分析学教程.第2卷,多元函数的微分和积分,向量微积分(英文)	2023—01	118.00	1596
分析学教程.第3卷,测度与积分理论,复变量的复值函数(英文)	2023—01	118.00	1597
分析学教程.第4卷,傅里叶分析,常微分方程,变分法(英文)	2023—01	118.00	1598
共形映射及其应用手册(英文)	2024—01	158.00	1674
广义三角函数与双曲函数(英文)	2024—01	78.00	1675
振动与波:概论:第二版(英文)	2024—01	88.00	1676
几何约束系统原理手册(英文)	2024—01	120.00	1677
微分方程与包含的拓扑方法(英文)	2024—01	98.00	1678
数学分析中的前沿话题(英文)	2024—01	198.00	1679
流体力学建模:不稳定性与湍流(英文)	2024—03	88.00	1680
动力系统:理论与应用(英文)	2024—03	108.00	1711
空间统计学理论:概述(英文)	2024—03	68.00	1712
梅林变换手册(英文)	2024—03	128.00	1713
非线性系统及其绝妙的数学结构.第1卷(英文)	2024—03	88.00	1714
非线性系统及其绝妙的数学结构.第2卷(英文)	2024—03	108.00	1715
Chip-firing 中的数学(英文)	2024—04	88.00	1716
阿贝尔群的可确定性:问题、研究、概述(俄文)	2024—05	716.00(全7册)	1727
素数规律:专著(俄文)	2024—05	716.00(全7册)	1728
函数的幂级数与三角级数分解(俄文)	2024—05	716.00(全7册)	1729
星体理论的数学基础:原子三元组(俄文)	2024—05	716.00(全7册)	1730
技术问题中的数学物理微分方程(俄文)	2024—05	716.00(全7册)	1731
概率论边界问题:随机过程边界穿越问题(俄文)	2024—05	716.00(全7册)	1732
代数和幂等配置的正交分解:不可交换组合(俄文)	2024—05	716.00(全7册)	1733
数学物理精选专题讲座:李理论的进一步应用	2024—10	252.00(全4册)	1775
工程师和科学家应用数学概论:第二版	2024—10	252.00(全4册)	1775
高等微积分快速入门	2024—10	252.00(全4册)	1775
微分几何的各个方面.第四卷	2024—10	252.00(全4册)	1775
具有连续变量的量子信息形式主义概论	2024—10	378.00(全6册)	1776
拓扑绝缘体	2024—10	378.00(全6册)	1776
论全息度量原则:从大学物理到黑洞热力学	2024—10	378.00(全6册)	1776
量化测量:无所不在的数字	2024—10	378.00(全6册)	1776
21世纪的彗星:体验下一颗伟大彗星的个人指南	2024—10	378.00(全6册)	1776
激光及其在玻色—爱因斯坦凝聚态观测中的应用	2024—10	378.00(全6册)	1776

联系地址:哈尔滨市南岗区复华四道街10号　哈尔滨工业大学出版社刘培杰数学工作室
邮　　编:150006
联系电话:0451—86281378　　13904613167
E-mail:lpj1378@163.com